10	11 IB	12 IIB	13 IIIA	14 IVA	15 VA	16 VIA	17 VIIA	18 O

半金属　　　　　非金属

金属

| 2 He ヘリウム 4.003 |

| 5 B 硼素 10.81 | 6 C 炭素 12.01 | 7 N 窒素 14.0 | 8 O 酸素 | 9 F 弗素 | 10 Ne ネオン 18 |

| 13 Al アルミニウム 26.98 | 14 Si 珪素 28.09 | 15 燐 30.97 | 32.07 | 35.45 | Ar アルゴン 39.95 |

| Ni 3.69 | 29 Cu 銅 63.55 | 30 Zn 亜鉛 65.38 | 31 Ga ガリウム 69.72 | 32 Ge ゲルマニウム 72.63 | 33 As 砒素 74.92 | 34 Se セレン 78.97 | 35 Br 臭素 79.90 | 36 Kr クリプトン 83.80 |

| Pd ジウム 06.4 | 47 Ag 銀 107.9 | 48 Cd カドミウム 112.4 | 49 In インジウム 114.8 | 50 Sn 錫 118.7 | 51 Sb アンチモン 121.8 | 52 Te テルル 127.6 | 53 I 沃素 126.9 | 54 Xe キセノン 131.3 |

| Pt 白金 95.1 | 79 Au 金 197.0 | 80 Hg 水銀 200.6 | 81 Tl タリウム 204.4 | 82 Pb 鉛 207.2 | 83 Bi ビスマス 209.0 | 84 Po ポロニウム (210) | 85 At アスタチン (210) | 86 Rn ラドン (222) |

| Ds スタチウム 81) | 111 Rg レントゲニウム (280) | 112 Cn コペルニシウム (285) | 113 Nh ニホニウム (278) | 114 Fl フレロビウム (289) | 115 Mc モスコビウム (289) | 116 Lv リバモリウム (293) | 117 Ts テネシン (293) | 118 Og オガネソン (294) |

エイコサゲン 土類金属　　クリスタロゲン　プニクトゲン　カルコゲン　ハロゲン　希ガス

| Eu コピウム 52.0 | 64 Gd ガドリニウム 157.3 | 65 Tb テルビウム 158.9 | 66 Dy ジスプロシウム 162.5 | 67 Ho ホルミウム 164.9 | 68 Er エルビウム 167.3 | 69 Tm ツリウム 168.9 | 70 Yb イッテルビウム 173.0 | 71 Lu ルテチウム 175.0 |

| Am シウム 43) | 96 Cm キュリウム (247) | 97 Bk バークリウム (247) | 98 Cf カリホルニウム (252) | 99 Es アインスタイニウム (252) | 100 Fm フェルミウム (257) | 101 Md メンデレビウム (258) | 102 No ノーベリウム (259) | 103 Lr ローレンシウム (262) |

機能性
材料科学入門

石井知彦・楠瀬尚史・鶴町徳昭・
舟橋正浩・松本洋明・宮川勇人 編

共立出版

【執筆者一覧】

○香川大学創造工学部 材料物質科学コース

- 石井知彦（第3章編著者，第2,13章執筆）　　環境材料化学分野 教授
- 楠瀬尚史（第8,9章編著者，第5章執筆）　　　機械材料科学分野 教授
- 鶴町徳昭（第1,12章編著者，第10章執筆）　　光・電子材料科学分野 教授
- 舟橋正浩（第6,13,14章編著者，第8章執筆）　環境材料化学分野 教授
- 松本洋明（第4,5,7章編著者）　　　　　　　機械材料科学分野 教授
- 宮川勇人（第2,10,11章編著者，第3,5章執筆）光・電子材料科学分野 准教授

○新居浜工業高等専門学校

- 坂本全教（第12章）　　環境材料工学科 助教
- 志賀信哉（第11章）　　環境材料工学科 教授
- 高見静香（第6章）　　 環境材料工学科 教授
- 當代光陽（第4,7章）　環境材料工学科 准教授
- 日野孝紀（第4,7章）　環境材料工学科 教授
- 新田敦己（第12章）　　環境材料工学科 特任教授
- 真中俊明（第4,7章）　環境材料工学科 講師

○香川大学 教育学部

- 高橋尚志（第12章）　　物理学教室 教授

○東京理科大学 理学部第二部

- 関　淳志（第6,13章）　化学科 嘱託助教

まえがき

　材料科学とは物理学や化学などを基礎とし，機械工学，電子工学をはじめとするすべての工学分野の基盤となる学問です。材料科学なくしては他の工学分野は成り立たないと言っても過言ではありません。それは歴史的に見てもゆるぎない事実であり，今後も人類の持つ様々な課題を解決するための革新的な科学技術の構築の基盤となる新しい材料の開発が期待されています。

　そういった未来を見据えて材料科学を学ぶすべての人のために香川大学創造工学部先端材料科学領域の教員有志を中心に新居浜高等専門学校，香川大学教育学部，東京理科大学に籍を持つ教員が集まって本書を執筆いたしました。著者の専門は金属・セラミクスなどの構造材料，無機化学や有機化学をベースとした化学材料，応用物理学に立脚した光・電子材料など多岐にわたります。これらの著者それぞれが "材料の機能" という点に着目し，物理学や化学の基礎に関する記述に力を入れ，幅広い材料の世界をできるだけカバーできるよう留意して，本書は出来上がりました。

　本書はまず材料科学を専門的に学ぼうとしている学生にとっては初年次教育のためのテキストとして，また材料科学以外の理工系を専門とする方にとっては分野全体を俯瞰することができる入門書としての役割を果たします。一方ですでに材料科学をある程度学んだ方にとっては，それぞれのトピックスが分野全体のどの位置にあるのかを調べるための一種の辞書的な役割としても使えるでしょう。多くの方にぜひ手に取っていただき，ご意見やご叱正をいただければ望外の喜びです。

　最後に，本書を公刊する機会と，助力を惜しまれなかった共立出版株式会社の編集部の三浦氏，清水氏，および稲沢氏に感謝いたします。

2021 年 9 月　著者一同

目　次

第11章　材料の電磁気的性質と機能　（2）半導体 …………………… 167

第12章　材料の光学的性質と機能 …………………………………………… 190

<small>第1章</small> はじめに

1.1 材料とは何か

　材料というと何を思い浮かべるだろうか？　人によっては「今晩のカレーの材料は豚肉と玉ねぎとジャガイモと……」という話になるかもしれない。いわゆる "世間" ではそうかもしれないが，ここでは工業材料について扱う。工業材料とは，工業やそれを支える様々な科学技術において，製品である装置や部品を作るときの基となるものであり，全ての工業分野において不可欠なものである。そして材料の創造は，常に文明社会を変える起爆剤となってきた。例えば180キロ級超高強度ワイヤの開発から生まれた世界最長のつり橋である明石海峡大橋の完成は，日本の物流や観光などにも大きな影響を与えた。半導体材料の開発からはトランジスタだけでなく，コンピュータ，半導体レーザーなど，現代社会に不可欠なものが次々に生まれてきた。電気が流せるプラスチックの登場は，これまでの常識を一変させるものであり，スマートフォンの誕生に大きな貢献を果たした。超伝導材料・形状記憶合金・光ファイバーの創造，フラーレン・カーボンナノチューブ・グラフェンの発見によるナノテクノロジーの進歩，バイオマテリアルの開発など数え上げるときりがない。新しい材料の開発に伴い生まれた新しい技術により，我々の生活は豊かで快適なものとなってきた。

　その一方で，材料というものは縁の下の力持ちであり，必ずしも目に見える形にはなっていない。様々な乗り物や機械や電化製品，日用品，建造物などが製品として消費者の目に留まるのに対して，材料はその存在感を感じることは時として難しい。それゆえ，新材料や新物質などに対する一般の興味は薄い場合が多い。しかしながら，ほとんどの科学技術がその材料なくして生み出しえなかったということも本当は知られていてほしいところである。

　では，具体的に材料とはどのようなものであろうか？　材料とは様々な装置や製品のような何かを作製する際に構成要素として必要になるものであるが，主に構造材料と機能材料の二つに分かれる。構造材料とは，ものを形作り，内外からの力に耐えるという点を重視した材料であり，開発の際には機械的強度や耐食性，加工性にその主眼が置かれる。そしてさらに金属材料（鉄，非鉄），無機材料（主にセラミックス），有機材料（ゴムやプラスチックなど）に分けられている。このような分類の仕方が従来の工業材料においては主流であった。その一方で，機能材料とは，力学的特性以外の熱的，電気的，磁気的，光学的，化学的性質に着目したものであり，開発においては材料工学のみならず物理工学的，化学工学的側面を大きく有している。

　しかしながら，いわゆる構造材料であっても形状記憶合金や超弾性合金のように力学的特性に温度などの別のパラメータが入り込むこともあり，機能材料として考えることができるものも近年は多大な注目を集めている。そこで，本書においては材料の持つ「機能」にスポットラ

1

イトを当て，工業材料全体を俯瞰するという形での体系化を図る。そのために物理学や化学の基礎を重要視した構成となっている。

1.2　材料研究の歴史

人類の歴史においてはじめて用いられた道具は何であったのだろうか？　そしてそれはどのような材料によって作られたのであろうか？そのうちの一つとしては，やはり「石」を材料としたナイフや槍などの様々な「石器」であり，いわば無機材料を利用したものだと考えられている。その一方で，植物である木や動物の骨や角などの有機材料による木器や骨角器も人類誕生以来使われていたと考えられる。ただし，破損や焼失，腐敗など長期保存が難しいため考古学的発見としては少ないようである。その後，土を固めて焼いたセラミックスの原型である土器や金属材料の先駆けである青銅器や鉄器などが登場する。特に我が国の縄文式土器は世界的に見ても極めて古い時代から作製されてきており，人類の生活様式を一変させたともいわれる。このように先史時代から金属材料，無機材料，有機材料が人類の生活には必需であった。そして，その後の工業製品などのための材料においても，これらの材料系はよく用いられていた。そしてその研究開発は構造材料としての金属・鉄鋼，セラミックス，プラスチックそれぞれの分野において，主に経験の集積という形で独自に進められてきた。

鉄を主成分とする合金である鋼の歴史は古く，その開発は紀元前 1400 年頃のヒッタイトによるものだといわれている。その後も各国で鉄鋼の生産が行われたが，我が国においても砂鉄を原料とするたたら製鉄が有名であり，日本刀などの製造に用いられた。そして鉄鋼はイギリスにて 18 世紀半ばに始まった産業革命ののち急速にその需要を増やしていった。これを契機に良質な鉄鋼材料に対する研究が活発となっていった。そしてそれ以来，様々な炉やその他の装置の開発による反応温度や成分の調整が可能となり，現在にまで続く製鉄業の発展がなされていった。また，鉄鋼のみならずチタンやアルミニウムのような軽金属材料の研究もなされ，我々は現在，様々な用途に対する膨大な種類の金属材料を手にするようになった。

セラミックスなどの無機材料の研究は古代の土器や陶磁器の発明に始まるが，それと共に透明なガラスの製造もその起源と考えられる。紀元前 1 世紀ごろに古代シリアにおいて吹きガラスの技法が発明され，多くのガラス製品が作られるようになった。いずれにせよ，主に食器や入れ物などへ利用されており，長い時間をかけてそれぞれの作製法に様々な工夫がなされていった。近代に入りセラミックスは単なる器や入れ物の域を超えて，工業用品として利用されていく。例えば，化学製品を作るための良質の容器として，また電気技術のための絶縁材料として注目されるようになった。そして現在，高度に精製・合成された原料粉末を用いて，化学組成を精密に調整し，制御された製造プロセスによって作られた機械的，電気・電子的，熱的，光学的，化学的，生化学的に優れた性質や高度な機能を有するファインセラミックスが数多く登場するようになっている。　例えば，絶縁材料として用いられてきたセラミックスであるが最近は電気良導体として振る舞うものも登場しており，半導体や自動車，情報通信，産業機械，医療などさまざまな分野で広く用いられている。

　プラスチックをはじめとする有機材料は，木器や骨角器のみならず繊維，ゴム，紙，アルコールのような食材など植物や動物由来の天然物質の利用に始まるが，19世紀にヴェーラーが無機物であるシアン酸アンモニウムから尿素を合成するなど有機化学の発達により，様々な化合物が作られるようになった。また，プラスチックの始まりであるポリスチレンやポリ塩化ビニルなどが発明されたが，当時はまだ実用化には至らなかった。20世紀に入ると石油や天然ガスからエチレンをはじめとする膨大な量と種類の化学工業の原料が生み出されるようになり，第二次世界大戦前後にポリエチレンやナイロンなどが発明された。その後も発展を続けて構造材料としてのエンジニアリングプラスチックの発展にとどまらず，機能材料としての有機導体や有機半導体の発明などもなされ，電子技術や光技術に数多く利用されるようになっており，現在も様々な機能を有する新しい有機材料が提案されている。

　また現代の電子工学に不可欠の材料である半導体の研究は，1947年のバーディーン，ブラッテンの点接触型トランジスタに端を発するが，はじめはゲルマニウムがその材料として用いられた。しかし，1954年にテキサス・インスツルメンツ社がシリコンを使った最初のトランジスタを発明し，その後は現在に至るまでシリコンが半導体電子デバイスの主要材料として主役の座をキープし続けている。その一方で，シリコンの発光効率が極めて弱いことから発光ダイオードなどのデバイスとしては化合物半導体であるヒ化ガリウムなどが主要な材料となっているし，日本発の技術である窒化ガリウムは青色発光ダイオードの主要材料として，現在爆発的に広まっている。

　これまで，人類は様々な物質を材料として利用してきた長い歴史があり，様々な経験や知識を蓄積してきている。それらがあって，我々の生活は以前よりも快適で豊かになってきた。ここに記載したことはそのほんの一部に過ぎず，それぞれの材料の種類や用途により，多くの切り口から歴史を語ることができる。読者諸君も是非とも自分の興味ある材料についてその歴史を紐解いてほしい。

1.3　将来の材料

　従来の材料研究は鉄鋼，金属，ガラス，セラミックス，半導体，プラスチック，有機化合物などそれぞれの分野が独自に主に経験の集積により膨大な知識を蓄えてきた。しかし，近年は基礎学問である物理学，化学，生物学，地学などの十分な理解を前提としたそれらが相互に結び付いた境界領域での学問の進展が堅調であり，加えて様々な測定装置の進歩に伴う材料研究の手段である解析・評価技術の著しい発展などにより，物質を原子・分子レベルで制御し，材料の持つ機能を理論的に予測・考察するような形での創造がなされるようになっており，これらの新機能材料を用いた様々なデバイスも出現している。さらに，情報工学や計算科学を基礎とするAIやビックデータを駆使したマテリアルズインフォマティクスという考え方なども最近，提唱されるようになってきた。このような背景のもと，将来の材料研究は基礎的な学問をベースにその体系を再構築していく必要がある。

　これまで人類はエネルギーや資源が豊富に存在するという神話のもとに特に産業革命以降発

展してきた。しかし，20世紀の終わりごろから，人口の爆発的増加やエネルギーの大量消費により，環境の汚染や資源の枯渇が目に見えるようになってきており，それに対応した科学技術の必要性が叫ばれるようになってきた。そのような背景のもと，21世紀，そしてその先の未来の世界においては，地球環境を保全するための大量消費・廃棄にも対応した循環型社会の実現や，貧困・飢餓・難病などの問題を克服した安心で安全な社会を実現するための課題解決型の新たな発想による革新的な科学技術の構築が期待されている。このように我々は快適さや豊かさを追求した時代から，環境との調和を重視した安心で安全な循環型社会への移行が求められているが，そのための地球の環境に負荷を与えない材料の開発，エネルギー問題を解決し得る材料の開発，そして資源枯渇に対応した代替元素を利用した材料の開発が今後の課題となる。

その一方で，宇宙や深海などの人類にとってのフロンティアである極限環境に対応した科学技術や，空飛ぶ車や宇宙エレベータ，透明マントなど以前はSFの世界にしかあり得なかったような新しい科学技術による夢のある社会の実現のためには，新たな発想での材料開発は不可欠であり，今後も材料科学への期待が従来にも増して高まっている。

本書はそのような新たな機能性の材料工学の入門書であり，材料科学の基礎を全体から俯瞰するとともに今後のより専門的な研究の助けとなるように編纂されたものである。

<small>第2章</small> 機能性先端材料科学の基礎

2.1 物質の分類と構造

　材料には前章にて述べた通りさまざまな用途があり，それに応じたさまざまな分類がある。本章ではさらに個々の材料がどのような物質から構成されているのか，個々の機能を発現する物質の状態についてより細かく物質の状態の分類について述べる。

2.1.1 物質の状態

　すべての物質は原子（atom）というオングストローム（Å）・オーダーの小さな構成要素から成り立っている。言い換えれば，その小さな要素である原子が集合することで物質が構成される。原子がどのような状態で集合しているかによって物質は大きく3つの状態（three states），固体（solid），液体（liquid），気体（gas, gaseous）に分類され，さらに第4の状態としての**プラズマ**（plasma）状態や固体と液体の中間状態である液晶（liquid crystal）の状態をとる場合もある。物質の状態と変化の関係と個々の状態の例を**図 2.1** に示す。

　固体は，個々の原子が互いに引力を及ぼしあいながら静的（static）に集合した配置の状態である。原子間の距離は数Åであり，個々の原子は温度に応じ微小な振動（熱振動）をしているものの，その重心位置は通常固定されている。温度上昇による熱エネルギーの増加に伴い，熱振動は激しくなり，原子同士の置換や原子間空隙での移動の頻度が増す。これは原子の拡散（diffusion）と呼ばれている。更に温度が上がることで熱振動が強まると，もはや所定の位置にとどまっていることができなくなり，動的（dynamic）に物質内を移動するようになる。この時の移動が，原子1つを単位とする物質もあれば，複数原子がまとまってある形を保ちながら移動する物質もある。後者の複数原子がまとまった単位が分子（molecule）である。固体から液体へと変化することを液化もしくは融解，その逆を凝固といい，その温度をそれぞれ融点，凝固点という。また，液体は，個々の原子（もしくは分子）が物質内を移動している状態である。液体の原子（もしくは分子の）間の距離の時間平均（平均原子（分子）間距離）は，固体のときとさほど違わない。例えば純鉄（Fe）の場合，3.6％程度の増加に過ぎない。多くの場合，固体状態に比べ液体状態の方が，より原子（分子）間距離は大きくなる。しかしながら例えば，水（H_2O）のように，固体状態である氷に比べ，液体状態である水の方が平均分子間距離が小さくなるものもある。このように固体状態と原子（分子）間距離がさほど変わらない理由は，液体内の原子（分子）同士にはまだ固体の場合と同様の引力が作用しており，熱エネルギーによる運動を抑制しているためである。個々の原子（分子）の移動方向はランダムであり，移動の速度は温度上昇とともに増加する。ある温度以上になると，原子（分子）はお互いの引力の束

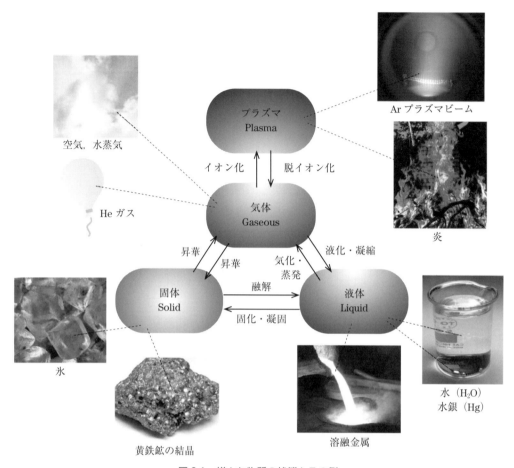

空気，水蒸気

He ガス

Ar プラズマビーム

炎

氷

黄鉄鉱の結晶

溶融金属

水（H_2O）
水銀（Hg）

図 2.1　様々な物質の状態とその例

縛から解放されて気体状態へと変化する。これを気化（もしくは沸騰）といい，その温度を沸点という。気体は，個々の原子（もしくは分子）が互いの引力をほとんど感じることなく自由に空間を移動している状態である。

　このように物質の状態は温度に応じ変化するが，一方で圧力にも依存する。例えば，水は大気圧下（すなわち 1 気圧）では 100℃ にて沸騰するが，高い山の山頂においては気圧が低いため 100℃ より低い温度で沸騰する。このような状態の圧力依存性は水のみならず全ての物質に当てはまる。**図 2.2** に温度と圧力と物質の状態を示した概略図を示す。このような温度と圧力とで物質の状態を表した図は**状態図**もしくは**相図**（phase diagram）と呼ばれる。見てわかる通り，一定圧力のもとで温度が変化すれば状態が変化するし，一定温度において圧力が変化すればやはり状態は変化する。一般に圧力増加と温度増加は逆の関係にある。

　図 2.1 や図 2.2 にある**プラズマ**（plasma）というのは，高温・低圧において物質がとる第 4 の状態である。これは個々の原子（もしくは分子）に属している電子が原子核からの引力の束縛から解放されることで原子（もしくは分子）がイオン化したり，さらに放出された電子が戻ったりすることを繰り返している状態である。このとき，エネルギーの授受による発光・受光と

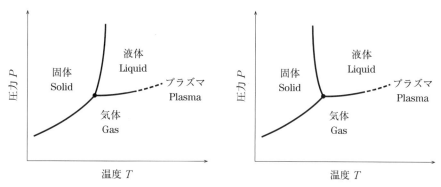

図 2.2　物質の状態と圧力・温度の関係（状態図）．（a）一般の物質．（b）水 H_2O の場合

発熱・吸熱が盛んに起こる．自然界ではロウソクの燃焼における炎などがプラズマ状態の典型的な例である．

2.1.2　固体の分類（1）　相による分類〜純物質と混合物

　多くの材料は固体状態をとるため，材料の種類を理解する上では固体の分類が重要となる．固体の分類の仕方にはいくつもの観点があり注意を要する．代表的な分け方として相（phase）が単一か複数かで判断する方法がある．相とは，物質内において区切りのない均一の領域を指す．

　前項で述べた固体，液体，気体といった状態の違いは相としても異なっており，それぞれ固相，液相，気相と呼ばれることもある．たとえば，融点（凝固点，凝固温度）においては固相と液相の 2 相が共存する場合もあるし，沸点（液化点，液化温度）においては液相と気相の 2 相が共存する場合がある（状態図上においては各相の境界となる）．また，図 2.2 の中央に位置している各相の境界が交わる点は **3 重点** と呼ばれ，この圧力・温度おいては，固相・液相・気相の 3 相が共存することができる．

　物質の内部がどのような相で構成されているかによって，その構成相の数より **純物質**（**単相**）と **混合物**（**複数相**）に分類することができる．純鉄や岩塩(NaCl)といった場合，これらは 1 つの相から構成されているため純物質（単相）と分類される．一方で，鉄骨等に使用されている鉄鋼や牛乳（タンパク質と水）やエタノール溶液（エタノールと水）などは複数の相から形成されており混合物に分類される．

2.1.3　固体の分類（2）　元素の種類による分類〜単体と化合物

　元素とは原子の種類を指す名称（ラベル）である．前述の純物質（単相）である場合においても，その物質を構成する元素が 1 種類の場合を **単体** と呼び，構成する元素が複数種類の場合を **化合物**（もしくは **合金**）と呼ぶ．例えば，純鉄は構成元素が Fe（鉄元素）の一種類だけであり単体であるが，岩塩(NaCl)は Na と Cl とから構成されている化合物である．ただし，実際の純鉄や岩塩(NaCl)には，**不純物**(impurity)として異種の元素の原子が少量含まれる場合

がほとんどである。

2.1.4 固体の分類（3） 原子の配置による分類〜結晶と非結晶

　固体状態の物質を，それを構成する原子の並び方によって分類することもできる。**結晶**（crystal）とは，原子が規則的に配列した状態である。結晶の原子の配置には**表 2.1** に示すような種々の対称性が存在する。特に，並進対称性は全ての結晶が持っており，結晶全体をある方向にある距離移動させたときに元の原子の配置状況と完全に重なる性質をいう。つまり，この並進対称性は結晶内の原子の配置に周期性があることを意味する。ほかにも結晶には回転・らせん・鏡映などの対称性が存在する場合があり，それぞれの原子の配列の様子（結晶構造）に

表 2.1　3次元結晶における空間対称性（空間群）の分類

分類	名前	対称操作[1]	H–M 記号[2]	備考
並進対称性	並進 translation (slide)	（結晶全体を）ある方向に進ませる（シフト・スライドさせる）。		$r'=r+T$（T：並進ベクトル）. 基本格子ベクトル a_1, a_2, a_3 を使い，$T=u_1a_1+u_2a_2+u_3a_3$ となる.
点対称性 （点群）	回転 rotation (turn)	ある軸に対し回転する. 回転角 $\theta=\left(\dfrac{360}{n}\right)^\circ$ （結晶の場合，$n=2, 3, 4, 6$ のみ）	$2, 3, 4, 6$	それぞれ，2回対称，3回対称，4回対称，6回対称と呼ぶ.
	反転 inversion (flip)	ある点に対し反対の位置に移動させる.	$\bar{1}$	$r'=-r$ （点対称）
	鏡映 reflection (mirror)	ある面に対し反対の位置に移動させる（映像を作る）.	m もしくは $\bar{2}$	（面対称）
	回反 rotoinversion (rotary inversion)	ある点に対し反対の位置に移動させ，かつ，ある軸に対し回転する（順不同）.	$\bar{3}, \bar{4}, \bar{6}$	
	回映 rotoreflection (rotary reflection)	ある面に対し反対の位置に移動させ，かつ，その面内のある軸に対し回転する（順不同）.	$2/m, 3/m,$ $4/m, 6/m$	
点対称性 ＋並進性	らせん screw (rotary translation) (glide rotation)	ある方向に進ませ，かつ，その進行軸に対し回転する.	2_1 $3_1, 3_2$ $4_1, 4_2, 4_3$ $6_1, 6_2, 6_3, 6_4, 6_5$	
	映進，グライド glide (glide reflection)	ある方向に進ませ，かつ，その進行軸に垂直な面に対し反対の位置に移動させる.	a, b, c, n, d	

※1　対称操作とは，結晶全体（もしくは結晶を構成する各原子点，空間の各点）を規則に従って移動させることであり，対称操作によって再び元の結晶となって重なる（つまり各構成点の配置が同じ状態になる）.
※2　Hermann-Mauguin（ヘルマン・モーガン）の記号.

依存し体系化されている（3.1 節を参照）。例えば，宝石のダイヤモンド(C)や岩塩(NaCl)の粒，方解石（$CaCO_3$，**図 2.3**）などは巨視的な結晶で形成されている典型例であるが，このように物質の塊全体が 1 つの結晶で形成されているものを**単結晶**(single crystal)という。これに対し，複数の結晶が集合となり 1 つの塊を形成している場合は**多結晶**(polycrystal)と呼ばれており，内部にある 1 つ 1 つの結晶は**結晶粒**(crystal grain)と呼ばれている。一方で，原子の配置に規則性がなく無秩序である場合は**非晶質**（アモルファス；amorphous）と呼ばれている。ガラスは非晶質の典型例である。非晶質の物質でも，内部の特定原子に着目しその周囲の状況（**配位状況**）を調べると，完全に無秩序の配置ではなく，特定の原子間距離や方向性を保っている場合が多い。同じ元素の種類と組成比であっても，温度や圧力，そして作製方法により結晶になったり非晶質になったりする。

図 2.3　方解石（単結晶）

◇**準結晶について**

　結晶にも非晶質にも分類されず，それら中間的なカテゴリーとして分類されるものとして**準結晶**(quasicrystal)という一風変わった原子配置がある。これは，並進対称性をもたないものの，X 線回折による結晶構造解析において 5 回対称などの回転対称性を持った配置が確認されている原子の配置構造である。数学的には 4 次元より高次の空間における並進対称性を有する配置状況から 3 次元（もしくは 2 次元）空間へ射影した状況に相当しており，Al-Mn 系合金などで存在が確認されている。

2.1.5　固体の分類（4）　性質による分類〜有機物，無機物

　物質を，それを構成する原子や分子の性質で分類することもできる。**有機物**(organic compound)は，生体を構成する主元素である炭素(C)そして水素(H)，酸素(O)，窒素(N)などの元素により構成されている（単一の元素のみで形成されることはないため，有機化合物とも呼ばれる）。その内部では共有結合によって強く結びついた分子を 1 つのユニットとし，各分子間は主としてファンデルワールス力により比較的緩く結合しあうことで形成されている。固体状態では，分子が対称性をもって配列することで結晶を形成していたり，無秩序な非晶質状態をとっていたりするものの，分子内部の構造（骨格）は保たれている。また液体状態や気体状態であっても，やはり分子内の構造は保持されたまま空間を漂っている。固体状態で分子を結合させているファンデルファールス力は，他の共有結合や金属結合などと比較し弱いため，

有機物である生体やプラスチックなどは柔軟で変形しやすいし，炭素を主成分とするため燃焼しやすいという性質を有している。このように炭素が分子内の結合に大きく寄与している有機物に対し，そうではない物質は**無機物**(inorganic compound)に分類される。一般に，無機物は（有機物より）硬く変形しにくい。人工的に有機物と無機物を組み合わせ1つの物質を形成し両者の性質を合わせもたせた複合材料もある。

　また，物質のマクロスコピックな特性や，我々人間がその物質を材料としてどのように応用するかによって分類することもできる。電気の流れやすさ（電気伝導率）もしくは流れにくさ（抵抗率）に着目すれば，**導体・半導体・絶縁体**の3つに大別することができ，物質の分類としてよく用いられている（10章にて詳述する）。電気特性や発光特性といった物質のもつ機能的な特性を積極的に利用し，トランジスタなどの電子部品や発光ダイオード(LED)等に用いられる材料は**機能性材料**として分類される。磁気特性や誘電特性を強く有する物質については磁性体や誘電体と呼ばれ，それらの特性を積極的に応用した材料が**磁性材料**や**誘電材料**であり，これらも機能性材料である。一方で，建造物や航空機等の構造を（力学的に）支えたり，ロボットアームやモーター軸といった応力伝搬に使用される材料は，**構造材料・機械材料**として分類される。

2.1.6　固体の分類（5）　形状，組織による分類

　物質の形態（様態），内部に存在する結晶粒の様子，構成する各相の特徴的な構造（形状）にて分類することもできる。詳しくは5.6節にて述べるが，真空蒸着などの方法により作製されるおよそ数ミクロン(μm)以下の薄い形態のとき，その物質を**薄膜**(thin film)という。薄膜の中には1原子層（物理的に最も薄い状態）や1分子層（**単分子膜**）も存在する（**超薄膜**ということもある）。また薄膜ではない状態について薄膜と区別するときにはバルク(bulk)状態という。一方で，原子サイズ，ナノサイズの形状による分類として，原子や分子が数10〜数100個ほど集合した形態のものを**ナノクラスター**（もしくは単に**クラスター**）といい，より巨視的にナノからサブミクロンのスケールで粒上にランダムに分散した形状を**グラニュラー**(granular)という。また特に，炭素(C)原子が集合し有機的に（共有結合により）結合し正六角形（6員環）と正五角形（5員環）の骨格をベースとした多面体に組み立てられているものは**フラーレン**(fullerene)という。他にも特徴のある形態や性質に応じて様々な物質分類がなされている。

2.2　原子・分子

　伝導性や磁性，色や光応答性など材料には様々な性質，すなわち「物性」が存在する。材料が発現させる物性は全て電子が原因となって引き起こされる。電子の状態は電子構造と呼ばれ，それは原子の状態や分子構造，更には結晶構造によって変化される。特に材料が有する結晶構造については第3章で詳しく述べられるので，ここでは材料の物理的・化学的な性質を示す元となっている原子と分子について説明する。

2.2.1　原子と原子軌道および周期表

　高校までの理科で既に学修しているとおり，あらゆる材料は物質を構成する最小基本単位である元素から構成されている。元素は物理的・化学的な性質が似通ったもの同士を規則正しく並べた周期表によって表される。**図 2.4** に Theodore Gray によって作成された「世界一美しい周期表」を紹介する。

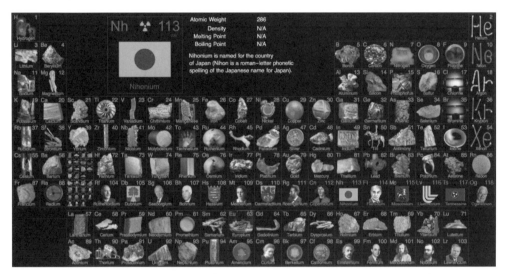

図 2.4　世界一美しい周期表（Theodore Gray, https://periodictable.com）

　周期表の左から 1 列目と 2 列目の元素はそれぞれアルカリ金属，アルカリ土類金属と呼ばれ，それぞれ 1 価，2 価の陽イオンになりやすい元素が並んでいる。一方，周期表の右から 1 列目，2 列目，3 列目，4 列目には希ガス，ハロゲン，カルコゲン，ニクトゲンと呼ばれる元素が並んでおり，それぞれ不活性ガスあるいは 1 価，2 価，3 価の陰イオンになりやすい性質を有している。このように，百数十種類もある元素が周期表により体系化されて，周期と族の二つのパラメーターだけでその性質を議論することができる点は非常に興味深い。

　ところで，高校生の時に原子の軌道があたかも太陽系のような惑星モデル（**図 2.5**）で勉強してきた多くの学生諸君は，なぜ周期表のように 18 個の原子ごとに同じ化学的な性質が似通ってくるのかがなかなか理解できないものと思われる。ここで高校生の時の学習内容を思い出してみると，図 2.5 の惑星モデルに対し，最も内側の電子殻から順番に K, L, M, N, O, P, Q, …殻と命名されており，それぞれの電子殻に入ることができる電子の最大数は 2, 8, 18, 32, 50, 72, 98, …個と勉強してきたことであろう。内側から n 番目の電子殻について，入ることのできる電子の最大数は $2n^2$ 個ということを高校生は皆学習し，大学に入ってすぐにこの自然数 n のことを主量子数と呼ぶことを勉強する。しかし，M 殻の電子数の最大が 18 個となることは理解できるが，N 殻以上の電子の最大数である 32 個や 50 個という数字を見ると，どうして周期表のような 18 元素ごとに似通った化学的な性質の規則性が出てくるのかがすぐには理解できない。その理由は以下のとおりである。

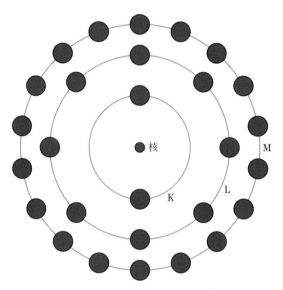

図 2.5　高校生が習う惑星型原子模型の例

　学生諸君は大学に入学してすぐに 1s 軌道や 2p 軌道，3d 軌道などを習うのであるが，順番として最初に複雑な主量子数や方位量子数などを習うために，高校までに学んだ惑星型の原子模型との間に大きな隔たりがあり，それが原因で化学につまずき，化学を嫌いになってしまう学生も少なくない。そこで本書では，よくある最初のつまずきを回避させるために，科学的な理屈よりも先に，形から入って理解していただく方法を採りたいと思う。そのためにはまず，真実を知っておいていただきたい。それは「高校までに習ってきた惑星型の原子模型は，現実と比べるとかなり省略されている」という事実である。高校生の時代には，これから本書が説明する s 軌道や p 軌道や量子数といった概念がやや難しすぎるために，あえて単純化された惑星型の原子軌道モデルが教えられてきたのだと考えていただきたい。それでは，過去のしがらみを一旦捨て去り，正しい原子軌道を説明したいと思う。まずは次のような軌道の順番を覚えていただきたい。

s, p, d, f, g, h, i, j, k, l, m, n, o, q, r, t, u, …

（通常は s 軌道，p 軌道，d 軌道，…と呼ばれるが，ここでは「軌道」の表記は省略している）

この文字の並びには対応する番号が振り分けられており，s 軌道では $l=0$，p 軌道では $l=1$，d 軌道では $l=2$…の順番で，ゼロ以上の整数が用いられている。この時の l の値を方位量子数と呼ぶ。いきなり量子数の説明を行なってみたが，ここまではまだそれほど難しくないはずである。f 軌道以降はアルファベット順に並んでおり，仮に難しいとすれば，最初の s, p, d, f の各軌道の順番に何の規則性も見られないことであろう。この最初の s, p, d, f 軌道の順番は実験で得られたスペクトルの形に由来しており，それぞれ sharp（鋭い），principle（主要な），diffuse（広がった），fundamental（基本的な）のような形をしていたために，それらの頭文字をとって名付けられた。したがってこれらの順番には何の規則性もない。しかし f 軌道の後は

アルファベット順に並んでいるために，容易に覚えることができるであろう。ここで d 軌道
と f 軌道との間に e 軌道を用いない理由は，スペクトルの形状だけではなく，文字 e が電子を
表す記号と混同しやすいために，それを避ける狙いもある。f 軌道以降はアルファベット順で
はあるが，お気付きの通り，最初にすでに使われている s 軌道や p 軌道は，本来のアルファベッ
トの順番の位置ではもう使われていないことがわかる（例えば o 軌道の次は q 軌道となり，r
軌道の次は t 軌道となる）。以上で説明した s, p, d, f, …の各軌道は副殻と呼ばれ，高校生の時
に習った K, L, M, …などの電子殻は実はさらに細かい副殻に分かれていることを意味してい
る。それぞれの副殻に入る電子数の最大値は，s 軌道では 2 個まで，p 軌道では 6 個，d 軌道
では 10 個，…のように初項が 2，公差が 4 の等差数列として増えていく。ここまでの説明で，
主量子数 n と高校で習った電子殻（K, L, M, …殻），および大学で習う副殻（s, p, d, …軌道）
と各電子殻に入る総電子数との関係は表 2.2 のようになっている。すなわち，$n=1$ の K 殻に
は電子は 2 個まで，$n=2$ の L 殻には電子は $2+6=8$ 個まで，$n=3$ の M 殻には電子は $2+6+$
$10=18$ 個まで，…の様に n 番目の電子殻には初項が 2，公差が 4 の等差数列の第 n 項目まで
の総和，すなわち $2n^2$ 個まで入ることができることを意味している。この $2n^2$ 個という値が，
高校で習った n 番目の電子殻に入ることができる電子数の最大値と一致する。つまり，高校
のときには K, L, M, …殻にまとめて $2n^2$ 個の電子が入ると習ってきたが，実際にはそれらが
更に小さな副殻に分かれており，それぞれの副殻に電子が入っていく様子を大学では学習して
いることになる。この副殻の形は，球面調和関数と呼ばれる関数の形を基本として，図 2.6 の
様な複雑な形をしている。

表 2.2　電子殻と各々の副殻に入ることができる最大の電子数

主量子数	殻	高校 各々の殻に入る最大の電子数	大学 各々の副殻に入る電子の最大数							
			s 2 個	p 6 個	d 10 個	f 14 個	g 18 個	h 22 個	i 26 個	j 30 個
$n=1$	K 殻	2 個 $=(2)$ 個	1s							
$n=2$	L 殻	8 個 $=(2+6)$ 個	2s	2p						
$n=3$	M 殻	18 個 $=(2+6+10)$ 個	3s	3p	3d					
$n=4$	N 殻	32 個 $=(2+6+10+14)$ 個	4s	4p	4d	4f				
$n=5$	O 殻	50 個 $=(2+6+10+14+18)$ 個	5s	5p	5d	5f	5g			
$n=6$	P 殻	72 個 $=(2+6+10+14+18+22)$ 個	6s	6p	6d	6f	6g	6h		
$n=7$	Q 殻	98 個 $=(2+6+10+14+18+22+26)$ 個	7s	7p	7d	7f	7g	7h	7i	
$n=8$	R 殻	128 個 $=(2+6+10+14+18+22+26+30)$ 個	8s	8p	8d	8f	8g	8h	8i	8j

　次に分子軌道について説明する。分子は原子と原子が結合することにより生成されているた
めに，複数の原子から構成されている分子の軌道を表すことは大変複雑となる。したがって，
ここでは，二原子分子のように極めて単純な場合における分子軌道に限定して説明する。原子
軌道では副殻に s, p, d, f, g, …のような小文字のアルファベットが用いられていたが，分子軌
道ではそれらの文字に対応する小文字のギリシャ文字である $\sigma, \pi, \delta, \phi, \gamma$, …が使用される。ア

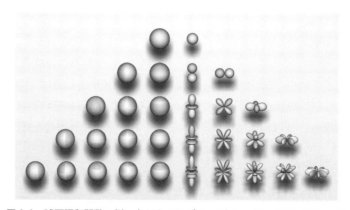

図2.6　球面調和関数の例。上からそれぞれ，s殻，p殻，d殻，f殻，g殻

ルファベット文字とギリシャ文字との間の対応が必ずしも一対一対応ではないが，一般的には
s→σ, p→π, d→δ, …となっていることから容易に想像がつくように，σ分子軌道は二つの
原子のs軌道同士が結合したものとなっており，同様にπ軌道やδ軌道は，それぞれ二つの原
子のp軌道同士，あるいはd軌道同士が結合することによって形成された分子軌道である。
ただしp軌道同士が結合する場合にσ分子軌道が形成される場合もあるし，d軌道同士が結合
する場合にσ分子軌道やπ分子軌道が形成される場合もある。また異なる種類の原子軌道同
士が結合をすることもあり，例えばs軌道とp軌道からσ分子軌道を形成したり，p軌道とd
軌道からπ分子軌道を形成することもある。これらについては，結合する各々の原子軌道の
磁気量子数，つまり空間的な広がりの方向と原子間結合の方向との関係によって，どのような
分子軌道を形成するのかが決定される。原子軌道は波であり，時間とともに位相の変化を伴う
ために，同位相の原子軌道同士から形成される結合性軌道と，逆位相の原子軌道同士から形成
される反結合性軌道とが形成される。例えばs軌道同士が結合することにより，同位相である
結合性σ軌道と，逆位相同士が結合された反結合性σ^*軌道が形成される。ここで反結合性軌
道には右上に＊（アスタリスク）をつけて区別されている。σ^*軌道やπ^*軌道，δ^*軌道，ϕ^*軌
道などは全て反結合性軌道であることを意味している。

◇超原子について

　原子軌道の副殻は方位量子数の値によってs軌道やp軌道, d軌道, …の様に分類される。主
量子数がnの場合に，方位量子数が0から$(n-1)$までのn通りの副殻の存在が許される。し
たがって主量子数が$n=2$のときには2s軌道も2p軌道も存在するのに対し，主量子数が$n=1$
のときには1s軌道しか存在せず，1p軌道の存在は許されない。ところが原子の集合体である
クラスターでは特別な条件下においては，主量子数が$n=1$（実際には$N=1$の様に大文字で
記す）であるにも拘らず，1P軌道（大文字で示す）や1D軌道，1F軌道といったように，方
位量子数が主量子数以上の値を持つ軌道も許されることがある。このようなクラスターは超原
子と呼ばれており, 最近, 研究が盛んに行われている。最も代表的な超原子はAl_{13}である（D. E.
Bergeron *et al., Science*, **307**（5707）, pp. 231-235（2005））。この超原子Al_{13}はアルミニウム原

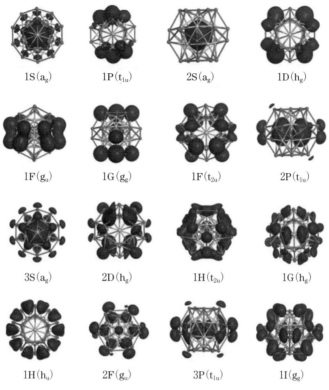

1S(a_g)　　1P(t_{1u})　　2S(a_g)　　1D(h_g)

1F(g_u)　　1G(g_g)　　1F(t_{2u})　　2P(t_{1u})

3S(a_g)　　2D(h_g)　　1H(t_{2u})　　1G(h_g)

1H(h_u)　　2F(g_u)　　3P(t_{1u})　　1I(g_g)

図 2.7　超原子 Sn@Mg$_{12}$@Sn$_{20}$ における超原子軌道
(X. Huang *et al.*, *Scientific Reports*, **4**, 6915 (2014))

子が 13 個から構成されている金属クラスターであるが，他のクラスターと比べて安定に存在し，かつ，ハロゲン原子である塩素と同じ様な化学的性質を示すことが実験からも分かっている。その構造は，12 個のアルミニウム原子が正 20 面体構造（I_h 対称）を構成し，その中心に残りの 1 個のアルミニウム原子が位置した構造となっている。通常，アルミニウム原子の価電子数は 3 個であり，13 個のアルミニウム原子で合計 $3 \times 13 = 39$ 個の電子を有することになる。これらの電子は正 20 面体の全体に広がったポテンシャル空間で安定に存在し，ジェリウムモデルと呼ばれる球状に広がった空間に電子が分布している際のポテンシャルを有する波動方程式の解を分子軌道が持つことになる。これにより Al$_{13}$ は超原子に特有に見られる電子軌道（これを超原子軌道と呼ぶ）を持つことになる。超原子軌道では原子軌道とは異なり，副殻は S, P, D, F, G, …の様にアルファベットの大文字で表される。超原子軌道ではジェリウムモデルのような電子の空間的な広がりのために，前述した様に 1P 軌道や 1D 軌道，1F 軌道，… の様に，主量子数の数以上の値を有する方位量子数が許されることになる。代表的な超原子である Al$_{13}$ を例にその電子配置を確認すると，39 個の電子は，$(1S)^2(1P)^6(1D)^{10}(2S)^2(1F)^{14}(2P)^5$ の様に入る。つまり最外殻の電子は 2P 軌道に電子が 5 個入っているということになる。これを一般的な塩素原子の場合と比較してみると，ハロゲンである塩素原子の電子配置は $(1s)^2(2s)^2(2p)^6(3s)^2(3p)^5$ の様に表すことができる（原子は小文字で表す）。したがって Al$_{13}$ 超原子と Cl 原子とは，ともに最外殻軌道は P 軌道（または p 軌道）に 5 個の電子が入っているという

ことになる。つまり，この電子配置により超原子 Al_{13} がハロゲンの塩素原子と同様の化学的性質を有することの原因であると考えられている。超原子の例としては他にも，例えばチタン酸化物ではニッケル原子と同じ化学的な性質を示すことが知られており，またジルコニウムの酸化物ではパラジウム原子と同じ，さらにタングステンの酸化物では白金原子と同じ化学的な性質を有するなど，数多くの新しい組み合わせの超原子が報告されている。これらの原子同士の組み合わせを自由に変化させることにより，例えば安価な金属のクラスターから超原子を作り，その化学的な性質が白金や金などの高価な貴金属と同様の化学的な性質を有することができれば，超原子の研究は現代の新たな錬金術としての注目を集める可能性がある。

2 章　章末問題

2.1

（1）　「原子・分子・元素・単体・純物質」のそれぞれについて，100 文字以内で説明し，2 個以上の例を挙げよ。

（2）　表 2.1 は 3 次元における結晶の対称性の分類を表しているが，2 次元の場合はこのうちの幾つかは無くなる。2 次元の場合に残る対称性はどれになるか答えよ。

（3）　結晶の回転対称が 2, 3, 4, 6 に限定される理由について考察せよ。

2.2

　原子番号が 111 番のレントゲニウムから 118 番のオガネソンまでの 8 つの元素について，それぞれ電子配置を答えよ。

材料の構造

3.1 結晶構造

原子や分子はクーロン力やファンデルワールス力，水素結合などの分子間力により互いに引き合う力を有し，固体を形成する。アモルファスやガラス，液晶などのように構造の秩序に柔軟性を持つものを除けば，多くの固体は原子や分子が規則正しく整列した結晶構造を有する。結晶は繰り返し周期条件によってバンド構造を形成し，価電子帯や伝導帯，禁制帯および電子の状態密度等の条件によって伝導性を示したり半導体・絶縁体に変化したりする。さらにバンド構造の形状によっては磁性の有無に深く関わってくる。そのため，材料の物理的・化学的な性質を詳しく調べるためには，固体の結晶構造と電子構造を詳しく調べることは必要不可欠なことである。固体の電子状態の詳細については第 10 章および第 11 章で扱うものとし，この章では固体の結晶構造の基本的な例をいくつか紹介する。

3.1.1 最密充填構造（面心立方構造と六方最密構造）

結晶構造には多くの種類が存在するが，最も基本的かつ代表的な構造が最密充填構造である面心立方構造（cubic closed packing；ccp または face centered cubic；fcc）と六方最密構造（hexagonal closed packing；hcp）である。これらは原子を単純な球体であると仮定した場合に，同じ半径の大量の球を幾何学的に最も密に空間を埋めた場合に取る構造である。例えば平面の上に同じ半径の球体で見立てた原子を一層だけ，できるだけ隙間なく埋める方法は，**図 3.1** に示すように蜂の巣構造で埋めた場合である。この第一層目を A 層とする。この第一層の上に第二層目の原子を置く方法は，空間をできるだけ密に原子を埋めるためには A 層の窪みの上に同じ半径の球体を置くことが必要である。したがって図 3.1 のように B 層と C 層の二つのパターンの置き方が存在する。仮に第二層目が B 層を取った場合，さらに次の第三層目は A 層または C 層のどちらかを取ることができるし，逆に第二層目が C 層の場合には，第三層目は A 層または B 層のどちらかをとる。原子が完全な球体であれば，第二層目のとり方や第三

図 3.1 （中央）同じ半径の球体で平面を埋める方法（A 層）。A 層の上に置く第二層目は
B 層（左）と C 層（右）の二通りの置き方がある

層目のとり方などはそれぞれ確率が二分の一ずつであるが，原子は決して完全な球体ではない。原子軌道に充填している電子の数により電子の空間的な分布が偏っており，配位の方向が定められている。その結果，最密充填を取る場合には，A 層 → B 層 → A 層 → B 層 → A 層 → …のような原子の積み重なり方か，あるいは A 層 → B 層 → C 層 → A 層 → B 層 → C 層 → …のような積み重なり方のいずれかの場合しか取ることができない。前者の場合には六方最密充填構造を取り，後者の場合には面心立方構造を取る。前者の場合には各層の平面方向 a 軸の原子と原子の間の距離を一辺とするひし形を単位格子とする平面座標が定義され，その平面と垂直に積層される方向が c 軸に対応するために比較的理解しやすい。一方，後者の場合には積層方向が立方体の対角線方向である（111）面となるために，三次元的な結晶模型などを用いないと

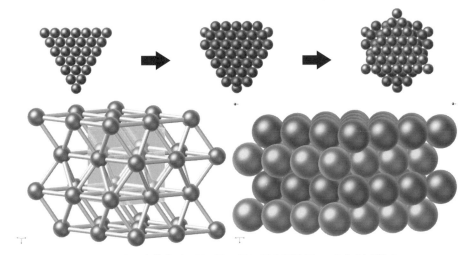

図 3.2　六方最密構造（A 層 B 層 A 層 B 層 A 層 B 層 … のように積層）

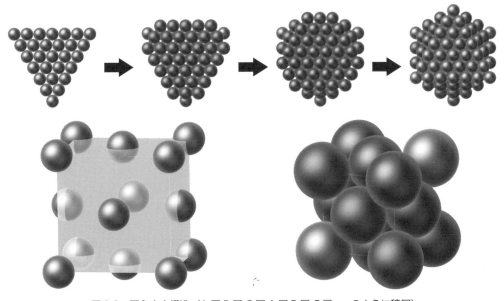

図 3.3　面心立方構造（A 層 B 層 C 層 A 層 B 層 C 層 … のように積層）

理解するのが難しい。両者の構造をそれぞれ**図 3.2** および**図 3.3** で説明している。六方最密構造をもつ代表的な元素としてはベリリウムやマグネシウム，チタンなどが挙げられ，一方面心立方構造を有する代表的な元素としては金，銀，銅，白金，ニッケル等が挙げられる。空間に占める原子体積の割合，つまり充填率はともに$\sqrt{2}\pi/6 = 74\%$である。

3.1.2 体心立方構造

体心立方構造（body centered cubic；bcc）の結晶構造は**図 3.4** のとおり，立方体の中心および各頂点の位置に原子が存在し，その充填率は$\dfrac{\sqrt{3}\pi}{8} = 68\%$である。鉄は体心立方構造を取る代表的な金属である。他にもリチウムやナトリウム，カリウム金属などでは体心立方構造を取る。

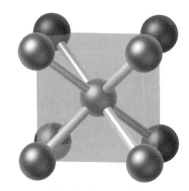

図 3.4　体心立方構造

3.1.3 単純立方構造

ポロニウム金属などでは，**図 3.5** に示すような単純立方構造（simple cubic；sc）を有する。このときの充填率は$\pi/6 = 52.4\%$となるが，この値は立方体にピッタリのサイズの球体が入れられた場合の立方体に占める球体の体積の比率と同じになる。

図 3.5　単純立方構造

3.1.4 NaCl 型構造と CsCl 型構造

アルカリ金属とハロゲン原子との組み合わせや，アルカリ土類金属とカルコゲン原子との組み合わせなどは代表的なイオン結晶である。これらのように，陽イオン原子と陰イオン原子と

が組成比1:1の比率で構成されるイオン結晶の多くは，NaCl型（岩塩型）構造（**図3.6**左）またはCsCl型構造（図3.6右）を有する。この二つの構造のうち，どちらの構造を形成するのかについては，陽イオンと陰イオンとのイオン半径の比によって決定される。NaCl型結晶では，陽イオンのサイズが陰イオンに比べて小さく（陽イオンのイオン半径は陰イオンのサイズの0.414倍から0.732倍まで），陰イオンが作る八面体6配位の隙間に陽イオンが入ることができる。その結果，陽イオンも陰イオンもともに面心立方構造を取り，二つの面心立方格子が互いに入れ子構造となっていることがわかる。一方CsCl型構造では，陽イオンのサイズが大きくなり（陽イオンのイオン半径は陰イオンのサイズの0.732倍以上），陰イオンの単純立方構造の体心の位置に陽イオンが位置する。その結果，陽イオンも単純立方格子を形成し，この二つの単純立方格子が互いに入れ子状態となっている。仮に陽イオンと陰イオンのイオン半径がまったく同じであると仮定した場合，その充填率は体心立方格子と同じく$\sqrt{3}\pi/8=68\%$となる。

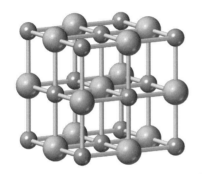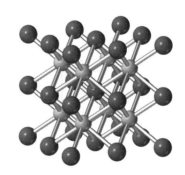

図3.6　NaCl型構造（左）とCsCl型構造（右）

3.1.5　蛍石型構造

フッ化カルシウム（蛍石）結晶の化学組成はCaF_2と表すことができ，陽イオンと陰イオンとの組成比は1:2である。**図3.7**に示すように，陽イオンはfcc構造を有しており，単位格子内に4つの原子が存在する。一方陰イオンは，単位格子のx, y, z軸の長さを半分にした体積が8分の1サイズの立方体のすべての中心に位置するために8つの原子が存在する。その結果，陽イオンと陰イオンとの組成比は$4:8=1:2$となっている。陰イオンが存在する位置は陽イ

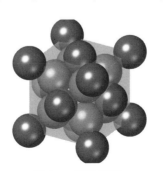

図3.7　蛍石型構造

オンの正四面体隙間となっている。仮に，陽イオンと陰イオンのイオン半径が同じであると仮定すると，蛍石型構造の充填率は $3\sqrt{3}\pi/32 = 51\%$ となる。

3.1.6 セン亜鉛鉱型構造とウルツ鉱型構造

硫化亜鉛 ZnS は陽イオンと陰イオンとの組成比が 1 : 1 となっており，セン亜鉛鉱型構造とウルツ鉱型構造の二種類の異なる結晶構造を有する。図 3.8 左に示すように陰イオンが基本骨格である fcc 構造を有しているものがセン亜鉛鉱型構造であり，一方，図 3.8 右に示すように陰イオンが hcp 構造を有しているものがウルツ鉱型構造である。陽イオンは，陰イオンが構成する正四面体隙間に位置しているのであるが，陽イオンはすべての陰イオンからなる正四面体隙間に存在しているわけではない。例えばセン亜鉛鉱型構造では，陰イオンが作る fcc 構造の積層パターンである A 層 B 層 C 層 A 層 B 層 C 層の積層方向に対して，正四面体隙間のすべての陰イオン原子の真下に陽イオン原子が位置している。これにより陽イオンの数と陰イオンの数は同数となり，組成比は 1 : 1 となる。ウルツ鉱の場合も同様に，陰イオンが作る hcp 構造の積層方向に対して，正四面体隙間のすべての陰イオン原子の真下に陽イオン原子が位置している。すなわちウルツ鉱型構造においてもやはり陽イオンと陰イオンとの組成比は 1 : 1 となる。セン亜鉛鉱型構造もウルツ鉱型構造も，すべての陰イオンの真下に陽イオンが存在することから，陰イオンが fcc（セン亜鉛鉱型）または hcp 構造（ウルツ鉱型）を形成しているのと同様に，陽イオンもまた fcc（セン亜鉛鉱型）または hcp 構造（ウルツ鉱型）を取ることになる。

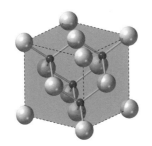 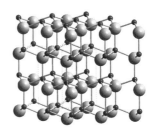

図 3.8　硫化水素 ZnS における二つの構造。（左）セン亜鉛鉱型，（右）ウルツ鉱型

ところでセン亜鉛鉱型構造については，蛍石型構造を元に考えると，その構造がより理解しやすい。蛍石型構造では，8 つの 8 分の 1 サイズの立方体のすべての中心位置に陰イオン原子が存在していたが，それに対してセン亜鉛鉱型構造では，8 分の 1 サイズの立方体の半数である互い違いの位置の 4 つの立方体の中心に陰イオン原子が存在している。その結果，陽イオンと陰イオンとの組成比が蛍石型構造では 1 : 2 であったものが，セン亜鉛鉱型構造では半分の 1 : 1 となっている。

3.1.7 ダイヤモンド型構造

炭素の同素体として有名なダイヤモンドは，図 3.9 に示すとおりダイヤモンド型構造と呼ば

れる結晶構造を有する。その基本骨格はセン亜鉛鉱型構造と同様であり，セン亜鉛鉱型構造の陽イオンと陰イオンがともに同じ原子として区別がないものがダイヤモンド型構造である。ダイヤモンドでは，すべての炭素原子が sp^3 混成軌道で結合されている。ダイヤモンドは最も硬い鉱物としてよく知られているために，充填率も最も高くなるのではないかと誤解している学生も多い。しかし現実にはダイヤモンドの充填率は極めて低い。その理由は，すべての炭素原子間結合が強固な共有結合で結合されているためである。最も硬いということは原子間の結合が最も強く結びついているということである。したがって原子と原子との距離を十分に長く保つことができ，空間に占める原子の割合（充填率や密度）は低くなる。ダイヤモンドの充填率は $\sqrt{3}\pi/16 = 34\%$ であり，この値は金属結合である体心立方格子の充填率 $\sqrt{3}\pi/8$ の半分である。

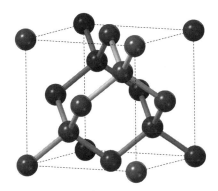

図 3.9　ダイヤモンド型構造

3.2　配位構造

　原子の結合の種類は多岐にわたっており，共有結合や金属結合，イオン結合に加えて配位結合などがある。特に共有結合と配位結合の違いは，共有結合では結合する 2 つの原子がそれぞれに電子を出し合って結合電子対を形成しているのに対して，配位結合では一方の原子のみが電子対を出すことで結合電子対を形成している点が異なる。一般に金属イオンに有機配位子が結合して金属錯体が形成される際には配位結合が見られる。例えばジクロロクプレート錯イオンでは，銅イオン Cu^+ は電子を出さず，二つの塩化物イオン Cl^- がそれぞれ電子対を出すことで銅イオンと結合している。この時，金属錯体全体の電荷の価数としてはマイナス 1 価となる。一般に金属錯体としての分子の構成要素は大括弧 [ ] を用いて記載し，大括弧の右上には錯イオン全体の価数を示す。例えば前述のジクロロクプレート錯イオンの例では $[CuCl_2]^-$ の様に表される。**図 3.10** に配位子の配位数と，その時の代表的な金属錯体の分子構造の例を示す。

　配位子は電子対を有することから，配位子同士は強い電子間反発が働くので，できるだけ互いに相手と距離を保とうとする。これを VSEPR（valence shell electron pair repulsion，原子価殻電子対反発）理論と呼ぶ。その結果，例えば 2 配位では，金属を挟んで互いに 180° 離れることで最も配位子間の距離を大きく保つことができるために，2 配位における金属錯体の構

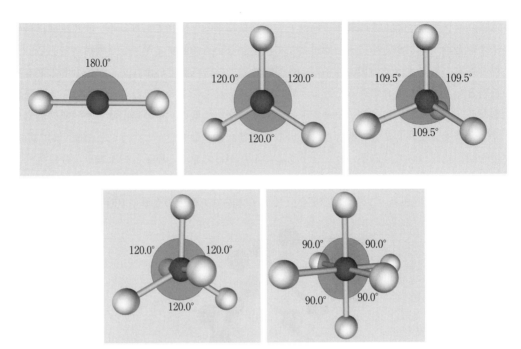

図 3.10　配位数の違いにおける金属錯体の基本構造。（左上から順番に）直線型 2 配位，
平面三角形型 3 配位，四面体型 4 配位，三方両錐型 5 配位，八面体型 6 配位

造は直線型となる。同様に，3 配位では正三角形，4 配位では正四面体型の構造（Td 構造と
呼ばれる。正四面体＝tetrahedral）を取りやすい。代表的な金属錯体である 6 配位の場合には，
x, y, z 方向のそれぞれプラスとマイナス方向の合計 6 箇所の位置に配位子が存在することにな
る。この場合，それぞれの配位子同士を線で結ぶと正八面体が構成される。このような構造を
6 配位 Oh 構造と呼んでいる（八面体＝octahedral）。一方，5 配位の場合には，幾何学的には
5 つの配位子がすべて等価な位置に存在することができない。そこで図 3.10 下段左のような三
方両錐（Tbp; trigonal bipyramidal）構造を取る。まず平面上に 3 つの配位子で正三角形を形成
する。次に，平面に垂直な方向に二つの配位子が位置し，それぞれ平面を挟んで三角錐を 2 つ
形成させる。三方両錐構造の名前は，三角錐が平面の両側にできていることに由来する。この
三方両錐構造はベリー擬回転と呼ばれる構造変化を起こし，三方両錐構造から四角錐構造（ピ
ラミッド型，Sp ; square pyramidal），さらに別の三方両錐構造，別の四角錐構造，…のよう
な構造変化を繰り返すことで，見かけ上，5 つの配位子はすべて等価な位置に存在しているか
のような物理的化学的な物性を発現させる。
　ところで配位子は，一つの配位子がただ一つの金属のみに配位することもできるし，配位子
の種類によっては複数の金属をつなぎ合わせるように配位することもできる。一つの金属のみ
に配位することを単座配位するといい，そのような配位子は単座配位子と呼ばれる。また二つ
以上の金属に配位することを，金属の数に応じて二座，三座，四座，…配位するという。これ
ら複数の金属に配位する配位子のことを多座配位子と呼ぶ。単座配位子の代表的な例としては，
F^-（フルオロ），Cl^-（クロロ），Br^-（ブロモ），I^-（ヨード），S_2^-（チオ），CN^-（シアノ），

NC$^-$（イソシアノ），OH$^-$（ヒドロキソ），OH$_2$（アクア），NH$_3$（アンミン），NO（ニトロシル），CO（カルボニル），py（ピリジン），SCN$^-$（チオシアノ），NCS$^-$（イソチオシアノ），NO$_2$（ニトロ），ONO（ニトリト）などがある。ハロゲン原子 X の陰イオン X$^-$ はそれ自体が配位子となりうる。一方，不対電子を有する水やアンモニア分子も配位子となりうる。さらにカルコゲン原子やニクトゲン原子を含む分子も配位子となりうる。一方，二座配位子の代表的な例としては，NH$_2$CH$_2$CH$_2$NH$_2$（エチレンジアミン，en），(COO$^-$)$_2$（オキサラト，ox），bpy（ビピリジン），acac（アセチルアセトナト）などがある。さらに三座配位子では，NH$_2$CH$_2$CH$_2$NHCH$_2$CH$_2$NH$_2$（ジエチレントリアミン，dien）などがある。多座配位子では必ずしも異なる複数の金属に配位するだけではなく，配位子の複数の部位が同一の金属に配位することがある。これをキレート配位と呼んでいる。

3.3　電子構造

　材料を構成する原子の配置の様子により結晶が形成され，結晶構造によって各々の原子の周囲の環境である配位構造が決定することを前節までに説明した。材料の性質は，結晶構造と配位構造に加え，内部の電子の状態，つまり電子構造にも強く依存する。ここでは一般にどのような電子構造が存在するかを説明する。

3.3.1　電子軌道〜原子核を周回する電子たち

　原子の中の電子は負の電荷を持ち，原子核の内部の陽子が持つ正の電荷と釣り合うことで原子としては中性を保っている。つまり，電子と原子核との間には電気クーロン力としての引力が作用し，お互いに引き付け合っている。古典的には，「原子に属する電子は原子核を中心として周回している」と解釈される。この原子核を周回する軌道のことを電子軌道という。

　しかしながら電子軌道の半径，つまり原子核周りの周回の半径はおよそ数 nm 以下と大変小さいため，もはや古典的な描像で語ることはできず，原子核の周りに漂って分布している状態として捉える必要がある。この電子の分布の状況は**電子雲**と呼ばれている。**図 3.11** には，原子内の電子の状態を軌道として表現したモデルと、電子雲として表現したモデルをそれぞれ示してある。

　原子内の電子をより忠実に捉えた量子論においては，電子の存在は「その場所に発見する確率」として扱われ，これは**存在確率**と呼ばれている。さらに，この電子の存在確率は**波動関数**というものの 2 乗となることがわかっている。波動関数とは時空間に張り付いた関数であり，ある瞬間瞬間において空間の各点がある値（スカラー値，ただし複素数の値）を持っている状況である。原子に属する電子の場合は，原子核からの電気クーロン力（引力）の場（中心力場）を考慮した**シュレディンガー方程式**（という量子力学の根源となる方程式）を解くことでこの波動関数を解析的に得ることができる。波動関数が得られれば，それから存在確率を計算することができ，またその状態をとるときのエネルギーも計算することができる。結果として，原子に属する電子のエネルギーはとびとびの値を持ち（**エネルギーの離散化**），また，電子軌道

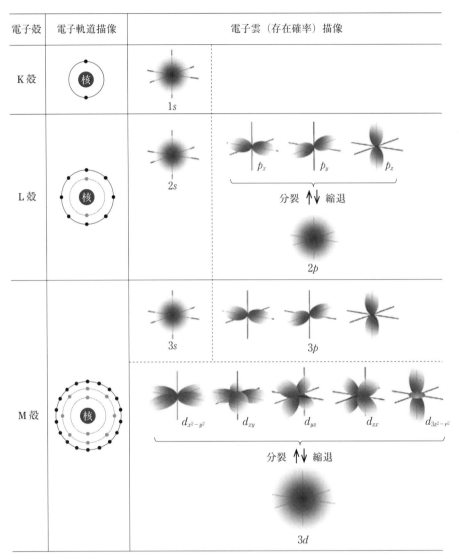

図 3.11 原子内における電子の状態の 2 つの描像モデル。（左）軌道を周回する描像（ボーアモデル），（右）電子雲（存在確率）として捉えた描像。3 つの p 軌道や 5 つの d 軌道上の電子は孤立原子状態ではエネルギーに差がなく縮退し球対称の電子分布となっているが，結晶内では配位状況に応じ縮退が解けエネルギー分裂を起こす。

がある 3 つの整数の組（これを**量子数**という）によって形が決まる。すなわち，

主量子数（principal quantum number） $n = 1, 2, 3, \cdots$
方位量子数（azimuthal quantum number） $l = 0, \cdots, n-1$
磁気量子数（magnetic quantum number） $m_l = -l, \cdots, l$

である。主量子数 n は 1 からはじまる正の整数で，いくらでも大きな数字をとることができるが，エネルギーと単調増加の関係があるため（後述するパウリの排他律が許す限り）なるべく小さい数をとろうとする。方位量子数 l は 0 から始まるが，無限に大きい数字をとることは

許されず上限が主量子数 n 未満，すなわち $n-1$ までに制限される。主量子数 n と方位量子数 l によって電子軌道の半径（動径）は決定する。磁気量子数 m_l は，負の値もとることが許されているが，その絶対値の上限は方位量子数 l までに制限される（すなわち，$|m_l| \leqq l$）。磁気量子数 m_l は，電子軌道の回転の度合い（正確には角運動量）を決定する量子数であり，原子の磁性（磁気）に強く関係するためこう呼ばれている。

　電子のエネルギーは主量子数によって概ね決定し，さらに細かくは方位量子数に依存しながらエネルギー変化する。主量子数によって決定する一連の軌道は総称的に**電子殻**と呼ばれており，慣用的に K から始まるアルファベットによってラベリングされる。例えば，L 殻とは主量子数 $n=2$ を意味し，この L 殻には $l=0, 1 \, (<2)$ の 2 つの電子軌道が属していることになる。これらは，それぞれ 2s 軌道，2p 軌道と呼ばれている。ここで，2s の最初の数字は主量子数 n が 2 であることを意味し，次に続くアルファベットの s は方位量子数 l が 0 であることを意味している。アルファベットと方位量子数の関係は以下の通りである。

　アルファベット（方位量子数 l）
　s, p, d, f, g, … (0, 1, 2, 3, 4, …)

　ここで，f 以降は通常のアルファベット順となっている。

　個々の電子は，上述の軌道運動とは別に，**スピン**と呼ばれる回転の物理量を有している。これはいわゆる自転をイメージすると判りやすい（しかし実際に自転しているわけではないので注意が必要である）。1 つの電子は右回りか左回りかどちらかのスピンを必ず持ち，その中間の状態をとることはない。このスピンの回転を下から眺めたとき，右回りの場合が「上向きスピン」，左回りの場合が「下向きスピン」と定義されている。

　さて，1 つの原子には原子番号に相当する数の電子が存在している。例えば，鉄原子（$_{26}$Fe）であれば 26 個の電子が存在することになるが，これら 26 個の電子が，上記の 3 つの量子数を自由に取り得るかというとそうではない。実際は，各電子が異なる量子数の組を持っており，同一の量子数の組を持ちうる電子は 2 個までである。しかもその 2 個のスピンは異なり，一方が上向きであれば他方は下向きとなっている。これは「（スピンの状態を含めて）同一の状態をとりうる電子は 1 つまでである」と言い換えることができる（スピンを考慮しなければ，「同一の状態をとりうる電子は 2 つまで」となる）。これを**パウリの排他律**（パウリの排他原理）という。方位量子数 l によって決定する電子軌道には，その l により，磁気量子数 m_l が $-l$ ～ $+l$ まで $2l+1$ 個の分裂を起こすため，計 $2(2l+1)$ 個の電子が収容可能となる。主量子数 n で決定する電子殻には，その n により，方位量子数が 0 から $n-1$ までの n 個の場合が許されるため，それぞれの電子軌道（$l=0$ ～ $n-1$）の電子収容数の和としては，

$$\sum_{l=0}^{n-1} 2(2l+1) = 2\left(2\sum_{l=0}^{n-1} l + \sum_{l=0}^{n-1} 1 \right) = 2\left\{ 2\frac{(n-1)n}{2} + n \right\} = 2n^2 \tag{3.3.1}$$

となる。

　エネルギー準位の低い方からからこれらの軌道を並べれば，

（電子殻）	（電子軌道）	（収容電子数）
K 殻　$(n=1)$	$(1s)^2$	2
L 殻　$(n=2)$	$(2s)^2, (2p)^6$	$2+6=8$
M 殻　$(n=3)$	$(3s)^2, (3p)^6, (3d)^{10}$	$2+6+10=18$
N 殻　$(n=4)$	$(4s)^2, (4p)^6, (4d)^{10}, (4f)^{14}$	$2+6+10+14=32$
⋮		
―　　(n)	$(ns)^2, (np)^6, (nd)^{10}, \cdots, (nl)^{2(2l+1)}, \cdots, (n\ n-1)^{2(2n-1)}$	$\displaystyle\sum_{l=0}^{n-1} 2(2l+1) = 2n^2$

となる。この序列を眺めると，K, L, M と電子殻を表す主量子数 n が大きくなるほどエネルギーも大きく（高く）なるように見える。これは同じ方位量子数 l を持つ軌道を比べれば当てはまるが，実際は，l の大きさに応じエネルギーが変化することがわかっており，例えば 3d 軌道は 4s 軌道より高いエネルギーを持っている。実際の電子軌道のエネルギーは，

$$E_{n,\,l} = -\frac{R_\infty hc}{(n-\alpha_l)^2} \tag{3.3.2}$$

で与えられる。ここで R_∞ はリュードベリ定数，h はプランク定数，c は光速である。すなわち右辺の分子は定数となる。α_l は l に依存した定数であり，例えば Na 原子の場合において，s 軌道については $\alpha_0 = 1.374$，p 軌道については $\alpha_1 = 0.889$，d 軌道については $\alpha_2 = 0.009$ である。このように α_l は l の減少につれて増加し，結果としてエネルギーは低くなるため，場合によってはより内殻の電子軌道のエネルギーより低くなることもある。これは，d → p → s と方位量子数が減るに従い，電子軌道の軌道形状が変化し，軌道の中心（原子核）の近くを通過する確率（存在確率）が高くなるため，他の電子軌道と重なる確率が減るから（その分安定しエネルギーが下がる）と解釈される。**図 3.12** は，実際の各電子軌道のエネルギーの大きさ（これを

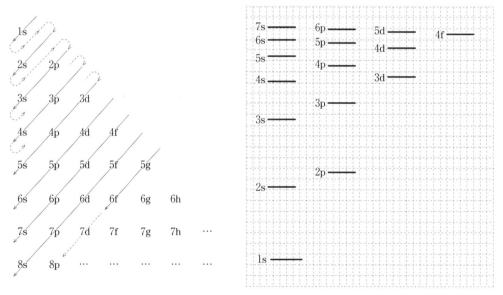

図 3.12 （a） 原子内の電子軌道に電子が埋まっていく順番（マーデルングの規則）。
　　　　（b） 原子内電子軌道のエネルギー準位図

エネルギー準位という）と電子が埋まっていく順番について表している。図 3.12（ a ）では，この図の右上に位置するほどエネルギー準位は低く，その低い軌道から順番に電子が埋まっている様子を矢印で示している。またこれらの電子軌道を紙面の上下方向にエネルギー軸をとり，各エネルギー準位を横線で示したものが図 3.12（ b ）となる。原子内にある複数の電子はエネルギー準位の低い電子軌道から順に埋まった電子の配置（**電子配置**）をとることとなる。

3.3.2　周期表と電子配置

　前項で述べたように，原子に属する電子は，各電子軌道にエネルギーの低い順番に埋まっていき，その原子の電子軌道の構造が決定する。元素の種類によって電子数は異なり，どの軌道まで電子が埋まっているかはその電子数，すなわち原子番号に依存する。メンデレーエフによって考案された元素の周期表のどの元素の最外殻がどの軌道に相当するかを示したものが**図3.13** である。この図の 4 段目（ 4 周期目）などに着目すれば，周期表の同じ周期（横列）であっても異なる電子殻，すなわち異なる主量子数の電子が含まれていることがわかる。このほかにも，**図 3.14** のように，原子の電子軌道の序列をよりわかりやすく示すこともできる。これを見れば，各元素において，どの電子軌道に何個の電子を収容しているか（すなわち電子配置）がすぐわかる。例えば C, Al, Fe の 3 つの元素については，

$$C（原子番号 6）　：(1s)^2(2s)^2(2p)^2$$
$$Al（原子番号 13）：(1s)^2(2s)^2(2p)^6(3s)^2(3p)^1$$
$$Fe（原子番号 26）：(1s)^2(2s)^2(2p)^6(3s)^2(3p)^6(4s)^2(3d)^6$$

のように書き表すことができる。ここで，括弧で囲まれた軌道名の右上の数字が収容電子数で

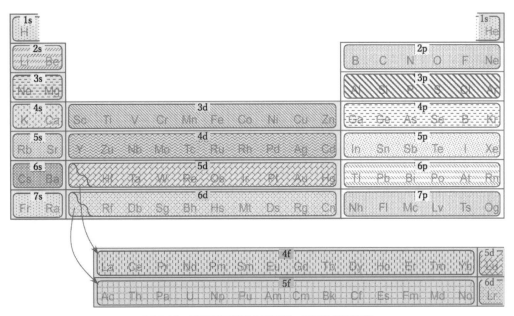

図 3.13　周期表の配置と電子殻，電子軌道の関係

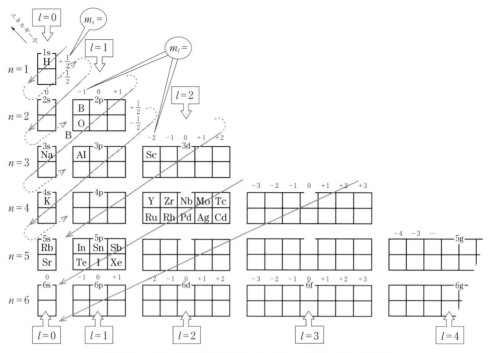

図 3.14 原子内電子軌道の序列と量子数とを関連づけた周期表

ある。

　周期表において最も右に位置する希ガス族の最外殻は完全に（最大限に）電子が占有した状況（これを**閉殻**という）となっており，この希ガス族の電子配置を利用し，その他の部分だけを明記する形で，例えば Fe の電子は，

$$\text{Fe（原子番号 26）：} (\text{Ar})^{18}(4\text{s})^2(3\text{d})^6$$

と表現することもできる。

3.3.3 　遍歴する自由電子，結合に寄与する電子

　固体物質中の原子は，常に孤立原子と同様の電子配置をとるとは限らず（むしろそのほうが稀であり），一般には，物質内に電子を放出し陽イオンとなったり，逆に電子を受け取って陰イオンとなったりすることで安定化している（イオン結合性）。また隣の原子と電子を共有している場合もある（共有結合性）。特に，周期表の 1 族（1 列目）に相当するアルカリ金属元素，2 族に相当するアルカリ土類金属元素，3～12 族の遷移金属元素，そして 13～17 族の典型元素の一部は，物質中で陽イオンとなり，各原子から放出された電子たちが動き回る中で安定化する傾向がある。このような状態は**金属**と呼ばれる。放出された電子は物質内を自由に動き回ることができ，**自由電子**（もしくは金属電子，遍歴電子）と呼ばれる。自由電子は電気伝導や熱伝導に寄与し，また金属表面に光沢をもたらす（第 12 章で詳述する）。イオン結合性結晶や共有結合性結晶の物質の場合には，この自由電子が物質中に存在しないため通常は絶縁体である。

絶縁体を形成する原子の中に，意図的に価数の異なる原子を混ぜて置換固溶させる（これを**ドーピング**という）ことで，自由に動く電子を生成させることが可能となる場合がある。詳しくは第 10 章にて説明するが，負の電荷を有する電子とは逆に正の電荷を持つ電子の欠落（穴）を生成することも可能であり，これを**ホール（正孔）**という。電子とホールはどちらも電流に寄与する担い手(Carrier)となるため，これら両者をまとめ，**キャリア**と呼ばれている。また，このようなドーピングによってキャリアを増やし電気伝導を上げ（抵抗を下げ），絶縁体と金属との中間の電気伝導を有する一連の物質が**半導体**と呼ばれている。半導体ではドーピング量によって電気伝導度が変化する。また半導体には，キャリアが存在できないエネルギー準位（この禁制帯域の幅を**エネルギーギャップ**や**バンドギャップ**と呼ぶ）が存在する。ドーピングによる電気伝導度の変化やバンドギャップを利用し，異なる半導体の組み合わせによって電流の流れ方を設計制御することが可能となっており，様々な電子デバイスに応用されている。

　これまで説明したように，物質内の原子が孤立原子状態から結合性結晶状態，そして金属状態へと移るに従い，電子は原子に局在した状態から，物質内を自由に遍歴できる状態になっていく。その様子を縦軸をエネルギーとして図示すると**図 3.15** のようになる。孤立状態におけるエネルギー準位が離散的であり，1 つ 1 つの準位に幅がないものが，遍歴状態へと移るに従い，複数の準位へと別れ，金属やドーピングされた半導体ではエネルギー準位が幅をもった帯状へと変化する。もともとの孤立原子における幅のない 1 つのエネルギー状態は複数の状態のエネルギーが同一値をとっていると解釈され，これを**縮退**と呼ぶ。またこの縮退がほどけ，各エネルギーに分かれることを**分裂**と呼び，さらに分裂が細かくなり帯状となった状態はエネルギー・バンドと呼ばれる。

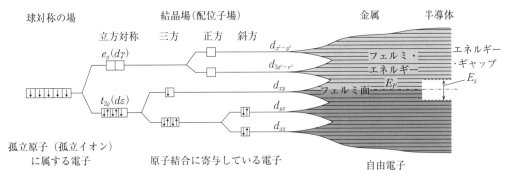

図 3.15　物質中の電子が置かれた場の状況（対称性）とエネルギー準位の関係（d 軌道に電子が 5 つある場合）

3章　章末問題

3.1

それぞれの結晶構造における充填率を計算せよ。ただし計算を行う場合，陽イオンと陰イオンとのイオン半径は全て同じものと仮定して計算を行うこと。

① 体心立方構造

② 面心立方構造

③ 六方最密構造

④ NaCl 型構造

⑤ CsCl 型構造

⑥ 蛍石型構造

⑦ セン亜鉛鉱型構造

⑧ ウルツ鉱型構造

⑨ ダイヤモンド型構造

3.2

（1） Na ランプの輝線スペクトルのうち，3p 準位から 3s 準位の遷移の際に発する光のエネルギーと波長を求めよ。

ヒント：式（3.3.2）$E_{n,\,l} = -\dfrac{R_\infty hc}{(n-\alpha_l)^2}$ を使い，3p（$n=3,\, l=1$）と 3s（$n=3,\, l=0$）との差を求める。

この発光は大変強い輝線として確認されており **D 線**と呼ばれている。また正確には p 電子軌道の準位分裂（$p_{3/2}$ と $p_{5/2}$）により 2 つの輝線（D1 線と D2 線）とからなっている。

（2） 以下の原子もしくはイオンにおける最外殻電子軌道とその軌道上の電子数を求めよ。

・遷移金属元素である Fe（鉄）の孤立原子，Fe^{2+} イオン，Fe^{3+} イオン

・典型元素である P（リン）の孤立原子，P^{3+} イオン

・希土類元素である Eu（ユーロピウム）の孤立原子，Eu^{2+} イオン，Eu^{3+} イオン

第4章 材料の組織と相

4.1 代表的な金属の結晶構造

　金属材料に求められる重要な機能の1つが強度である。金属材料の変形はその大部分がすべり変形によって担われるが，この変形様式は結晶構造，すなわち原子の並び方に大きく左右される。したがって，金属材料が示す代表的な結晶構造を知ることは変形や強度など様々な金属材料の性質を理解する上で非常に重要となる。金属材料はいうまでもなく金属結合からなり，理想的な結合では等方的となる。このことから，格子点に1つ原子を配置させ，なおかつ潰れたり，膨らんだりしない半径 r の球体（剛体球）と見立てて並べ，結晶構造を考察することが多い。さて，**表 4.1** に代表的な金属元素の室温における結晶構造を示す。ほとんどの純金属が体心立方格子（body centered cubic, bcc），面心立方格子（face centered cubic, fcc），六方最密格子（hexagonal close packed, hcp）である。したがって，これら3つの結晶構造について詳しく理解することが必要になる。

表 4.1

体心立方格子（bcc）	面心立方格子（fcc）	六方最密格子（hcp）
K, V, Cr, Fe, Rb, Nb, Mo, Ba, Ta, W など	Al, Ca, Ni, Cu, Sr, Rh, Pd, Ag, Ir, Pt, Au など	Be, Mg, Sc, Ti, Co, Zn, Y, Zr, Cd, Hf, Re, Os など

4.1.1 代表的な3つの結晶構造

◇面心立方格子

　剛体球を三次元空間に敷き詰めることを考える。まずきれいに1層並べ（原子の位置 Z），その上に次の層を安定に積み重ねるとすると，**図 4.1** のように原子位置 X もしくは Y の位置に次の層を配置しなければならない。このとき，面の積み重ねは ABABAB…と積み重ねるか，ABCABCAB…と重ねる2通りの方法がある。前者は hcp に対応し，後者は fcc となる。これら2つの結晶構造は剛体球を3次元空間に最も密に詰め込んだ構造であり，最密構造である。

　立方格子は全ての辺が同じ長さかつ 90° で交わっているため，格子定数は a のみとなる。fcc 結晶の単位胞は，各角を占める原子は8個の単位胞で，また各面心位置を占める原子は2個の単位胞で共有されている（**図 4.2**（a））。したがって，1つの単位胞は，1/8の占有となる8個の角の原子，1/2の占有となる3対6個の面心原子の合計4個の原子を含むことになる。(100) 面の対角線に注目すると，格子定数 a と剛体球の半径 r には，$a = 2r\sqrt{2}$ の関係があることがわかる。これらのことから原子充填率（単位胞中の剛体球の体積）が以下の式で算出できる。

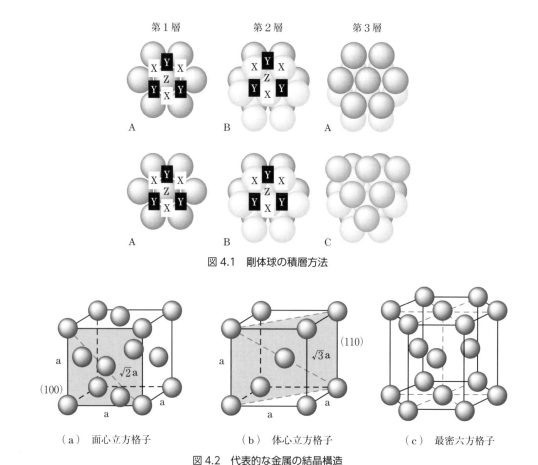

第1層   第2層   第3層

図4.1 剛体球の積層方法

（a）面心立方格子   （b）体心立方格子   （c）最密六方格子

図4.2 代表的な金属の結晶構造

$$原子充填率（\%）=\frac{単位胞中の剛体球の体積}{単位胞の体積}\times100 \qquad (4.1)$$

fccの場合4個の剛体球が内包されているので，式（4.1）の分子は$16/3\pi r^3$となり，分母はa^3となる。さらに$a=2\sqrt{2}r$の関係より，結果として原子充填率は74％となることがわかる。この値は上述したように一種類の剛体球によって達成される充填率の最大値である。室温でfccを示す主な純金属はCu, Al, Ag, Au, Niなどがある。

◇体心立方格子

図4.2（b）に示すように立方晶において，8つの角すべてと中央に1個の原子を配置した構造は体心立方格子と呼ばれる。内包原子は$8\times1/8+1\times1=2$個となる。また，（110）面に着目すると，単位胞の中央に位置する原子と角に位置する原子は，立方体の対角線$\langle111\rangle$方位に沿って互いに接している。このため，格子定数aと剛体球の半径rには，$a=4r/\sqrt{3}$の関係があることがわかる。bccの場合，単位胞中に2個の剛体球が内包されており，原子充填率は68％で，fccやhcpよりも隙間の多い結晶構造である。室温でbccを示す主な純金属はCr, Nb, Mo, Ta, Vなどがある。

◇六方最密格子

　主な金属材料が示す結晶構造の3つめは図4.2(c)に示す六方最密格子(hexagonal close packed)である。単位胞の上面と底面には正六角形を形作り，その角には1/6個の剛体球が各面6個ずつ，中心に1/2個の剛体球が各面1個ずつ存在している。さらに中間面に3個の剛体球を内包しており，全部で6個の剛体球が存在していることになり，fccと同じ原子充填率は最大の74%となる。室温でhcpを示す主な純金属はMg, Co, Ti, Zr, Hf, Cdなどがある。

4.1.2　同素変態

　純金属の結晶構造は温度によって変化するものがある。これは液体から固体に変化する凝固のように固体から固体へと原子配列を変化させ，同素変態と呼ばれる。非常に有名なものだと，鉄（Fe）が挙げられ，低温から高温にかけてbcc-fcc-bccへと変化する。同素変態を含め，固体-固体の相変態は組織制御やこれを利用した材料設計に非常に重要な役割を果たす。

4.2　欠陥の種類と性質

　結晶は単位構造が繰り返す構造を指し示すが，現実の結晶は全格子点に原子が存在しているわけではなく，**図4.3**に示すように原子が存在するべき格子点に存在していなかったり，粒界を境に結晶の向きが異なっていたりする。このように理想的な結晶の状態ではない箇所を格子欠陥，または単に欠陥と呼ぶ。格子欠陥はその次元によって以下のように整理できる。

　　無次元…点欠陥：空孔・格子間原子など
　　1次元…線欠陥：転位・回位など
　　2次元…面欠陥：結晶粒界，双晶境界，積層欠陥，逆位相境界など
　　3次元…体欠陥：時効析出にともなう微小析出物など

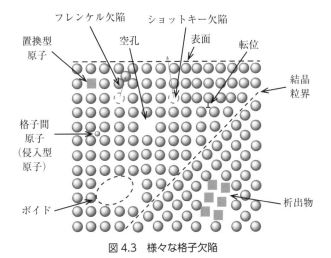

図4.3　様々な格子欠陥

4.2.1 点欠陥

点欠陥は1個または数個の同種原子を格子点に対して除去したり，余分に追加したり，入れ替えることで発生する欠陥として定義できる。例えば，結晶中の格子点から原子を1個抜き取ると，その格子点には「空孔」が生成されたことになる。結晶を構成している原子と同種の原子1個を格子点ではない位置（通常四面体位置や八面体位置などの結晶中の隙間）に余分に一つ追加すると，「格子間原子」となり，異種の原子によって結晶を構成している原子を入れ替えると置換型原子，格子間に存在させると侵入型原子を生成したことになる。こうした欠陥を主に点欠陥と呼称する。上述の4種の点欠陥が組み合わさった欠陥（フレンケル欠陥など）も存在する。

点欠陥は金属中においてどの程度含まれているのであろうか。このことについて簡単に算出してみる。これは熱力学におけるギブスエネルギー G によって考察でき，$G = H - TS$ である。今，対象としているのは固体であるため，体積変化はほとんど無視でき，エンタルピー $H \fallingdotseq$ 内部エネルギー E とすることができる。1個の空孔生成に必要な内部エネルギー変化を ΔE_f とすると，n 個の空孔を結晶中に作るために必要なエンタルピー変化 ΔH は $n\Delta E_f$ となる。したがって，

$$G = nE_f - TS \tag{4.2.1}$$

となる。次にエントロピー変化 ΔS の項について考察する。$(N + n)$ 個の格子点に N 個の溶媒原子と n 個の原子空孔を存在させる組み合わせを W とすると，配置のエントロピー変化 ΔS_{mix} は

$$\Delta S_{mix} = k_B \ln W = k_B \ln \frac{(N+n)!}{N!\, n!} \tag{4.2.2}$$

となる。ここで近似式スターリングの公式を利用すると，

$$\begin{aligned}
\Delta S_{mix} &= k_B \{\ln(N+n)! - \ln N! - \ln n!\} \\
&= k_B\{(N+n)\ln(N+n) - (N+n) - N\ln N + N - n\ln n + n\} \\
&= k_B\{(N+n)\ln(N+n) - N\ln N - n\ln n\}
\end{aligned} \tag{4.2.3}$$

となる。これに1個の空孔形成のためのエントロピー変化 ΔS_f とすると，$\Delta S = \Delta S_{mix} + n\Delta S_f$ となり，結局，

$$G = n\Delta E_f - T[k_B\{(N+n)\ln(N+n) - N\ln N - n\ln n\} + n\Delta S_f] \tag{4.2.4}$$

となる。n 個の原子空孔が平衡状態で存在しているとすると，このときの G が最小にならなければならないため，

$$\frac{\mathrm{d}G}{\mathrm{d}n} = 0 \tag{4.2.5}$$

を満たす必要があり，

$$E_f - T[k_B\{\ln(N+n) - \ln n\} + \Delta S_f] = 0 \tag{4.2.6}$$

となる。したがって

$$\frac{n}{(N+n)} = \exp\left(-\frac{\Delta E_f}{Tk_B}\right)\exp\left(\frac{\Delta S_f}{k_B}\right) \tag{4.2.7}$$

が得られ，$n \ll N$ であることから，最終的に空孔濃度 $C_V (= n/N)$ は

$$C_V = \frac{n}{N} = \exp\left(-\frac{\Delta E_f}{Tk_B}\right)\exp\left(\frac{\Delta S_f}{k_B}\right) \tag{4.2.8}$$

が得られる。こうした関係は格子間原子においても同様に取り扱うことができるが，格子間原子を形成させるためのエネルギーが空孔のそれよりも大きく，熱平衡に存在する格子間原子の濃度は空孔濃度 C_V よりも無視できるほど小さい。したがって，金属材料における点欠陥のほとんどが空孔である。(4.2.8) 式より，空孔濃度 C_V は絶対零度（0 K）では 0 になるが，温度上昇とともに急激に増大することがわかる。他にも高エネルギーの粒子線照射，高温状態からの急冷，金属間化合物などの化学量論組成からのずれ，塑性変形などによって結晶に空孔が導入される。昇温や塑性変形による空孔の導入が身近であるが，融点直下や数 10% の塑性ひずみが導入された状態においても，せいぜい 10^{-4} 程度しか導入されない。このことはすなわち，たくさん空孔を存在させたとしても原子 10000 個に 1 個程度であり，後に述べる転位に比べて，塑性変形に与える影響はほぼ無視できる。しかしながら，空孔は拡散現象や高温変形に特徴的なクリープ変形などでは大きな影響を与える。

4.2.2　結晶におけるすべり変形

　結晶に対して外力が負荷されたとき，そのひずみが小さいと外力が除荷されたならば，ひずみはゼロとなる。これを弾性変形と呼び，単位断面積あたりの荷重である応力とひずみの間にはフックの法則が成り立つ。負荷される応力が増加すると，やがて材料は除荷しても永久ひずみが残る。これを塑性変形という。通常の金属材料は多結晶であるが，簡単のため，一つの結晶すなわち単結晶を引っ張ったとする。このときの結晶の変形を考えると特定の面が特定の方向にすべることによって塑性変形が生じる。これをすべり変形といい，すべりが生じる面をすべり面，方向をすべり方向と呼び，これらの組み合わせをすべり系という。すべり面およびすべり方向は最密面および最密方位であることが一般的であり，bcc では 6 面ある {110} 面がそれぞれの面に 2 方位存在する 〈111〉 方向に，fcc では 4 面ある {111} 面がそれぞれの面に 3 方位存在する 〈110〉 方向に，hcp では {0001} 面が 3 方位存在する 〈11$\bar{2}$0〉 方向にすべる。すべり系の数はすべり変形のしやすさの指標であり，延性変形のためには，独立したすべり系が 5 つ以上必要である（フォン・ミーゼスの法則）。bcc および fcc が 12 個のすべり系を有するのに対して hcp は 3 つしかない。このため，hcp を示す金属材料は立方晶系の金属よりもすべり変形が生じにくい。さらに興味深いことに，すべり変形を生じさせるために必要なすべり方向への応力は一定である。これを臨界せん断応力一定の法則（シュミットの法則）と呼び，**図 4.4** のように断面積 A の単結晶に作用する引っ張り荷重 F のすべり面におけるすべり方向へのせん断応力 τ_0 は

$$\tau_0 = \frac{F}{A}\cos\phi\cos\lambda \tag{4.2.9}$$

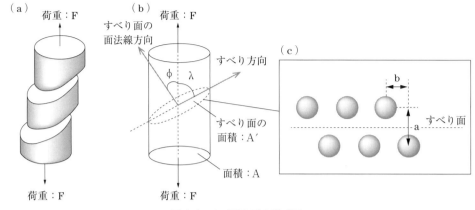

図 4.4 すべり変形の模式図

で表される。ここで，すべり変形を生じさせるためにすべり面の上下の結合が図 4.4（c）のように一斉に切れて変形が進行すると考えると，臨界せん断応力はおおよそ，

$$\tau_{\max} = \frac{G}{2\pi} \cdot \frac{b}{a} \tag{4.2.10}$$

で概算できる。この $\tau_{\max}$ は理想せん断応力と呼ばれる。G：剛性率，$a =$ すべり面間隔，$b =$ 変位である。a と b はおおよそ同じ大きさであることを考慮すると，ざっと $\tau_{\max}$ は $10^{-1}G$ の桁の大きさとなると予想される。しかしながら，主な金属材料における臨界せん断応力の実測値は $\tau_{\max}$ よりもずっと小さい値である。1934 年に G. I. Taylor，E. Orowan および M. Polanyi はすべり面の一端からすべり方向に向かって 1 原子間隔の局所的なすべり（転位）という原子レベルでの塑性変形についての概念を提唱し，この矛盾を解決した。

4.2.3　転位

　実際の結晶はすべり面上下の結合を一斉に切ることなく，転位を形成し，すべり変形を完了させる。すべり方向へのすべりベクトルをバーガースベクトル（Burgers vector）とよび，b で表す。転位はそれぞれ転位線と b との関係で定義でき，刃状転位は転位線 $\perp b$，らせん転位では転位線 $/\!/ b$，混合転位では転位線と b は垂直でも平行でもない。

　熱エネルギーを無視し，結晶中の 1 本の転位を動かすのに必要な応力は以下の式で計算でき，最初に計算した名前からパイエルス-ナバロ力と呼ばれている。

$$\tau_{P.N} = \frac{2G}{1-\nu} \exp\left\{-\frac{2\pi}{(1-\nu)}\right\} \tag{4.2.11}$$

式中の G は剛性率，ν はポアソン比である。

　ざっと $a \fallingdotseq b$，$\nu = 0.3$ とするとパイエルス-ナバロ力は $10^{-4}G$ のオーダーとなり，実測値に近い値を導き出すことができる。しかしながら，実測値はさらに低応力であることが知られている。このことは，転位線が一様にすべり面上を運動するのではなく，転位線も部分的に転位線をすべり面内で屈曲させ（二重キンク構造と呼ぶ），一部分を優先的に単位すべり量移動させることで，すべり変形に必要な応力を低減させているためである。尚，すべり面外への転位線

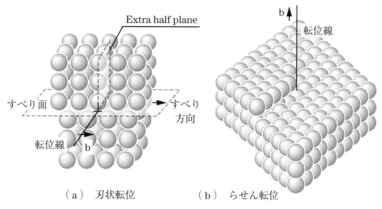

Extra half plane

すべり面

すべり
方向

転位線

b

（a）　刃状転位

b

転位線

（b）　らせん転位

図 4.5　刃状転位とらせん転位

の屈曲はジョグと呼ばれる。転位線はすべり面上のみを移動できるが，刃状転位が空孔と出会うと空孔を吸収し，すべり面が一原子間隔分すべり面外へ移動することになる。これを上昇運動と呼び，特に空孔濃度が上昇する高温において生じる。これは刃状転位特有のすべり面外への転位運動である。一方，らせん転位では，転位線とバーガースベクトル b は平行であるため，転位線を含む複数の結晶面へと移動することができる。このため，らせん転位が運動中に何かしらの転位の障害物と出会うとこれを避けようと，すべり面を変更することがある。これを交差すべりと呼び，bcc 金属における波状のすべり線が観察されることや，鋼の低温脆性に大きな影響を与えている。本節では，以後転位の発生源について考察する。**図 4.6** のように点 A および B で固定された転位線にせん断応力が作用したとする。このとき，転位線はあたかも楽器の弦のように振る舞い，AB 間において転位線の張り出しが生じる。さらにせん断応力が増加すると，張り出した転位線は点 A と点 B の後ろ側まで回り込み，やがて転位線 AB と分離し，転位ループを形成する。この過程が繰り返されることで，結晶中に転位が増殖する。このような転位が増殖する箇所をフランク–リード源という。したがって，塑性変形が進行すると，

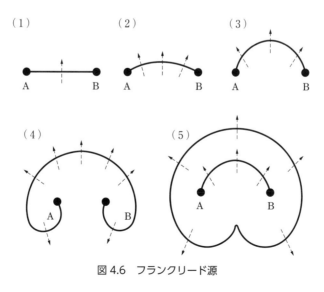

（1）

A　　　B

（2）

A　　　B

（3）

A　　　B

（4）

A　　　B

（5）

A　　　B

図 4.6　フランクリード源

一般的に結晶中の転位密度も増大する。転位密度が増加すると，転位同士の絡み合いや転位反応が生じ，それぞれの転位運動が阻害される。このことは塑性変形が進行するとすべり変形しにくくなることを意味し，より塑性変形を加えるにはより高い応力が必要となる。

4.2.4　面欠陥

　4.2.2項ですべり変形を考察するために1つの結晶（単結晶）を考えたが，実際の金属材料中では，図4.3に示すように同じ結晶構造をしていても，多数の結晶方位が異なる領域（結晶粒）に分かれている。これを多結晶と呼び，それぞれの結晶粒は結晶粒界で隔てられている。結晶粒界は転位運動の障害物となり，金属材料を加工すると結晶粒界付近に転位が堆積する。多結晶体の降伏応力は結晶粒径に依存することが，実験的に示されており，以下に示すホール–ペッチの関係式としてよく知られている。

$$\sigma = \sigma_0 + \frac{k}{\sqrt{d}} \qquad\qquad (4.2.12)$$

式中のσは多結晶体の降伏応力（変形開始応力），σ_0は単結晶の降伏応力，kはホール–ペッチ係数，dは平均結晶粒径であり，結晶粒が小さいほど降伏強度が上昇することがわかる。

　代表的な面欠陥にはもう一つ双晶境界がある。すべり系が少なくすべり変形が困難なhcpの変形時や金属材料を焼き鈍した際，あるいは第7章で示した形状記憶合金におけるマルテンサイト変態の際に双晶が観察される。双晶は双晶境界を境にしてその両側の原子配列が鏡像関係になっている。特に母相と双晶との境界を双晶面と呼ぶ。

4.2.5　体欠陥

　微小な析出物も欠陥として取り扱うことができ，代表的なものはAl合金の時効析出現象に出現する中間相である。時効析出現象については4.3.2.4目で後述するため，ここでは割愛するが，体欠陥は非常に微細であるが，母相との界面構造によって転位運動に大きく影響することが知られている。

4.2.6　転位論的強化機構

　転位論の立場から材料を強化方法する手法は大まかに以下の2点にまとめられる。

1. 結晶から転位を完全に除去する
2. 転位の運動を格子欠陥で阻害する

無転位結晶はウィスカーと呼ばれるが，実用構造材料サイズの結晶を得るのは非常に難しく，実用材に無転位結晶を使用することは事実上困難である。このことから，「いかにして格子欠陥を利用して転位運動を阻害するか」が材料強度を考える上で非常に重要となる。

　点欠陥である置換型原子や侵入型原子を利用し，転位運動を阻害しようとするのが固溶硬化と呼ばれる。同様に，転位の運動を他の転位線で阻害しようとするのが加工硬化，面欠陥である結晶粒界によるものが結晶微細化，微細な析出物によるものが時効析出強化と呼ばれる。実

用金属材料では，こうした転位論的強化法や鋼におけるマルテンサイト相などを複合的に組み合わせ最適な力学特性を実現している。

4.3　平衡状態図

　物質は気体，液体，固体の大きく 3 つの状態を示し，分類される。金属材料において純金属は固体状態で実用金属材料として使用されることは少なく，2 種類以上，場合によっては 10 種類近くの金属元素が溶融混合された状態で使用される。この状態の金属材料を合金と呼ぶ。この合金の場合では，固体の中でも温度や組成の組み合わせで結晶構造の状態（ここでは相と定義する）は大きく異なる。この合金での相の状態を表すために，組成を横軸に，温度を縦軸にして相をまとめて示したものが平衡状態図である。元素が 2 種類の表記法と 3 種類以上の場合の表記法がある。この節では，合金の相および状態図について理解を深める事を目標とする。

4.3.1　成分と相

　固体の金属を加熱したり，溶融状態から冷却すると固相／液相で相変化が起きる。これは特定の温度で原子配列に変化が生じるためで，構成原子の配列形態が液相の場合のようにランダム化する場合，もしくは固相状態で構造変化が起きる場合を総称して変態という。変態が起きる温度を変態点という。したがって固相／液相での融解・凝固の現象も変態であり，融点および凝固点は変態点に相当する。純金属では，融点と凝固点は同一温度にある。

　図 4.7 は，鉄の結晶構造の変化を示したもので，常温ではフェライトと呼ばれる bcc 構造であるが，911℃になるとオーステナイトと呼ばれる fcc 構造となり，1392℃で再び bcc 構造になる。このように固体状態でも，特定の温度を境界として結晶構造の変化する現象も変態であり，同素変態と呼ぶ。この同素変態の変態点を同素変態点という。

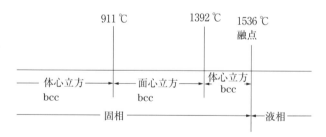

図 4.7　鉄の温度と結晶構造の関係

　この状態変化において，状態を決定する成分で温度，圧力，組成を状態変数といい，系の状態がどのような方向に向かって変化するかは熱力学の第二法則に従う。熱力学によればギブスの自由エネルギー G で表され，式（4.2.1）が最小の状態が平衡状態となる。ここで H はエンタルピーで原子間もしくは分子間の結合エネルギーと熱エネルギーの和に相当する。また S はエントロピーで原子の配置エントロピーと熱のエントロピーの和となる。熱力学の第二法則が示すように，系の状態変化は G が減少する方向に向かい，G が最小の状態にて平衡状態に

41

達する。

　合金の状態図は温度および組成により平衡状態で存在する相の状態を示したものであり，これは温度，組成，圧力が変化することにより変化する。このように相の状態は温度，組成，圧力などの因子に支配されるのでこれらの因子を状態量（状態変数）という。平衡な状態にある合金で，成分元素の数を n，共存する相の数を p，自由度を f とすると，この3つの関係には熱力学から次式の関係が証明されている。

$$f=n-p+2$$

この式を相律という。自由度 f は存在する相の状態を変えないで独立に変化させることができる状態量の数のことである。私達が金属を扱うのは一般に大気圧下であるが，固体および液体の平衡関係は大気圧の近くで多少圧力が変化してもほとんど影響を受けないために，金属の平衡状態を取り扱う場合は一般に圧力を変数から除外して考える場合が多い。そのような場合では，自由度は1つ減って，

$$f=n-p+1$$

となる。この関係をギブスの相律という。

4.3.2　合金の状態図と組成表示

　ある金属と他の金属，または非金属を溶融混合して合金を作製する場合，二つの成分からなる合金を2元合金といい，3成分および4成分からなる合金を3元合金および4元合金という。ここでは，簡単に2成分系の2相平衡状態図について紹介する。これは，相律から自由度 f は1となる。したがって温度を指定することで液相および固相の各成分の割合が決まる。各成分の割合が組成であり，温度，組成などを変数として系の状態を示したものを状態図という。例えば図4.8は全率固溶形状態図を示している。これは金属 A と金属 B が完全に溶け合い，すべての組成で固溶体をつくり，さらに固相の結晶構造がすべての A，B の濃度において変わらない固溶体の状態を示している。図4.8(a)において，T_A および T_B はそれぞれ成分 A および成分 B の融点である。C_0 の組成にて液体からの冷却過程において，温度 T_1 で成分 A を多く含んだ固相が晶出する。この晶出した固相を初晶という。固相中の B の濃度は s_1 であり，液相中の B の濃度は l_1 である。温度が T_2 まで下がると，この間に液相から固相の晶出が続い

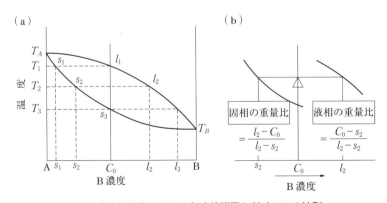

図4.8　全率固溶体における(a)状態図と(b)てこの法則

42

て，液相の濃度では l_1 から l_2 に，また固相の濃度は s_1 から s_2 に変化する。温度 T_2 において互いに平行な液相と固相の量の割合を，それぞれ f_L および f_S とすると，

$$f_L + f_S = 1$$

である。ここで重量のつり合いを考えると二成分の成分Bの量は合金のBの量 C_0 と等しくなければならず，次式が成り立つ。

$$C_0 = s_2 f_S + l_2 f_L$$

以上から，

$$f_S = \frac{l_2 - C_0}{l_2 - s_2}, \qquad f_L = \frac{C_0 - s_2}{l_2 - s_2}$$

となる。この関係では，図4.8（b）のように C_0 点を支点とする，てこの力学的なつり合いのようであるために，てこの法則という。温度 T_3 に達すると固相の組成は s_3 に，また液相の組成は l_3 になる。一方で，液相の割合は0になり，凝固は終了したことになる。ここで，T_A-l_1-l_2-T_B 線は液相線と呼ばれ，これより上の領域は液相となる。また T_A-s_1-s_2-s_3-T_B 線は固相線であり，これより下の領域では成分Aと成分Bがすべての組成範囲で固溶した状態となる。液相線と固相線で囲まれた領域は両者が共存する2相混合域となる。ここで，この混合域内における等温線を共役線という。

4.3.2.1　2元合金の状態図

　2つの成分が液体の状態では全組成にわたり互いに溶解して，1つの液相を形成するが，固体の状態では部分的にしか溶解しない。別々に一方の成分が他方の成分に溶け込む固溶体を形成する場合の状態図として共晶型と包晶型がある。

○共晶型状態図：**図4.9**（a）のように成分Aに少量のBを添加しても，また成分Bに少量のAを添加しても液相線温度が低下する場合が共晶型である。ある組成で液相線温度が最小となるとき，この組成を共晶組成（共晶点）という。図4.9（a）で示したように，Lでの溶融状態，溶融金属と α 固溶体が共存した領域（α+L），溶融金属と β 固溶体が共存した領域（β+L），

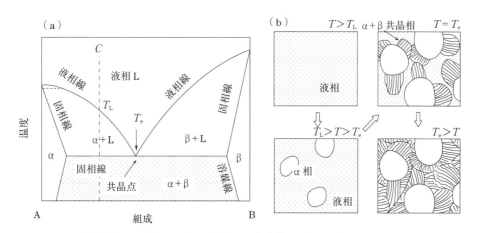

図4.9　（a）成分A-成分Bの共晶型状態図，（b）共晶反応と冷却過程の組織形成過程

またそれぞれα固溶体，β固溶体が単相状態で存在する領域，および共晶線の固相線以下でα＋βの2相が共存する領域に区分される。

　組織形成について例えば図4.9(a)の点線のCの組成において液相から凝固させると，図4.9(b)のように順次，各反応が起きる。まず液相線に達すると，てこの法則に従い成分Bの濃度が低い成分Aの固相αが生成する。冷却による固相のα相の形成量の増加にともない液相の成分Bの濃度が増加し，共晶点（T_e）に達した際にこの液相はα相とβ相の2つの固相に分解・凝固する。この時，組織は層状構造を呈する。このように2つの固相が同時に結晶化して出現する事から，この反応を共晶反応とよんでいる。この共晶型状態図で，共晶点より左側の組成の合金を亜共晶合金，一方で右側の組成の合金を過共晶合金と呼ぶ。共晶組織の典型的な組織形態は層状組織であり，一般にこの相間隔は数μm程度で微細である。この層状組織の間隔は凝固条件によって制御可能である。例えば，一方向共晶合金の制御技術が耐熱金属材料の製造において実用化されている。

○包晶型状態図：**図4.10**のように濃度C_1の合金を溶融させ冷却する事で，a_1の温度でα相が晶出する。その後，b_1の温度に達した時に濃度Fの液相と濃度Eのα相が共存する。液相の量は$b_1E/EF \times 100$（％）であり，α相の量は$b_1F/EF \times 100$（％）である。この液相とα相が反応を起こして，濃度Gのβ相が生成する。この反応を包晶反応とよぶ。反応後のα相とβ相の量比は次の関係で示される。

$$\frac{\alpha \text{相の量}}{\beta \text{相の量}} = \frac{b_1G \text{の長さ}}{b_1E \text{の長さ}}$$

室温になると，α相中のB元素の濃度はECに沿って減少するので，余分なB元素はβ粒子として析出する。同様にβ相中においてはα相が粒子状に生成する。

　濃度C_2の合金を溶融させた後の冷却過程においてa_2に達するとα相が晶出し，b_2に達すると濃度Fの液相と濃度Eのα相が共存するようになる。その後に液相とα相が包晶反応して濃度Gのβ相が生成する。この際，α相がすべてβ相に変化しても，液相が残る状態になる。反応終了後に濃度Gのβ相と濃度Fの液相の量比は，次式で示される。

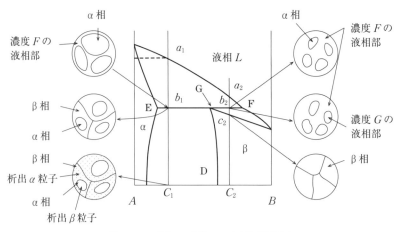

図4.10　成分A-成分Bの包晶型状態図

$$\frac{\beta\text{ 相の量}}{\text{液相の量}}=\frac{b_2 F \text{ の長さ}}{b_2 G \text{ の長さ}}$$

ここでは，β 相と液相の２相となり，温度の低下とともに液相の凝固が進行し，c_2 に達してから，均一な β 相の凝固が完了する。均一な β 相の凝固が完了する。

○共析型状態図および包析型状態図：先述した共晶反応や包晶反応では液相から固相への反応経路であったが，同様な経路での固相/固相変態の反応を共析反応および包析反応とよぶ。**図4.11**（ a ）の反応で固相$\gamma \to$ 固相$\alpha +$ 固相βになる反応が共析反応である。一方，固相内で図4.11（ b ）のような固相内で包晶反応と同じ経路をたどる固相反応を包析反応と呼ぶ。

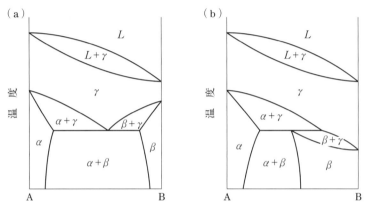

図 4.11　成分 A-成分 B の（ a ）共析型状態図，（ b ）包析型状態図

4.3.2.2　３元合金の状態図

　ここでは，３元合金の状態図の表示方法について説明する。A, B, C の３成分からなる合金の組成は，**図4.12** に示す正三角形を用いて，その中での点でその合金の組成を表示している。この場合，変数は組成のみであり，温度は等温の状態である。（温度も変数とする場合，３次元での表示となる）。この等温組成図の正三角形において３辺はそれぞれ２元合金の A-B 系，

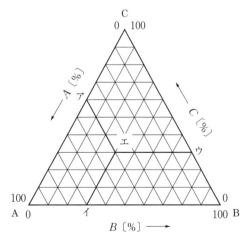

図 4.12　３元系状態図（等温）の表示法

B-C 系，および C-A 系の組成を示すものである。

　この正三角形内の点エの組成についての求め方を述べる。エの点を通り，各辺に平行な線を引き，交点をそれぞれウ，ア，イとする。ここでエ–ウは成分 A，エ–アは成分 B，またエ–イは成分 C の割合を示している。アの点はエの組成の合金にて成分 A の組成を示し，イの点は成分 B，ウの点は成分 C の組成を示す。これよりエの点の組成は成分 A が 40％，成分 B が 30％，また成分 C は 30％の組成となる。

4.3.2.3　炭素鋼の状態図と組織

　鋼は鉄と炭素の合金，もしくはこの合金を基本に他元素を添加した合金であり，炭素量によって性質が大きく変化する。実用金属材料の中で，圧倒的に使用量が多く，社会基盤をなす金属材料の代表である。**図 4.13**（a）は炭素量が 6.7％までの Fe-C 2 元系状態図を示している（7.1.1 項でも同様に解説）。この図には液相，δ 相（bcc），α 相（bcc），γ 相（fcc），および Fe_3C の相がある。基本的には 4.3％の炭素量で，1147℃ に共晶点をもつ共晶型であるが，Fe が bcc → fcc → bcc の 2 回の同素変態を示すため，炭素量が低濃度側では複雑な変態経路を呈する。1493℃ には包晶反応もあり，また 723℃ ではオーステナイトとよばれる γ 相（fcc）がフェライトとよばれる α 相（bcc）と鉄と炭素の化合物相であるセメンタイト相（Fe_3C）の 2 相に共析変態する。このように炭素量に依存して多様に変態経路が変わるため，炭素量の調整のみならず，加熱 - 冷却を適切に制御する事でも様々な性質を示す鋼を得る事ができる。図 4.13（b）は組織形成の模式図も示した状態図である。0.76％の炭素量で共析点があり，この組成の鋼を共析鋼，共析点を境として低炭素量側の組成の合金を亜共析鋼，共析点以上では過共析鋼とよばれる。また共析鋼で生成する α 相とセメンタイト（Fe_3C）のラメラ組織が呈する混合相を通称パーライトとよぶ。このパーライト組織を適切に制御する事で強靭な鋼が得られる。亜共析鋼では初析 α 相が生成し，硬質なセメンタイト相の量が少量であるために，強度は低いが延性が高い。一方で，セメンタイト相も初析相として生成する過共析鋼では，高強度（高硬度）ではあるが，脆くなる欠点もある。

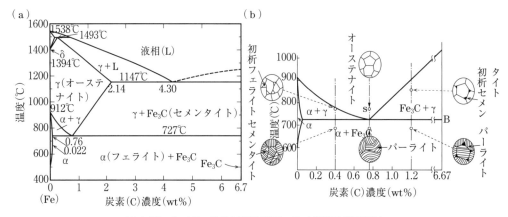

図 4.13　（a）Fe-C 2 元系状態図，（b）組織の模式図付

4.3.2.4　アルミニウム合金の状態図と組織

　アルミニウム（Al）は密度が $2.70\ \text{g/cm}^3$ で，構造用金属材料の中ではマグネシウム（Mg）に次いで軽量であり，耐食性に優れ，また塑性加工性にも優れるために幅広い分野に実用化されている。Al 合金は展伸用（加工用）と鋳物用とに大別され，両系の合金ともに非熱処理型と時効処理により強度の向上が可能な熱処理型の合金がある。代表的な Al 合金の殆どが共晶型を示し，**図 4.14** は Al-Cu の 2 元系共晶型状態図を示している。Al-Cu 系合金はジュラルミンとして有名な熱処理型の合金で，析出硬化により強度が著しく向上できる合金系である。図 4.14 のように Al-Cu の状態図において，共晶組成は Cu 量が 33.2 wt％の組成で共晶点は 548°C である。共晶温度では液相（L）$\rightarrow \alpha$ 相（fcc）$+\theta$ 相（$CuAl_2$）の反応が起こり，ラメラ状の組織形態を呈する。この状態図で例えば Cu 量が 4 wt％の組成では，500℃ から 580℃ の範囲では単一の α 相であり，500℃ 以下において $\alpha + CuAl_2$ の 2 相になる。$CuAl_2$ は金属間化合物である。この合金組成で 550℃ から徐冷した場合，この θ 相は粗大な析出物として成長するために強化には寄与しないが，適切な溶体化熱処理・焼き入れと低温での時効熱処理を施す事でいわゆる "GP ゾーン" を介した極めて微細な析出相の生成に伴い，強度は著しく増加する。そのため，本合金系は熱処理型の Al 合金に分類されている。

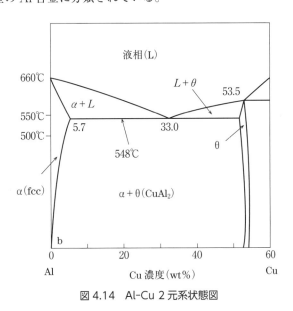

図 4.14　Al-Cu 2 元系状態図

4.4　代表的な金属組織

　社会で使われているほとんど全ての金属材料は，無数の極小さな結晶の集まりから成っており，その結晶の内部には多数の原子が規則正しく配列しながら，種々の格子欠陥が含まれている。そのような結晶の種類や大きさなどのことを金属組織と呼ぶ。ただ一つの結晶から成る単結晶金属を考えた場合，それは固有の硬さやヤング率などを持っているが，同じ金属でも非常に微細な結晶が多数集まってできている実用の材料では，単結晶の場合よりも，かなり硬くな

る。その理由は，結晶ごとにその内部での原子の配列方向が異なるために，結晶の境目である結晶粒界では原子の並び方が乱れ，これによって変形に対する抵抗が大きくなるためである。結晶の大きさだけでなく，その形状や配向性によっても，強度に加えて，物理的性質も変化する。さらに，他の元素を添加して合金にし，母相とは異なる相を形成させることで，大きく性質を変化させることが可能である。金属材料の組織は，合金成分だけでなく，製造過程における熱処理や加工履歴によっても大きく変化する。

つまり，優れた性質や高い信頼性を有する金属材料を得るためには，加工熱処理中の組織変化を理解して組織を制御する必要があり，そのために種々の顕微鏡を用いた組織観察が行われる。最近では先端的な電子顕微鏡により局所的かつ高精度な組織観察が発展してきているが，組織を広い範囲で簡便に観察することのできる光学顕微鏡観察は現在でも欠かせない手法である。以下では，光学顕微鏡組織観察の手順と構造用金属材料として多用されている炭素鋼の代表的な組織の例について説明する。

光学顕微鏡による組織観察を行うためには，まず観察試料の表面をエメリー紙による機械研磨の後に，ダイヤモンド粒子，アルミナ粒子やコロイダルシリカ等を用いた機械研磨または電解研磨，化学研磨を施して鏡面に仕上げる。そして，適切な腐食液で腐食を施した後に観察を行う。組織の現れ方は腐食液と組織の組み合わせによって異なるため，腐食液の選択は重要である。

図 4.15 には純鉄および炭素鋼の光学顕微鏡組織を示す。いずれも鏡面仕上げ後にナイタール（硝酸とアルコールの混合液）で腐食を施している。純鉄の組織（図 4.15（a））において，

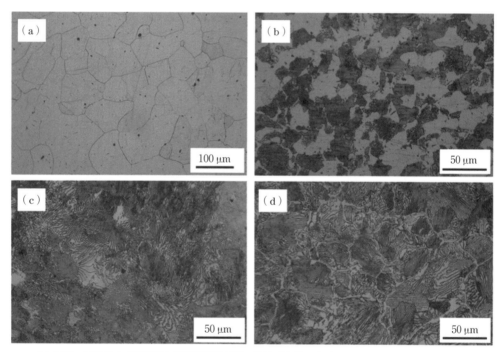

図 4.15　純鉄および炭素鋼の光学顕微鏡組織。熱処理条件，（a）950℃-1 hr 後に空冷，
（b）930℃-1 hr 後に空冷，（c）900℃-5 hr 後に炉冷，（d）950℃-2 hr 後に炉冷。

図中で白く見えている部分はフェライト（α相）であり，黒く細い線は結晶粒界，小さな黒点は介在物またはそれが研磨時に脱落してできた跡である。粒界には不純物が集まりやすく，また結晶格子の乱れのため腐食されやすいので黒い線として見える。純鉄は展延性に富むものの，強度は鋼に比べて劣るため，構造材料としては用いられず，電磁気材料のような特殊な用途で使用される。

　鉄に炭素が約0.1％以上含まれてくると，4.3.2.3目でも記したようにフェライトのほかにパーライトが形成されるようになる。図4.15（b）は炭素量が0.46％の鋼（亜共析鋼）をオーステナイトの状態から徐冷した場合の組織であり，白く見える部分は冷却過程で析出した初析フェライト，黒く見える部分は残りのオーステナイトが変態したパーライトである。パーライトとはフェライトとセメンタイト（Fe_3C）が層状に交互に重なり合うように析出した組織のことである。パーライト組織の現出において，フェライトはセメンタイトに比べて腐食されやすいため，フェライト部はへこみ，セメンタイトの板状結晶が突出して残り，その輪郭が黒く見える。セメンタイトは著しく硬く脆いが，その形態や分散状態によって鋼の機械的性質を制御するのに重要な役割を持つ。炭素量が0.77％の鋼を共析鋼と呼び，オーステナイトの状態から徐冷すると，全面パーライト組織（図4.15（c））となる。パーライトの層間距離は冷却速度依存性があり，冷却速度が遅いほど粗く，速いほど細かくなる。共析鋼に対してオーステナイト化後に微細パーライト組織を形成させてから，強伸線加工を施すと，パーライト中のセメンタイトは全体に引き抜き方向に繊維状に並び，大きく強化される。これを利用しているのが，ピアノ線やスチールコードである。

　炭素量が共析鋼を超えた鋼を過共析鋼と呼び，オーステナイト温度域から徐冷すると，まずオーステナイト粒界上に網状に初析セメンタイトが析出し，その後残りのオーステナイトがパーライトに変態する（図4.15（d））。このような網状セメンタイトが析出した組織は脆いため，これに靭性を付与するためにセメンタイトの球状化が行われる。共析変態点近傍まで加熱して保持するとセメンタイトの一部がオーステナイト中に固溶し，分断されたセメンタイトは表面張力により球状となる。この処理は，工具鋼，軸受鋼などに使用されている。

4章 章末問題

4.1

（1） Cu 結晶は面心立方格子を形成する。剛体球モデルを仮定し、この単位格子における1辺の長さを 3.615×10^{-10} m としたとき、銅原子の半径はいくらになるか。

（2） （1）の結果をもとに銅結晶の密度 [g/cm^3] を求め、有効数字2桁で解答せよ。なお、銅の原子量は 63.5 g/mol、アボガドロ数は 6.022×10^{23} とする。

（3） 体心立方格子における原子充填率を求めよ。

（4） 面心立方格子における原子充填率を求めよ。

4.2

（1） Al の融点は660℃である。融点近傍の650℃における空孔濃度 C_{650} と室温20℃における空孔濃度 C_{20} を求めよ。この結果から温度上昇に伴って空孔濃度がどのように変化するか考察せよ。なお、$\Delta H_F = 0.70$/eV、$\Delta S_F / k_B = 1.7$ とせよ。

（2） 面積 A の円柱に荷重 F が作用している。円柱のあるすべり面上のすべり方向と引っ張り荷重の成す角を λ、すべり面法線と引っ張り荷重とのなす角を ϕ としてシュミットの法則を導出せよ。

（3） 立方晶系の結晶を仮定し、すべり面が (100)、すべり方向が $[0\bar{1}\bar{1}]$、荷重軸が $[110]$ 方位としたときのシュミット因子を求めよ。但し、解答は既約分数のままでよい。

4.3

図に示す A, B の共晶型の二元状態図（共晶点での組成：57mol % B）について以下の設問について答えよ。

（1） 共晶点である組成（57mol % B）において液相の状態からゆっくりと室温までに冷却して、得られる組織を模式的に示せ。その際、相についても区別して示し、それぞれの相を矢印で示せ。

（2） 同様に 40mol % B の組成において液相の状態からゆっくりと室温までに冷却して、得

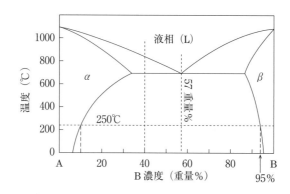

られる組織を模式的に示せ。その際，についても区別して示し，それぞれの相を矢印で示せ。

（3）　40mol％Bの組成において液相の状態からゆっくりと250℃まで冷却した際の250℃におけるα相およびβ相の体積分率を，てこの法則より導け。この際，α相の密度を5 g/cm^3，β相の密度を10 g/cm^{3}とする。（計算過程も明記する事。）

4.4 （代表的な金属組織）

　金属組織の観察においては，光学顕微鏡の他に，走査型電子顕微鏡あるいは透過型電子顕微鏡も多用される。これらの電子顕微鏡は金属のどのような組織を観察するのに適しているかを調べよ。

材料の作製と加工 （１）物理的

5.1 製錬（鉄鋼材料を中心として）

　様々な金属元素の中で Au, Ag, Hg, Pt のように天然で産出される金属もある。しかし，大部分の金属，例えば Cu, Pb, Zn などの重金属類は硫化物として，また Al, Fe, Cr などの金属類は酸化物として，その他の金属も炭酸塩，硫酸塩，ヒ化物などの鉱石として産出する。これらの鉱石は粗鉱と呼ばれ，有用な鉱物以外にも多量の脈石を伴っている。鉱石から金属を抽出・生産するためにはこれらの脈石成分を除去する必要があり，この工程を製錬という。この方法として多量なエネルギー量を投入して，燃料の燃焼や電熱などの高温状態において化学反応や異相分離を利用するのが一般的であり，これを乾式製錬とよぶ。これらの工程を実現するためには，反応装置が必要で，プロセスの目的，原料の種類，形状，目的素材の化学的性質などに応じて設計される。

　鉄鋼材料の製造プロセスは大別して，高炉法と電炉法の２つの方法で製造される。全生産量の７割以上が高炉法で製造される。高炉法では図 5.1（ a ）で示す内部構造で，鉄鉱石を還元して銑鉄を製造する製銑工程と，その銑鉄を図 5.1（ b ）で示す内部構造を呈す転炉により精錬して種々の鋼を生産する製鋼の２つの工程により鋼が製錬される。鉄（Fe）は赤鉄鉱（Fe_2O_3），磁鉄鉱（Fe_3O_4）などの酸化物で天然鉱石として存在している。この鉄鉱石は製鋼工程の初期で，粒度調整や選鉱のために破砕や粉砕をされる。ここで塊鉱石から発生する粉鉱石に，石灰（CaO）などを添加して圧粉・焼結することで高炉の原料とする。その後に，コークスを用いて高炉（図 5.1（ a ））により鉄鉱石を還元して銑鉄を生産する。この工程が製銑である。この高炉は炉体の高さは 50 m もあり，内部は耐火レンガで覆われ，外部では水冷された鋼板が使用されている。

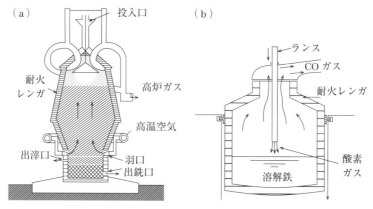

図 5.1 （ a ）高炉の概略図，（ b ）転炉の概略図

ここでは，先述した予備処理した鉄鉱石をコークスおよび石灰石と一緒に高炉の上部から層状に投入して，羽口から約 1300℃ の熱せられた高圧空気を送り込む。この過程で高炉内部は最高 1800℃ までに熱せられ，この高温過程で炭素により還元された銑鉄が下部に沈み，出銑口から取り出される。一方で出滓口からは不純物および石灰石の化合物が流出される。これにより銑鉄が製造される。

　この銑鉄のままでは炭素や硫黄などの不純物も多く含有したままであるために，その後に，転炉（図 5.1（b））で不純物を除き，炭素を 2% 以下にする工程が製鋼である。この工程では，溶けた銑鉄の中に純酸素を高速で吹き込み，Si や Mn を酸化して分離され，また C や S はガスとなり銑鉄中の不純物を分離させる。この転炉で製造された溶鋼は取鍋に移され，2 次製錬される。この工程が鋼を凝固させる前の最後の精錬プロセスとなる。この 2 次製錬では溶鋼中に溶存している酸素，硫黄，水素や窒素などの不純物が除去される。それぞれを脱酸，脱硫，脱ガス（脱水素，脱窒）と呼ばれ，合金成分の調整がなされる。その後（製鋼後）に，連続鋳造・熱間圧延・冷間圧延などの多くの工程を経て，板材などの素形材が製造される。

　次に，アルミニウム（Al）の製錬工程について紹介する。まず Al の鉱石であるボーキサイトからアルミナ（Al_2O_3）の分離を実施する（バイヤー法）。ボーキサイトは Al の水酸化物を含み，高温高圧下で苛性ソーダに混合すると，Al の水酸化物のみが溶解して分離される。この水酸化物を 1300℃ で加熱することで，水分が分離されアルミナが得られる。このアルミナの融点は 2000℃ 以上ではあるが，氷晶石（Na_3AlF_6）に 5% のアルミナを混合した場合では約 1000℃ で溶解し，導電性もある特徴から，電気分解をして純な Al を取り出す。この工程はホールエール法と呼ばれる。製造においては大量の電気エネルギーを要するため加工コストが高価になる問題もある。

5.2　塑性加工

　塑性加工は，被加工材に型を押しつけ，材料の「塑性」の現象を利用して目的とする形状を製造する手法である。金属に代表される物質には，一定の力（降伏）以上によって変形すると元に形状が戻らない性質（塑性）がある点を利用した加工方法である。被加工材は塑性材料に限定され，ガラスなどの脆性材料は，負荷後に割れるために，塑性加工はできない。

　塑性加工は主に構造用部材で実施され，被加工材として鋼材料，Al 材料，Ni 材料，Ti 材料，Mg 材料と多岐にわたる。塑性加工は切削加工とは異なり切りくずが出ないため，材料の歩留まりが良好である特長もある。この塑性加工は，一般に加工温度と加工方法で分類され，それぞれ目的に応じて使い分けられる。加工温度の種類では，常温で行う「冷間塑性加工」と加熱して行う「熱間塑性加工」の 2 種類がある。金属は加熱することで，いわゆる熱活性化過程の影響から変形が容易となり，材料の塑性変形性や適切な組織形成の目的に依存して，加工温度が選定される。冷間塑性加工では，加工コストが安価で，大量生産が可能で，また加工材の表面性状にも優れる事が挙げられる。一方で熱間塑性加工では，室温では難加工な材料を低荷重負荷で加工することが可能で，熱的な影響での組織制御も可能となる。一方で，酸化の影響で

表面性状が悪く，また加工コストが高価である問題もある。また加工方法の種類では，ローラーなどで被加工材に圧力をかけて延ばして変形させる「圧延加工」や転造ダイスまたはローラー型のダイスで被加工材を挟み，圧力をかけて変形させる「転造」，耐圧性の金型に被加工材を流し込んで加圧し押し出すことで目的の形状を求める「押し出し」など多様に手法がある。また，大型な構造部材からボルトやナットに至るまでの製造に用いる「鍛造」，線材やパイプの加工に用いる「伸線」「引き抜き」，板材から球面を作り出す「絞り」や板バネなどを作る「曲げ」，板材を切り取る「せん断」など，多様な手法があり，「塑性加工」は人々の生活を支える構造材料の加工方法の主役級に位置付けられている。

5.2.1 圧延加工

　素形材としての薄板材，厚板材，棒線材，管材，形材などは圧延加工により製造される。圧延加工は図 5.2 のように一対の回転するロールを利用して素材を連続的に加工する塑性加工法である。厚さが 1〜400 mm の鋼板は 850℃ 以上での熱間で圧延加工される。また板厚が 6 mm 以上の鋼板は圧延速度が低いので，一般には 1 台の厚板圧延機で往復を繰り返し，目的厚まで圧下される。また厚さが 6 mm 以下の薄板では高速で加工する必要もあり，直列（タンデム）圧延機などで連続的に圧延される。

　圧延加工により製造される製品の種類について例えば図 5.3 に示している。すべてが長尺寸法の素形材であり，寸法形状は多岐にわたる。最も生産量が多いのが厚板や薄板などの板製品である。より薄い板材は熱間薄板圧延や冷間薄板圧延により製造され，代表的に自動車用鋼板，家電製品用に使用される。また圧延加工では，棒線材や形材・管材も製造できる。棒線材の圧延では孔形圧延加工で製造され，円形断面製品が製造でき，例えばバネ，ワイヤーロープ，鉄筋，ボルトなどに応用される。孔形圧延は回転ロールに対して任意の形状の孔を彫り，段階的に圧延加工を実施することで円形断面の棒線材を製造する手法である。より複雑な断面形状を持つ長尺製品も孔形圧延により製造される。例えば，建築現場でよく見られる H 形鋼，I 形鋼などが製造される。

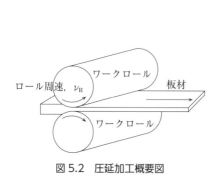

図 5.2　圧延加工概要図

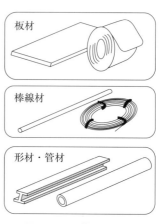

図 5.3　圧延加工材製品

　また，管の製造法については，板を円筒状に曲げて継手を溶接して管にする手法と，この継手のない管（シームレスパイプ）を直接的に製造する方法がある。加工コスト，製造性の面では前者の溶接により製造された場合の方が良く，生産量としては多い。一方で，高強度・高信頼性が要求される管材で，例えば石油の掘削や輸送機器用の管材では後者のシームレスパイプが用いられる。このシームレスパイプはマンネスマン穿孔機により製造される。これは，**図5.4**で示すように2つの樽形のロールを互いに傾斜させて同じ方向に回転させると，丸棒の中心部において引張応力が作用して孔のあきやすい状態になり，前進力も与えられ，プラグ間において管状の断面となり，管材が製造される。

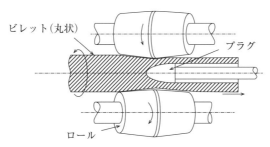

ビレット（丸状）　　　　　プラグ
ロール

図5.4　マンネスマン穿孔機

5.2.2　押出し加工・引抜き加工

　棒材や管材の長尺材の製造方法で，押出し加工や引抜き加工がある。これらはともに穴を持つダイスに素材を連続的に通すことで製品を製造する手法である。ダイスの穴の形状は所望の形状になっており，比較的複雑な形状を呈す場合にも適した加工方法となる。ダイスより素材を押出して成形する場合を押出し加工，また素材を引抜いて成形する場合を引抜き加工とよんでいる。

　押出し加工は**図5.5**（a）のようにコンテナ（容器）の中に素材を挿入して，一端に押出し力を加えて他端のダイスの穴から材料を塑性流動で成形する方法である。この場合，押出しする圧力はコンテナの壁部と素材の摩擦の分だけ高くなる。製品形状が長くなると加工圧力が増大する問題もある。押出し加工の特徴は良質で，1回の工程で中空材や複雑な形状を製造することがあり，機械加工や組立て等の後工程を省略できることである。実用化されている製品では，鋼の棒，管，レール材の生産量が多く，一般には生産能率が高い圧延加工により製造される。一方で，生産量の比較的少ない特殊鋼，銅，アルミニウム合金の棒，線，管，異形材（例えば

（a）　　　　　　　　　　　　　　　　　　（b）

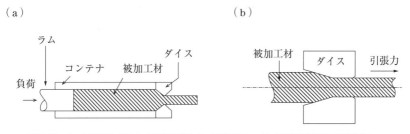

ラム　　　　　　　　　　ダイス
　　　コンテナ　　被加工材
負荷
　　　　　　　　　　被加工材　　ダイス　　引張力

図5.5　（a）押出し加工（直接押出し）の概略図，（b）引抜き加工の概略図

アルミニウムサッシなど）は押出し加工により製造されている。設備の面では，圧延設備には多額の投資が必要であるが，それと比較すると押出し加工用の設備では大幅に安価である利点がある。

引抜き加工は押出し加工と同様にダイスを通して棒材，線材，管材を成形する方法であるが，後方から圧縮力を負荷する押出し加工とは異なり，前方より引抜き力を加えて引張力で成形する方法である（図5.5（b））。これらに大きな違いはないようにみえるが，被加工材にて生じる応力場には大きな違いがある。押出し加工の場合では，加工が圧縮応力場で製造されるため，被加工材で多少延性が悪い場合でも加工が可能となる。一方で，引抜き加工では被加工材では引張応力場が作用するために良質に加工されるためには被加工材として高延性な特性を示す必要がある。引抜き加工材の応用品としては電線やピアノ線などの線材，エアコン用の銅管やゴルフシャフトなどの素管，さらには注射針のような細い管などは引抜き加工により製造される。

5.2.3　鍛造加工

鍛造加工は塊状の被加工材料を工具や金型を用いて圧縮あるいは打撃により成形加工する塑性加工方法である。歴史的にも昔から重要な加工方法として位置付けられ，昔では装飾品や武具，農機具などの生産にその技術が活かされてきた。特に日本では日本刀の生産において，洗練された鍛造加工技術により製造されてきた。現在でも多くの工業製品は鍛造加工により製造され，特に強度特性が重視される輸送機器では欠かせない加工方法である。鍛造で製造される製品は多岐にわたり，小物ではボルトやナット，軸受け用のボール，歯車などで，自動車用ではエンジンのクランクシャフトやコネクティングロッド，また大型部材では発電所の蒸気タービンや大型船舶のシャフト，更には圧延機のロールなど応用品は大小さまざまである。この鍛造加工は圧縮応力場での加工であるために破壊を生じさせることなく，大きな変形を加える事が可能である。種類としては，加工温度で熱間，温間，冷間に分類され，また変形様式により自由鍛造，型鍛造，押出し鍛造，閉塞鍛造，揺動鍛造，ロール鍛造などに分類される。

鍛造温度による分類では，熱間鍛造では変形抵抗を下げるために再結晶温度以上（鋼の場合では1100℃〜1200℃，アルミニウム合金の場合は400℃〜480℃）に加熱して鍛造加工される。変形抵抗を低減して，大変形と再結晶化の組織制御が可能ではあるものの寸法精度は悪く，表面での酸化の影響もあり，後加工は必要となる。温間鍛造は，熱間と冷間の中間温度域で鍛造するもので（鋼の場合800℃〜900℃），冷間鍛造過程で加工圧力が高くなる場合や，割れの危険性が生じる場合に実施するが，適正な加工条件の範囲が狭いのも問題である。また冷間鍛造は室温で鍛造する手法で，生産性も高く寸法精度や表面状態が良い。一方で変形抵抗が高いので加工圧力が高くなり工程設計が重要となる。

図5.6は型鍛造の模式図である。上下1組の金型の間に材料を入れ，機械で押し潰して狙った形状に加工する方法である。同一形状の製品を大量生産することが可能で，高い寸法精度が得られ，迅速に成形加工を行うことが可能である。

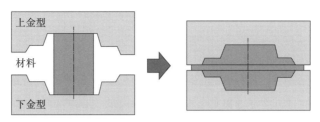

図 5.6　型鍛造の例

5.3　無機材料粉末の合成

　セラミックス粉末の合成法としては，気相法，液相法，固相法の大きく三つに分けることができる。それぞれ，粉末の組成，粒子形状，粒径によって使い分けられている。ここでは，それぞれの合成法の特徴や応用例について学ぶ。

5.3.1　気相法

　気相法は，液相法や固相法に比べ，純度の高い微粒子が得られるというメリットがあり，その合成反応は化学的手法と物理的手法の二つに大きく分けられる。化学的手法は，一般的に**化学的気相蒸着**（chemical vapor deposition, CVD）法を応用したもので，加熱基板を用いない場合，セラミックス粉末の合成が容易にできる。例えば，工業的に TiO_2 微粉末を合成するために，$TiCl_4$ ガスと酸素ガスを 1000℃ 付近で反応させる方法が行われている（郷龍夫 他 (1996)，化学工学論文集，**22**, 714-721.）。

$$TiCl_4(g) + O_2(g) \rightarrow TiO_2(s) + Cl_2(g)$$

　また，酸化物以外でも，CVD 法は応用可能であり，1400℃ で以下の反応で窒化物である Si_3N_4 粉末の合成が可能である（松尾秀逸 他 (1984)，金属表面技術，**35**, 579-583.）。**図 5.7** は，の反応装置の概略図である。

$$SiCl_4(g) + NH_3(g) + H_2(g) \rightarrow Si_3N_4(s) + HCl(g)$$

　物理的手法としては，**物理的気相蒸着**（physical vapor deposition, PVD）法とよばれる合成法がある。この方法によっても金属のナノ粒子の合成が報告されている。例えば，金ナノ粒子

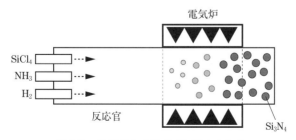

図 5.7　CVD 法による Si_3N_4 粉末の合成

は，金を真空容器中で1300℃以上に加熱蒸発させ，それをヘリウムガスで冷却することによってナノ粒子が得られている。

5.3.2　液相法

　液相法では，微細な無機粒子を凝集することなく分散した状態で得ることができる。液相法の中でも，沈殿法，ゾルゲル法，水熱法は主に酸化物セラミックスで発達し，近年では金属ナノ粒子の合成が可能な還元法についても多く研究されている。

　沈殿法は，金属塩水溶液をアルカリ溶液に滴下するだけで，金属酸化物または水酸化物の微粒子を最も簡単に合成できる手法といえる。硝酸ランタン水溶液をアンモニア水溶液中に滴下すると，水酸化ランタンの白い沈殿が得られる。沈殿法の中でも，**共沈法**はスピネルやペロブスカイト構造を持つ複合酸化物に有効な合成法である。それぞれの金属化合物を化学量論比で混合した溶液に沈殿剤を添加すると，混合した成分の複合化合物またはそれぞれの成分からなる微細な化合物が均一に混ざった混合物が生成する。$BaTiO_3$ 原料の調整にも，共沈法が有効である。$BaCl_2$ と $TiCl_4$ の混合水溶液にシュウ酸を加えると，$BaTiO(C_2O_4) \cdot 4H_2O$ が生成する。これを熱処理することにより，$BaTiO_3$ の微粉末を得ることができる（加藤昭夫 他（1987），表面科学，**8**，316-324.）。これは，単に BaO と TiO_2 を混合して熱処理する場合よりも，低温で $BaTiO_3$ を合成することが可能である。

　ゾルゲル法は，アルコキシド法とも呼ばれることがある手法で，金属アルコキシドの加水分解反応を用いて酸化物を合成する方法である（幸塚広光（2010），NEW GLASS, **25**, 40-45.）。SiO_2, TiO_2, ZrO_2 などが古くから研究されているが，代表的な例としてテトラエトキシシラン（$Si(OC_2H_5)_4$）の加水分解反応を使った SiO_2 ガラスや薄膜の合成がある。$Si(OC_2H_5)_4$ のアルコキシル基は疎水性であるため，$Si(OC_2H_5)_4$ と水が均一に混ざり合うように，両方が可溶な溶媒であるアルコールに両者を溶かす（**図 5.8**）。このとき，水-アルコール溶液には加水分解反応を促進するために，触媒として酸触媒となる HCl や HNO_3，アルカリ触媒となる NH_4OH などが加えられる。両者を混合し密封状態にしておくと，$Si(OC_2H_5)_4$ の加水分解反応が進行し，アルコキシル基は OH に変わっていく。次の反応として**図 5.9** に示すような加水分解によって生じた Si に結合した OH 基が脱水縮合し，Si-O-Si のシロキサン結合が形成される。溶媒分子

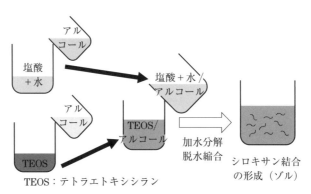

図 5.8　テトラエトキシシランからゾルの調整手順

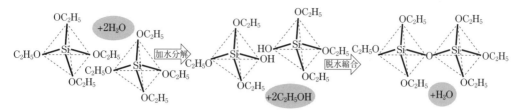

図 5.9 テトラエトキシシランの加水分解および脱水縮合反応

が自由に動けて流動性のある状態がゾルであるが，脱水縮合が進行しシロキサン結合の重合度が増していくに従って，ゾルの粘性は増大していく。そして，溶媒分子がある程度自由に動けなくなり，ゾルが流動性を失うことをゲル化という。このゲルを乾燥加熱することにより溶媒を除去し，さらにこの乾燥ゲル中の OH 基やアルコキシル基を 500℃ 以上の熱処理で除去，分解することにより，緻密なガラスを得ることができる。

　また，このゾルゲル法は無機薄膜の製造法としても古くから知られている。流動性のあるゾルを，基板上にディップコーティング法やスピンコーティング法を用いて薄くコーティングし，熱処理することによりゲルの過程を経て，緻密なシリカ膜の作製が可能になる。

　水熱法は，100℃，1 気圧以上の高温高圧下の水が関与した水熱反応を用い，セラミックス粉末を合成することができる手法である。高温高圧下の水は，イオンや分子が拡散しやすく，高い反応速度が得られる優れた溶媒となりうることが報告されている。水熱法においては，この高温高圧の水を用いた溶解–再析出によって，セラミックス粉末が合成される。水熱合成では，高温高圧下で反応を行うため，**図 5.10** に示す様なオートクレーブという密閉型の圧力容器が用いられる。水熱法を用いたセラミックス粉末の合成においては，①低温短時間で合成ができる，②高結晶性の粒子が得られる，③粒度の均一な粒子が得られる，④粒径や形状制御が可能である，⑤凝集を防ぎ単一分散が可能である，といった特徴が挙げられる（Yanagisawa, K. (2005), *J. Soc. Inorg. Mater., Japan*, **12**, 486-491., 水熱科学ハンドブック編集委員会（1997），『水熱科学ハンドブック』，技報堂出版.）。水熱法では特に複合酸化物の合成に利点があると考えられている。複合酸化物を最も簡単に合成するためには，複数の酸化物粉末を混合し熱処理

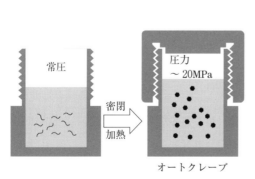

図 5.10　水熱合成の模式図

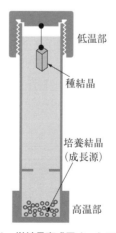

図 5.11　単結晶育成用オートクレーブ

する固相反応があるが，水熱反応では固相反応よりも遥かに低温で合成できることが分かっている。例えば，$BaCO_3$ と TiO_2 から固相焼成によって $BaTiO_3$ を合成する場合，1000℃以上の温度が必要といわれているが，加水分解によって合成した水酸化バリウムと水酸化チタンを水熱処理することにより，200℃以下の低温で $BaTiO_3$ が合成できることが報告されている（Xia, C. et al. (2004), *J. Eur. Ceram Soc.*, **15**, 1171-1176）。この水熱法が最も工業的に成功した例としては，水晶の単結晶育成が挙げられる。これは，**図 5.11** に示すような縦長のオートクレーブを用い，種結晶部分を培養結晶部分より少し低温にすることにより，高温側で溶けた培養結晶が低温側の種結晶表面に析出することを利用して結晶成長を行うものである（川口隆雄 他 (1981)，鉱物学雑誌，**15**, 18-35.）。

　還元法は，水溶液中で金属塩から還元剤を用いて金属ナノ粒子を析出させる方法である。近年，金属ナノ粒子は，インクジェットプリンターで回路を形成するための導電性インクの原料として実用化が始まっている。そのため，溶液中で金属ナノ粒子を合成する研究が多く報告されるようになった。金属ナノ粒子のような酸化しやすい物質を溶液中で合成するためには，還元性の高い雰囲気が必要になる。Cu のナノ粒子が，ヒドラジンや $NaBH_4$ を還元剤として用い，Cu 錯体や Cu 塩を還元することにより合成できることが報告されている（Salzemann, C. et al. (2004), *Langmuir*, **20**, 11772-11777., Wei, X. et al. (2005), *Cplloid Polym. Sci.*, **285**, 102-107.）。

5.3.3　固相法

　固相反応は主に複合酸化物の合成に使われることが多い。イオンの拡散を利用する反応であるため，イオンが動けるような高温の条件が必要である。原料としては，安定で扱いやすい金属酸化物や炭酸塩を用いることができ，仕込み量により組成を制御することができるため，安価で簡便な手法として工業的に用いられている。

　メカニカルアロイング法は，固相反応では高温を必要とするため，低温での反応を補助するために発達した方法である。原料粉末を，遊星ボールミルなどの高エネルギーミルにかけることで，ボールとの衝突によって粉末に与えられるエネルギーを利用し，相変態や化学反応を促進している。BaO と TiO_2 から $BaTiO_3$ を合成するには，一般的な固相反応では 1000℃以上の高温が必要であるが，256 時間のボールミルで合成できることが報告されている（Hal, H. et al. (2001), *J. Eur. Ceram Soc.*, **21**, 1689-1692.）。

5.4　無機材料の焼結

5.4.1　焼結過程

　セラミックスや一部の金属では，粉体粒子の集合体である成形体を融点以下の温度で焼き固める**焼結**というプロセスでバルク体（固まり）が作られている。それらは，粉末に由来した結晶の集まりで構成されていることから，多結晶体とも呼ばれている。焼結過程では，まず，凝集した粒子をその融点温度以下で加熱することにより，隣り合う粒子同士が凝着し，気孔率の

減少を伴いながら，最終的に1つの固まりになる。焼結の主な駆動力は表面エネルギーである。固体や液体の表面は，内部よりもエネルギー状態が高く，エネルギーが過剰な状態にあるため，収縮して表面積を小さくしようとする表面張力が働く。

　液体の表面張力現象としては，水滴の接触角や毛細管現象などで確認できるが，固体の場合は，視覚によって確認することは難しい。しかしながら，固体では表面と内部の化学結合状態が異なり，表面では結合の手が切れているため，内部に比べ過剰のエネルギーである表面自由エネルギーを持っていると考えられる。**図5.12**に示されるように，表面自由エネルギーが減少する方向，つまり全表面積が減少するように物質が移動して粒子間の凝着が起こる。

　焼結に過程による物質の拡散は，以下に示す5つの機構が考えられている（**図5.13**）。焼結においては，これらの機構が同時に起こることもある。

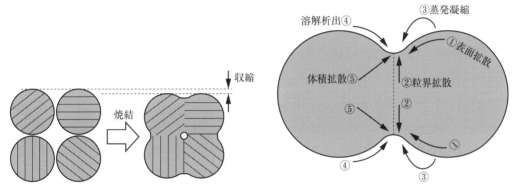

図5.12　焼結による表面エネルギーの減少　　　　図5.13　焼結時の物質移動を表した模式図

① 表面拡散　主に焼結の初期に起きる拡散機構である。粒子同士の結合部であるネックでは，新たに結合が生成した部分であるため原子配列が乱れており，空孔濃度が高いために，これを減少させるように，粒子表面と粒子内部から原子の移動が起こる。このうち，表面において欠陥を介して原子が移動するものを表面拡散といい，他の拡散機構よりも低温で起こる。

② 粒界拡散　結晶同士間の粒界における欠陥や転位を媒介とする原子や空孔の移動である。粒子間に閉じ込められた気孔は粒界を通って消失する。

③ 蒸発凝縮　ネック部分の曲率半径の小さな凹部における蒸気圧は，球状粒子表面の曲率半径の大きな凸部上に比べて蒸気圧が低いので，この圧力差により粒子表面からネック部に物質移動が起こる。

④ 溶解析出　蒸発凝縮と似ており，ネック部と粒子表面では溶解度に差があり，粒子の周囲に液相が存在する場合，粒子表面で溶けてネック部に析出することによって物質移動が起こる。

⑤ 体積拡散　表面拡散と異なり，粒子内部から原子の移動が起こる拡散であり，空孔や格子間原子などの点欠陥を介して原子が移動する拡散機構である。

　表面，粒界，体積拡散機構に関して，活性化エネルギーは表面＜粒界＜体積拡散の順に大き

くなる。これは各部分の欠陥密度の相違に起因している。つまり，粒子の表面や粒界では欠陥密度が高く，粒子内部よりも高いエネルギー状態にあるため，拡散は表面や粒界で比較的簡単に起こりやすい。そのため，結晶粒内部の格子中を拡散する体積拡散は，活性化エネルギーが大きく，より高い温度が必要になってくる。

　焼結過程における外見的な変化としては，ネックの形成と成長によって粒成長が起こり，気孔は粒界に移動し集合するが，粒成長とともに粒界を通ってしだいに排出されるため，焼結体は収縮とともに**緻密化**されていく。

5.4.2　焼結の種類と方法

　焼結はその焼結機構によって固相焼結と液相焼結に分けることができる。

固相焼結　主に高温で拡散が早いイオン性結合を持つ Al_2O_3（**図 5.14**（a））や ZrO_2 などの酸化物でみられる焼結機構である。固相焼結では，粒子間の物質移動の経路は，図 5.13 に示される様な粒界を通じた固体内拡散，物質表面での表面拡散である。系に液相が存在せず，固体状態の粒子間で直接物質の拡散が起こって緻密化が進む現象である。

液相焼結　主に共有結合性が高く拡散が困難な窒化ケイ素や窒化アルミ（図 5.14（b））などの非酸化物に**焼結助剤**を加えたときに見られる焼結機構である。熱処理により焼結助剤成分から生成した液相を介した溶解 - 析出過程が物質の移動経路として作用する。系に液相が存在し，液相を介しての物質移動が支配的な焼結方法である。

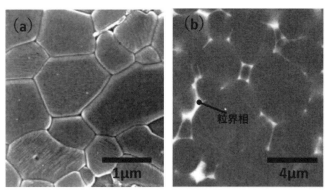

図 5.14　（a）固相焼結により作製した Al_2O_3 のエッチング写真．（b）液相焼結により
作製した AlN の研磨面の SEM 写真（明るい部分は粒界相）

　一般的に，固相中の拡散に比べ液相中の物質拡散ははるかに速いため，同じ物質を焼結するとき，液相焼結の方が固相焼結より速い。これは固相同士よりも，液相を介した拡散の方が容易であるためであるが，液相が存在する場合，焼結初期における液相の生成時に粒子の再配列が置きやすいことも起因している。しかしながら，液相焼結を行う場合，焼結させたい物質（母相）よりも融点が低く，液相になったとき母相をよく溶かすような焼結助剤を添加する必要がある。加えた焼結助剤成分は焼結後に粒界相として焼結体中に残存してしまうため，母相より

耐熱性が損なわれてしまうことがある。また，粒界相が母相より低強度の場合は，焼結体の強度低下を招く可能性があるので，焼結助剤の種類と量に関しては最適化を慎重に検討する必要がある。

　このように焼結の種類は，主に固相焼結と液相焼結に分けられているが，次に実際に行われている焼結方法について説明する。

常圧焼結法　まず，最も工業的に多く使われている方法が，常圧焼結法といわれるものである。これは，ペレットと呼ばれる粉末を金型とプレス機を用いて成形した圧粉体を，高温で焼成することにより焼結体を得る方法である。一回の焼成で多くの部品を焼結することが可能である。また，製品形状に合わせた金型でペレットを成形することにより，製品形状への加工を容易にすることができるなどメリットが多い。

ホットプレス焼結法　粉末に外部から一軸加圧圧力をかけながら焼結する方法である（図 5.15（a））。一般的には，ダイスと呼ばれる焼結用容器に焼結用粉末入れて，粉末の上下にあたる一軸方向から圧力を加えながら焼結を行う。圧力は油圧プレス装置やダイス強度，サンプルサイズによって調節可能であるが，30 MPa の一軸加圧圧力で行われることが多い。加圧しながら焼結することにより物質移動が促進されるため，常圧焼結では緻密化できない粉末でも緻密化できる可能性が高い。しかしながら，複雑な形状の焼結が難しいことと，一回の焼成で通常 1 個の焼結体しかできないことから，実験的用途での利用が多い。ただし，複数焼結する必要のない簡単形状の大型部品には，工業的にホットプレス焼結法が用いられることがある。

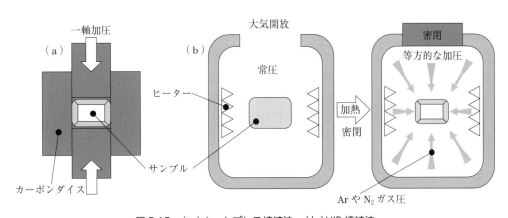

図 5.15　（a）ホットプレス焼結法　（b）HIP 焼結法

熱間等方圧加圧（HIP）焼結法　圧力媒体としてガスを用い，ガスの熱膨張を利用して発生する等方的な高圧によって粉末を焼結させる方法である（図 5.15（b））。ガスとしては，アルゴンガスや窒素ガスの不活性ガスを用いることが多いが，電気炉内のヒーターや断熱材が酸化しない条件で焼成を行う場合は，酸素を含んだガスを用いることもできる。圧力としては，ホットプレス法が一軸方向に加圧力 30 MPa 程度で行われることに対し（ダイスサイズや強度によってそれ以上も可能），HIP 焼結法では比較的大きなサンプルに対しても等方的に 100〜200 MPa の高圧力で熱処理が可能である。ただし，HIP 焼結されるサンプルは開気孔がないサンプルが

望ましく，普通のプレス成形した圧粉体を HIP する場合はガラスや金属カプセルに真空引きを行いながら封入する必要があるため，工程の複雑さから工業的に用いられることはほとんどない。しかしながら，圧粉体を直接に焼結するのではなく，常圧焼結により開気孔はないが閉気孔が少し残ったサンプルを最終的に緻密化させるために HIP 処理を行うことは，工業的に行われることがある。

5.5 単結晶の作製法

多くの物質は多結晶体であり，内部は細かい結晶粒の集合組織となっている。他方で単結晶とは，物質全体が1つの結晶となっており内部に粒界がなく，全体として（端から端まで）結晶方位を保っているものであることを 2.1 節（物質の分類と構造）にて既に述べた。単結晶が寄り集まって多結晶体が形成されるわけであるから，材料特性はまずこの単結晶の物性に大きく依存する。また，結晶構造を調べるため行う X 線構造解析では，多結晶粉末体を用いる場合よりも単結晶を用いることで，より多くの情報をより精確に得ることができる。このため，単結晶を作製しその構造や物性を調べることは材料研究において非常に重要となっている。また一方で，エレクトロニクス素子の多くは，高純度でかつ結晶欠陥の少ない完全な単結晶（これを**完全結晶**という）の半導体が用いられている。ここでは，単結晶の作製技術について述べる。

5.5.1 液相からの成長

固体を一旦融点以上の高温とすることで融解し，その後冷却させることで，融液（液相）の状態から単結晶である固相を成長させる方法であり，**メルトグロース**（melt growth：溶融成長）と呼ばれている。メルトグロースには以下に示す幾つかの特徴的な手法がある。それぞれ cm 以上のオーダーの大型な単結晶成長が可能であり，商用的にも重要である。

5.5.1.1 単純凝固法
単結晶の形成しやすい金属などは，単に融液を冷却させることにより mm サイズの単結晶を得ることができる（これを**単純凝固法**と呼ぶ）。より大きな単結晶を得るためには，**図 5.16**

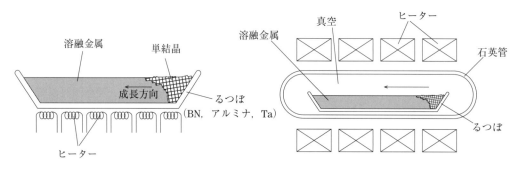

図 5.16 単純凝固法（傾斜温度法）における単結晶作製の模式図

のように融液を入れたるつぼの片方の端をヒーターで熱しつづけ，逆サイドからの凝固を促すやりかたが有効であり，結晶成長に方向性を持たせることでより大きな単結晶を得ることができる（一方向凝固）。このように温度勾配により単結晶成長を促すやり方は，**傾斜温度法**と呼ばれている。次に述べるブリッジマン法や引き上げ法，浮遊帯溶融法も傾斜温度法を利用した手法である。また，融液を入れたるつぼごと石英管に真空封入したり，真空チャンバーの中で作業することによって，大気からの不純物の混入を防ぐことができ，より完全結晶に近い単結晶の成長を促すことができる。

5.5.1.2　ブリッジマン法（B法，タンマン法）

　上述の傾斜温度法による単結晶成長を効率的に行う手法として，**図 5.17** のようにるつぼ内にて溶融させた融液を，るつぼごと炉内で移動させることで一方向凝固を促す手法であり，考案者である Percy W. Bridgman（1925 米）の名前をとり**ブリッジマン法**と呼ばれる。（同手法を考案した別の研究者の名前をとり，Tammann-Obreimov-Shubnikov 法やタンマン法とも呼ぶことがある。タンマンはアルミナるつぼを用いたため，アルミナるつぼのことを**タンマン管**ということがある。）場合によっては方位の異なる単結晶が複数成長することもあるため，これを防ぐにはるつぼの下部を先細りとし，そこに**種結晶**と呼ばれる成長の起点となる小さな単結晶をあらかじめ所望の方位に配置させておくことがある。また，るつぼを移動させる代わりに炉を移動させる場合や，垂直ではなく水平方向に移動させる水平ブリッジマン法もある。

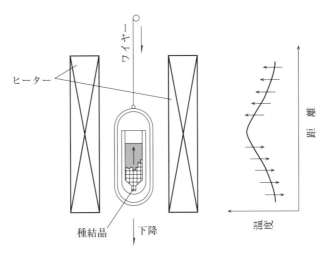

図 5.17　ブリッジマン法（B法）の模式図

5.5.1.3　引き上げ法（CZ法，チョコラルスキー法）

　図 5.18 に示すように，るつぼ内にて溶融させた融液の表面に上から種結晶を下ろし，溶融液面に接触後，低速度で上方向に引き上げることで単結晶の成長を促す手法があり，**引き上げ法**もしくは考案者の名前より，**チョコラルスキー法**（Jan Czochralski, 1916 ポーランド）と呼ばれる。この方法では，円筒形の単結晶が得られ，その半径は引き上げ速度で制御でき，比較的

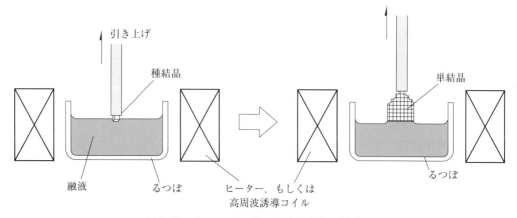

図 5.18　チョコラルスキー法（CZ 法）の模式図

大きな結晶が得られる。また成長種結晶の配置によって成長する結晶方位を制御でき，結晶はるつぼ壁面と接触しないため純度の高く，またるつぼ壁面からの力学的拘束を受けないため完全性の高い結晶が得られるのが特長である。炉全体を不活性ガスで雰囲気制御することもある。半導体デバイスとして重要な Si や GaAs などの単結晶基板は，この引き上げ法により数 10 cm オーダーの円柱状インゴットの単結晶を成長させ，所望の厚みに切り出すことで円形の基板としている。このような半導体の単結晶基板上に，様々な薄膜生成（蒸着）とパタニングによる描画を組み合わせることで電子回路が形成され，我々の身の回りの電気製品に使用されている。

5.5.1.4　浮遊帯溶融法（FZ 法，ZM 法）

融液を支持するるつぼを使用せず，固体（通常多結晶状態）の原料（母材）を部分的に融解させ，その融解した融液箇所の位置を徐々に移動させることで単結晶を得る方法である。融解した融液部分は上下を（もしくは左右を）挟んでいる固体部分によって，融液自体の表面張力

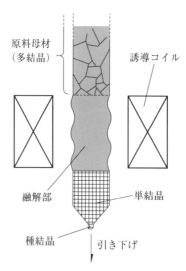

図 5.19　浮遊帯溶融法（FZ 法）の模式図

によって支持されるため**浮遊帯溶融法**（Floating Zone 法）もしくは単に**帯溶融法**（Zone Melting 法）と呼ばれる。**図 5.19** にこの模式図を示す。通常，柱状の母材が使用され，これを高周波誘導コイルの中を通過させる（もしくはコイルを移動させる）。高周波誘導コイルの中心部には強い磁場振動が起き，それに応じ母材物質内部の自由電子がローレンツ力を受け振動する。この運動が熱となることで母材が融解する。融解している箇所とコイルから離れた箇所での温度勾配によって単結晶成長が促される。るつぼからの汚染がないため高純度な結晶が得られる。母材が電気を流しにくい場合は母材自体に電流を流し抵抗加熱によって融解させることもある。

5.5.2 気相からの成長

融点が高い物質や，固体の蒸気圧が高く昇華しやすい物質などは，雰囲気を制御することで，昇華した気体から固相を再凝縮させる過程にて単結晶を得ることができる。これは**昇華法**と呼ばれる。昇華法の模式図を**図 5.20** に示す。密封系の場合（図 5.20（左））においては，真空もしくは不活性ガスの雰囲気として試料管（多くの場合，石英管が用いられる）の内部に原料を密封し，封入管ごと炉内で高温保持することで昇華させる。またキャリアガス方式（図 5.20（右））では，炉内の試料管に原料を含む気体（これを輸送ガス＝**キャリアガス**という）を流しつづける。密封方式，キャリアガス方式のどちらの場合も，炉内に温度傾斜をつける（もしくは試料管を低速度で移動させる）ことで，低温部に単結晶を析出成長させる手法である。通常，mm からサブ mm 大の単結晶を得ることができる。

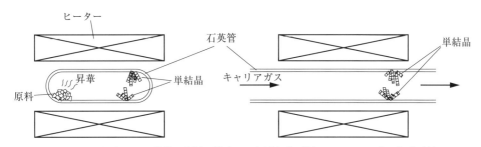

図 5.20　昇華法による単結晶作製の模式図。密封方式（左）とキャリアガス方式（右）

また，大型の真空チャンバーを用いた種々の**真空蒸着法**によっても単結晶作製を行うことがあり，これも真空中に漂う分子（もしくは原子）つまり気相からの単結晶成長である。一般には nm〜μm オーダーの厚みの薄膜の単結晶を cm スケールの大面積に成長させることができる（詳しくは次節にて説明する）。

5.6　薄膜の作製法

前節にて説明した CZ 法やその他の方法にて作製した単結晶からなる基板上に，別の組成・元素から成る薄い層，すなわち薄膜を形成することで，様々な機能性を持たせた電子デバイス

が我々の身の周りの電気製品には多く使われている。また例えば，自動車のボディーは何層もの異種の材料からなる薄膜を積み重ね合わせたコーティングが施され，ボディーの劣化の防止や色，表面の質感を表現している。では，薄膜とはいったいどの程度の厚みの膜を指すのであろう。一概には言えないが，一般に1原子層（およそ数Å）から数〜数10μmまでの厚みを指すことが多い。ここでは，薄膜の作製技術について主要なものを取り上げ説明する。

表5.1に主な薄膜成長プロセス技術を一覧にして示す。大別して，蒸着やめっき等により基板表面に別の物質を薄く堆積（析出）させることで形成させる手法と，既存の物質表面を化学反応等により改質させる手法とがある。前者はさらに，大気下で巨視的な塗布を行うプロセス（スプレー噴霧やスピンコート），真空チャンバー内での真空下もしくは減圧下で行う気相プロセス，液相からの析出を利用するプロセスに分かれる。

表5.1 様々な薄膜作製プロセス

分類1	分類2	薄膜作製法			
大気プロセス	物理プロセス	スピンコート，ロールコート ディップコート スプレーコート	回転塗布，溶液滴下 浸漬・引き上げ 溶融ガス噴霧，大気中		
真空プロセス（真空チャンバーが必要）	気相プロセス	物理プロセス	粒子ビーム蒸着法 単ロール法	溶融ガス噴霧，真空中 溶融金属滴下，真空中	粘性流 （レイノルドル流）
		真空蒸着	熱蒸着 （低真空） スパッタリング蒸着（中真空） 電子ビーム蒸着（中〜高真空） 分子線エピタキシー（MBE） （高〜超真空）	抵抗加熱 RF，マグネトロン DC，イオンビーム 電子銃 蒸発セル（Kセル） ガスソース（広義にはCVD）	分子流（分子線） or 中間流 （クラスター）
		化学気相蒸着（CVD）	熱CVD プラズマ（誘起）CVD 大気CVD 減圧CVD（LP-CVD） 有機金属CVD（MO-CVD） ほか	誘導結合，容量結合， 平行平板	粘性流
		原子層蒸着（ALD）		原子層制御	
液相プロセス		めっき ゾル-ゲル法 LB法 液相エピタキシー	無電解めっき 電解めっき （単原子膜） （単結晶成長）	（化学析出） （電気反応析出）	
表面改質プロセス		アノード酸化 化学処理（化学修飾） レーザー・アブレーション IP（イオン・プランテーション）		自然酸化，MAO処理	（場合によっては真空下）

5.6.1 大気プロセス

スプレーコート法（吹き付けコーティング）は，材料を揮発成分の有機溶媒に溶かしたもの

を，空気もしくは不活性ガスと共に，物理的に吹き付けることで物質表面に膜を形成する手法である。形成される膜の厚みや平坦性は，ガスの種類と吹き付け速度，溶液の吹き付け時における溶液粒子のサイズ径や分散性に大きく依存する。大気下においての形成が可能であり，自動車塗装などに広く用いられている簡便な手法である。求められる膜の厚み（膜厚）とするためには，それ以下の径の粒子を噴霧が必要となり，1 μm 以下の厚みの膜を形成することは難しい。一般には複数回の施工により数 10 μm 以上の厚みとするため，薄膜と分類しないことが多い。また同じく大気下で行うコーティング手法に**スピンコート法**がある。スピンコート法では，**図 5.21**（a）に示すように，平らな基板を高速回転（数 100〜数 1000 rpm）させながら液体状態の物質を滴下し，遠心力により回転円の動径方向へ拡散させることで薄くし，自然蒸発・固化させることで薄膜を得ることができる。理論的にはスピンコート膜の厚み h は回転の角速度 ω に反比例するが，実際には蒸発過程において厚み h の減少とともに粘性が高まる場合が多いため，$h \propto \omega^{-\alpha}$（$\alpha < 1$）となる。主に，室温大気下にて揮発性かつ高粘性の有機物溶剤をコートするのに使用され，パタニング技術であるフォト・リソグラフィー法にてレジス

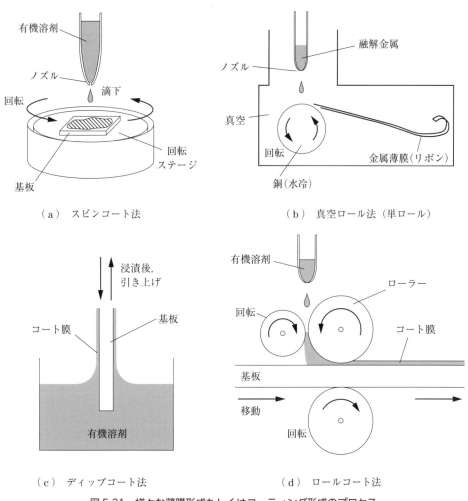

（a）　スピンコート法　　　　　　　　　　（b）　真空ロール法（単ロール）

（c）　ディップコート法　　　　　　　　　（d）　ロールコート法

図 5.21　様々な薄膜形成もしくはコーティング形成のプロセス

ト膜の形成に使用されている。塗料などの有機溶剤をコートする手法としては他に図5.21（ c ），（ d ）に示すように，塗布したい物体を単に溶剤に浸した後一定速度で大気に引き上げる**ディップコート法**や，回転するローラーを用いた**ロールコート法**（ローラーコート法）などがある。

　大気下におけるスプレー法やコート法と類似の手法を真空下で行う場合もある。**粒子ビーム蒸着法**は，真空下おいて，不活性ガスと溶液（もしくは粉体原料）とを混合し試料表面へ高速で吹き付け力学的に付着させる手法である。また図5.21（ b ）のように，水冷している銅ロールを高速回転させ，その上部に金属融液（合金溶湯）を物理的に滴下させることで金属薄膜を得る手法もあり，**真空ロール法**（ローラーが 1 つの場合，**単ロール法**）と呼ばれている。単ロール法では厚みおよそ数～数 10 µm のリボン（薄帯）状の金属薄膜を得ることができ，その多くは急冷によりアモルファス化していることが多いため金属ガラスリボンと呼ばれる。

5.6.2　真空プロセス

　薄膜を形成するための真空プロセスは，**真空蒸着**（これを CVD と区別するために**物理気相蒸着** PVD＝Physical Vapor Deposition ということもある）と**化学気相蒸着**（CVD＝Chemical Vapor Deposition）に大別される（5.3.1 項でも記載）。

◇真空

　真空とは JIS 規格にて「大気圧より低い圧力の気体で満たされた空間の状態」と定義される（ここで大気圧とは20℃にて 1 気圧＝101.3 kPa のことである）。つまり真に空の状態とは異なり，気体分子の密度が大気圧よりは少ない状態（空間）とも言い換えることができる。また圧力 P の値（圧力値）が小さいほど「良い真空」「**真空度が良い**（高い）」「高真空」と表現し，逆に P の値が小さいほど「悪い真空」「**真空度が悪い**（低い）」「低真空」と表現する。真空度を表す圧力 P の単位は，SI 単位系では N/m^2 もしくは Pa（パスカル）であり両者は同じものである。ほかに慣用的に atm（気圧）や Torr がよく使われるが，これらには

$$1\ \text{atm}＝760\ \text{Torr}＝1.01325\times10^5\ \text{Pa}\ （≒1013\ \text{hPa}≒0.1\ \text{MPa}）$$
$$1\ \text{Torr}＝133.322\ \text{Pa}$$

の関係がある。ざっくりと，Torr と Pa の間には 100 倍の差があると覚えておいてもよい。真空を作るには，対応する真空を保つ容器（真空チャンバー）と，対応する真空ポンプ，そして真空計が必要である。一般に，薄膜作製の真空プロセスでは高真空に対応したポンプを使うことが望ましい（その分，残存する C や O などの気体分子が少なくなり，不純物の少ない膜が形成可能となる）。また，真空度が高くなるのに応じ，汚染や大気の気体分子の残存が少ない高性能の真空部品（のぞき窓やバルブ，継手など）が必要となり，経済性との兼ね合いで制限されることが多い。

　真空度 P が概ね 1 Pa 以上の気体は粘性流状態（粘性流体）に分類され，気体分子の平均自由行程（気体分子が衝突せずに進む平均距離）が 1 mm 以下と短く，気体分子同士が頻繁に衝突している状態である。この様子を**図 5.22** に示す。一方，P が 0.1 Pa 以下の気体は分子流状

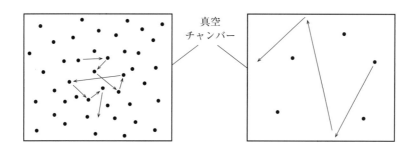

（a）　粘性流の状態（低真空）　　　　　　（b）　分子流の状態（高真空）

図5.22　気体分子の運動の様子

態（もしくは非粘性流体）と分類され，10^{-7} Pa（$\fallingdotseq 10^{-9}$ Torr）の超高真空では平均自由行程はkmオーダーにもなる。真空チャンバー内の分子はお互いに衝突することはほぼなく，チャンバー壁面に衝突，もしくは基板に到達しないかぎり直進することとなる。

5.6.2.1　真空蒸着

　真空蒸着は熱エネルギーによる蒸発もしくは何らかの他のエネルギー付与により，原料となる母材（母試料，母合金）を真空中に飛ばし基板上に堆積させることで薄膜を得る手法である。もっとも簡便な手法は，$10^{-5} \sim 10^{-2}$ Torr程度の低・中真空のチャンバー内において抵抗加熱により母材を蒸発させる方法である。蒸発部近傍に置かれた物体に蒸着膜を形成させることができ，真空蒸着といえばこれを指すことが多い。真空チャンバー内は残存ガスによる粘性流体の状態であるため，蒸発気体分子の直進性は悪く，蒸発分子同士が衝突・合体し数10〜100 nm径の粒子状態となって基板上に堆積する。このため蒸着厚みの数10 nmオーダーの制御が難しく，得られる薄膜の表面はおよそ数10〜数100 mの凹凸を有する粗さ（表面ラフネス）となる。

　より細かく原子数層（数Å）での厚み・表面ラフネスの制御を行うためには，より高真空における時間をかけた穏やかな蒸発を用いた**分子線エピタキシー**（MBE＝Molecular Beam Epitaxy）法が有効である。**図5.23**にMBE成膜装置の模式図を示す。MBE法では，大型ターボ分子ポンプやイオンポンプといった高真空ポンプによりチャンバー内を$10^{-11} \sim 10^{-9}$ Torrの超高真空（UHV＝Ultrahigh Vacuum）の状態とし，クヌーセン・セル（Kセル）と呼ばれる特殊な蒸発源を用いることで原子層レベル，すなわちÅオーダーの厚み制御を行うことができる。高真空中を蒸発した分子（原子）は1つずつ直線的に基板に到達し，成膜速度（成長レート）はおよそ1 Å/sと非常に緩やかである。基板加熱を併用することで基板上にて到達後の分子（原子）の熱拡散を促すことで結晶の品質を上げることができる。前述の低・中真空下における真空蒸着で作製される薄膜が多結晶もしくはアモルファス状態となるのに対し，MBEでは高品質の単結晶を得ることができ，特にGaNやGaAs等の半導体製造装置にはMBE法が利用されている。

　MBE法では高品質の単結晶成長が可能であるものの，大型ポンプと大型の真空チャンバー

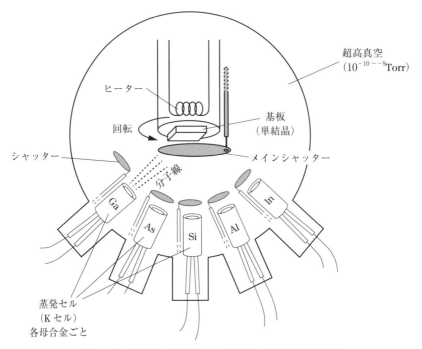

図 5.23　分子線エピタキシー（MBE）成膜装置の模式図

が必要であり，また μm 以上の厚みを成膜するには数時間以上の時間が必要となる。これに対しより成長レートが速く，中真空での蒸着が可能な手法として**スパッタリング法**（もしくは**スパッタ法**）があり，工業的にも広く普及している。スパッタ（sputter）とは「（火花などを）はじき跳ばす，跳ねとばす，まきちらす」という意味の英語であり，スパッタリング法では原料となる母試料（母合金，**ターゲット**と呼ばれる）の表面へのイオン衝突によって表面原子をはじき跳ばし，近傍に設置した基板上への蒸着を行う。イオンの生成のために，通常高真空状態のチャンバー内へ Ar 等の不活性イオンを導入し，プラズマを発生させる。イオン衝突の方式には主なものとして，

（ⅰ）　ターゲットに負の電圧を印加し，正電荷の気体イオン（例えば Ar^+ など）の衝突を促す 2 極スパッタリング，

（ⅱ）　ターゲットのごく表面近傍で高周波（RF＝Radio Frequency）によりプラズマを発生させてイオンを衝突させる RF スパッタリング，

（ⅲ）　さらに永久磁石を用いイオンをマグネトロン運動させターゲット近くの空間に閉じ込めることで衝突を促すマグネトロン・スパッタリング，

（ⅳ）　発生させたプラズマを正の高電圧印加により引き出しイオンビームとしてターゲットに照射することで衝突させるイオンビームスパッタリング

などがある。**図 5.24** に RF マグネトロン方式とイオンビーム方式の 2 つのスパッタリング法の模式図を示す。

　スパッタリング法では，MBE 法ほどの超高真空を必要とせず成長レートも比較的早いため効率よく品質の良い薄膜を得ることができ，物理的な衝撃を利用するためシリカ（SiO_2）や酸

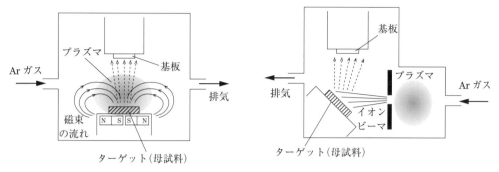

図 5.24　スパッタリング蒸着法
（左）マグネトロン・スパッタリング，（右）イオンビーム・スパッタリング

化インジウムスズ（ITO）といった酸化物などの高融点材料にも応用可能である。また複数の
ターゲットや合金ターゲットを用いることで化合物や合金の薄膜形成も可能であり，基板温度
や成長レートの制御によりアモルファス薄膜も形成できるなど高い汎用性を持つ。

　原料となる母試料（母合金）と基板との間に直流電圧を印加し，母試料の原子をイオン化さ
せた状態で基板に供給し（イオン流），堆積（蒸着）させていく薄膜形成の方法を**イオン・プレー
ティング法**（IP 法）という。イオンを利用するため蒸着の効率は良く，厚み数 10 nm〜数 μm
まで広い範囲の薄膜形成が可能である。**図 5.25** に IP 法の模式図を示す。図 5.25（左）は単に直
流を印加しただけの構造であるが，途中の空間にて RF プラズマの発生やフィラメントによる
熱電子によりイオン化を促すこともできる。また図 5.25（右）のように母試料から電極によりイ
オンを強制的にビーム化し基板表面に照射するクラスター・イオンビーム方式もある。反応性
ガスを同時に供給しイオン流と化学反応させることで酸化物，窒化物，炭化物など幅広い組成
の薄膜形成が可能である。

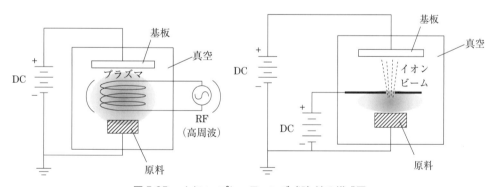

図 5.25　イオン・プレーティング（IP）法の模式図
（左）直流放電方式（RF 放電を加える場合もある），（右）イオンビーム・クラスター方式

5.6.2.2　化学気相蒸着（CVD）

　真空チャンバーに反応性ガスを供給し，基板表面付近にて化学反応させることで反応生成物
を堆積，成長させる方法を**化学気相蒸着法**（CVD 法＝Chemical Vapor Deposition 法）という。
複数種類の反応ガスを混合したり，チャンバー内での原料加熱を組み合わせることで多種多様

な生成物の薄膜形成が可能である。中から高領域の真空度にて可能でありcmオーダーの高面積の薄膜が得られるため工業での応用性も高いが，反面，残存するCやOなどの気体分子が不純物となる可能性には注意すべきである。熱やプラズマ，光など様々な形態のエネルギーを利用して化学反応を誘発させる方式があり，それぞれ，熱CVD，プラズマCVD，光CVDと呼ばれる。用いられる化学反応には，①分解，②還元，③酸化，④加水分解，⑤窒化物形成，⑥炭化物形成，⑦有機金属化合物合成反応（これを特にMO-CVDという。MO＝Metal Organic），⑧複合反応などがある。

5.6.3　液相プロセス

液相を用いて物質表面に別の物質を堆積（もしくは置換）して形成する技術の代表的なものとして，めっき技術がある。もとは，奈良（東大寺）の大仏のように，表面の金がめっきされた水銀と化合物（水銀化合物＝アマルガム）を形成し，金特有の色・光沢が見えなくなることから滅金（めっきん）とよばれ，その後，鍍金（めっき）と呼ばれるようになったものである（「ときん」と呼ぶこともある）。めっきにはその方式により，**電解めっき**，**無電解めっき（化学めっき）**，**溶融めっき**に大別される。それぞれ用途や特徴が異なるが概して，被めっき物の表面に異種の金属膜を形成するものであり，装飾性の付与，耐食・耐久性の向上，高強度化や機能化（電気特性や化学特性などの物性の付与）といった役割を有している。

◇**電解めっき**

付着させたい金属をイオン化させた溶液に被めっき物を浸漬し，電流を流すことで金属堆積を促す手法である。一般に，陽極側にはめっき金属M（堆積させたい金属）を設置し，陰極側を被めっき物とすることで以下のような電離反応を進行させる。

$$（陽極側：めっき金属）：\qquad M \rightarrow M^{n+} + ne^-$$
$$（陰極側：被めっき物の表面）：M^{n+} + ne^- \rightarrow M$$

すなわち，被めっき物の表面において，溶液中の金属イオンM^{n+}が電子を受け取り還元されることで金属膜が形成される。めっき液に電離溶解しにくい金属をめっきしたい場合には，めっき液に金属イオンを補給する必要がある。堆積速度は電流密度に比例することとなり，比較的短時間でのめっき処理が可能である。一方，陰極の通電位置に近い箇所のめっき膜は厚くなる傾向があり不均一となるため，複雑な形状にはめっきできない。

◇**無電解めっき（化学めっき）**

電気を利用せず，化学反応により金属イオンの還元を促す方法である。被めっき物の金属のイオン化傾向が，めっき金属より大きい場合，両者を溶液に浸漬させるだけで以下の反応，

$$めっき金属A（イオン化傾向大）：\qquad A \rightarrow A^{n+} + ne^-$$
$$被めっき物B（イオン化傾向大）の表面：B \rightarrow B^{n+} + ne^-$$
$$A^{n+} + ne^- \rightarrow A$$

が進行し，B表面においてAが置換析出することとなり，Aのめっき膜が形成されることと

なる（**置換めっき**）。Al への Zn めっき（ジンケートめっき）や，Cu, Ag, Au などのストライクめっき（別のめっき工程の前処理としての不動態膜除去のために行うめっき）などがある。

　逆に被めっき物のイオン化傾向が大きい場合は，還元剤を添加しためっき液を使用することで被めっき物の表面を強制的に還元反応させめっき膜を形成する方法をとる（**還元めっき**）。アンモニア性硝酸銀水溶液（トレンス試薬）を用いて Ag を還元めっきする**銀鏡反応**が有名である。還元めっきで自己触媒作用のない場合（非触媒型還元めっき），被めっき物表面のみならず，めっき槽の内面や治具にも一様にめっきが施されることとなる。これに対し，Au などでは被めっき物表面に析出後，自己触媒作用により連鎖的に還元が促されるため効率よく還元めっきを進行させることができる（自己触媒型還元めっき）。自己触媒型としては，無電解ニッケルりん（Ni-P）めっき，無電解銅（Cu）めっきなどがあり，これらはプラスチックやセラミック，紙など非導体の被めっき物へのめっきも可能である。

◇溶融めっき

　めっき金属を融点以上にし，溶融させた状態で被めっき物をその中に浸漬，通過させることで表面に塗布（付着形成）させる方法である。その簡便な手法から「てんぷらめっき」「ドブ漬けめっき」という呼称で古くから親しまれている。めっき金属の融点より，被めっき物の融点が高い（もしくはそれ以上の高温で安定形状を保つ）場合に限られる。めっき膜の厚みは比較的厚いものとなる。低融点金属である Zn, Al, Sn, Pb のめっきに有効な手法であり，特に溶融亜鉛めっきは最表面に Zn の不働態被膜が形成されることから，各種の鉄鋼材料（管材や板材，ワイヤー，金網）に防錆化，耐腐食性の付与として広く用いられている。

　液相を用いた薄膜形成プロセスには，ほかにも，親水基と疎水基とを同一分子内に持つ有機分子を水面に滴下したのち，気水界面にて，水中側に親水基，気相側に疎水基を持つような方向性で密に並んだ分子配列を固体基板にすくいとることで単分子層の超薄膜を得る **LB 法**（Langmuir Blodgett 法，ラングミュア・ブロジェット法）や，原料を溶解させた溶液からの低速度冷却により単結晶成長を促すことで単結晶薄膜を得る**液相エピタキシー法**などがある。

5章　章末問題

5.1

鉄鋼製錬のための高炉と転炉についてその役割を概説せよ。

5.2

（1）　圧延加工の種類と特徴について説明せよ。

（2）　押出し加工と引抜き加工の特徴とそれらの違いについて説明せよ。

5.3

（1）　TEOS の加水分解によるゾルゲル法において，TEOS と水の両方をアルコールに溶か
して混合するのはどうしてか答えよ。

（2）　セラミックス粉末の合成における水熱法の特徴を 5 つ答えよ。

5.4

（1）　焼結の駆動力は何か答えよ。

（2）　ホットプレス焼結法と熱間等方圧加圧（HIP）焼結法の違いを答えよ。

5.5

（1）　ブリッジマン法による単結晶作製の利点と欠点を述べよ。

（2）　チョコラルスキー法により引き上げ速度 5 mm/h において，直径 100 mm の円柱型の
GaAs 単結晶を作製するとき，単結晶成長に必要となる毎秒当たりの原子数を求めよ。
（ただし，GaAs はセン亜鉛鉱型結晶構造であり，格子定数は 5.65 Å とする。）

5.6

（1）　RF マグネトロン・スパッタリングと DC イオンビーム・スパッタリングにおける薄膜
作製の違いについて，それぞれの利点と欠点を述べよ。

（2）　1 nm 以下の厚みの薄膜の応用例を述べよ。

第6章 材料の作製と加工 （２）化学的

6.1　有機化合物の合成反応

　材料は無機材料と有機材料とに大きく区分できる。有機材料にはプラスチックや繊維などの高分子化合物，色素，医薬品，石油化学製品などが挙げられる。この有機化合物の成分元素は普通，C, H, N, O, S, ハロゲンやP などその種類は少ないが，これらを組み合わせてできる化合物は多岐にわたる。この章では，化学的な観点からこれらを組み合わせる合成反応の代表的な例を挙げて，反応機構や実験操作，精製法について説明する。

6.1.1　反応のカテゴリー[1]

　有機化合物は，様々な官能基を有し，それは物性に大きく関与する。一般的には，A＋B → X＋Y で表される式で合成できる。有機反応で変化を受ける物質を基質と呼ぶが，この基質の変化に着目すると，置換反応，付加反応そして脱離反応に分けることができる。図6.1に示す。

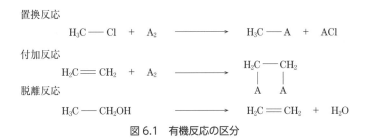

図6.1　有機反応の区分

　さらに，細かく分類すると酸化反応，還元反応，結合生成反応，結合切断反応，官能基変換反応，保護基付加・脱離反応に大別できる。詳細は有機化学の専門書を参考にされたい。

酸化反応：① アルコールからアルデヒドやケトンへの酸化，②オレフィンのヒドロホウ素化後の過酸化水素処理，エポキシ化，酸化開裂，③ケトンのエステル化など。

還元反応：① ケトン，アルデヒドのアルコールへの還元，②アルコールのメチレンへの還元，③炭素‐炭素二重結合の還元など。

結合生成反応：①Wittig 反応，②Diels-Alder 反応，③クロスカップリング反応，④エステル化，⑤エーテル化など。

結合切断反応：①脱ホルミル化，②脱カルボキシル化，③エポキシドの開裂など。

官能基変換反応：①ケトンのエノールトリフラートへの変換，② ハロゲン基などからアミ

ノ基への変換，③水酸基からアミノ基やハロゲン基への変換など。

保護基付加・脱離反応：①ケトン，アルデヒドの保護基-アセタール基，②カルボキシル基の保護基-エステル基など。

　本章後半では，上記の区分の中で結合生成反応のWittig反応やエステル化，エーテル化，ハロゲン化について取り上げる。

6.1.2　反応の熱力学と活性種[2]

　有機化学反応を効率よく進行させるためには基本的な熱力学と反応中間体（活性種）を考える必要がある。化学反応は出発物が反応して生成物に変化する。その際に，活性化エネルギー（Ea）を必要とし反応の遷移状態に達して，生成物に変化する。一般に，出発物の生成熱が生成物の生成熱よりも高い場合は発熱反応という。両者のエネルギー差が発熱として発生する。一方，出発物の生成熱が生成物のそれより小さい場合は吸熱反応という。**図 6.2** には発熱反応および吸熱反応のエネルギー断面図を示した。一般に活性化エネルギーの低い反応は速く進む。

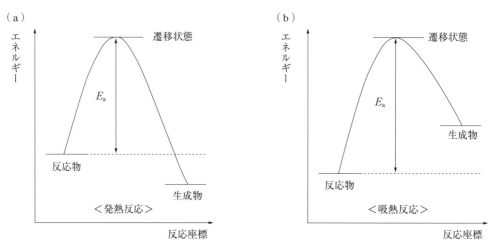

図 6.2　反応のエネルギー図（左：発熱反応，右：吸熱反応）

　ハロゲン化物は有機合成の中間体として多く用いられる。アルカンからハロゲン物を生成する反応ではラジカル中間体（活性種）を経由する。この活性種は出発物の生成エネルギーよりも大きいので吸熱反応といえる。その後反応して安定なハロゲン化物を生成する。

　結合の開裂には大きく2種類存在する。C-X結合の共有結合において，Xの電気陰性度がCより大きい場合は，共有結合の電子対はCがわずかに$\delta+$，Xがわずかに$\delta-$に分極する。そして，これがイオン開裂をするとC+（カルボカチオン）とX-になる。反対に，Xの電気陰性度がCより小さい場合（例えば，アルカリ土類金属）は，Cが$\delta-$とXが$\delta+$に分極する。これが開裂すると，C-（カルボアニオン）とX+に開裂する。このように，結合の電子対が一方の原子もしくは原子団に偏った開裂をヘテロリシス（heterolysis）という。生成したカルボカチオンやカルボアニオンなどは活性種と呼ばれ，反応前の状態よりもエネルギー状態が大

きい。一方, C–H 結合のように分極の小さい共有結合が不対電子を持って開裂するとき, C·（炭素ラジカル）と H· となり, これをホモリシス（homolysis）という。

このように, カルボカチオンやカルボアニオン, カルボラジカルは反応の途中に生成する活性な分子種でエネルギーが高い。これらは反応中間体（活性種）とも呼ばれている。

6.1.3　合成反応の実例（総論・道具・精製法）[3, 4]

有機合成を行う上で実験内容を熟読するのは勿論のこと, 用いる化学試薬の取り扱い注意事項や, 災害事故などが起きた場合どのように対処するか考えて進めていくのが重要である。よく使用する反応の方法としては, 加熱・還流・冷却・攪拌・加圧などである。また, 物質には固体・液体・気体の三態があるがこれらを合わせた混合層も考慮することが必要である。反応物質の濃度や反応の特性, 反応スケールの問題を考えることが大事である。有機合成の反応容器には, ガラス器具を多く用いる。加熱反応の温度は有機溶媒の沸点に設定することが多い。溶媒が系内から出ないように冷却器を取り付けて反応させる。また, 低温反応では溶媒を冷却して行う。試薬を反応容器に入れて合成反応を行った後は, 未使用の反応物や試薬が反応系内に残っている。その系内から合成反応物を純度 100% で単離生成する必要がある。純粋に取り出すことを単離（isolation）, より純粋な物質にすることを精製（purification）という。分離や精製には大きく分けて濾過, 再結晶, 乾燥, 抽出, 蒸留, クロマトグラフィーが挙げられる。

合成反応の実例を示す。ここでは, 図 6.3 に示す Wittig 反応を紹介する。Wittig 反応は, アルデヒドやケトンをホスホニウム塩から調製したリンイリドと反応させてオレフィン誘導体を得る炭素–炭素結合生成反応の 1 つである。この反応は以下に示す 2 段階で行われる。反応に用いる容器や溶媒, 試薬を具体的に取り上げて記述する。

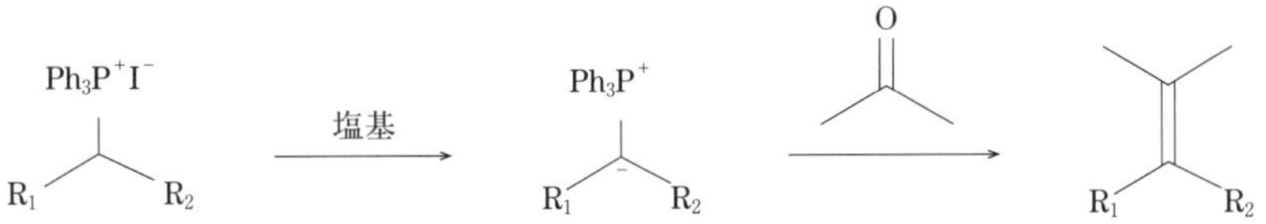

図 6.3　カルボン酸誘導体とホスホニウム塩を用いた Wittig 反応

ホスホニウム塩（$RPh_3P^+I^-$）はトリフェニルホスフィン（PPh_3）と反応性の高い 1 級や 2 級ハロゲン化物から合成する。図 6.4 にホスホニウム塩の合成スキームを示す。ここでは, 2-ヨードプロパンと PPh_3 のアセトニトリル（CH_3CN）溶液をナス型フラスコ（反応容器）に入れて上部にジムロート冷却管を連結し 5 日間還流する。還流とは, 溶媒の沸点の温度が保たれており, 溶媒が沸騰し気体に変化したものを冷却管で冷やし, 液体に変えて反応容器に戻す現象をいう。反応後は容器を室温に戻し溶媒を減圧留去し, 残った残渣をジエチルエーテルで洗

図 6.4　ホスホニウム塩の合成

浄し吸引濾過を用いて黄色い固体を得る。この固体は吸湿性があるので，デシケータに固体と乾燥剤（酸化リン等）を入れて減圧乾燥して保管する。吸引濾過は精製法の１つであり，さらに純度を上げたい場合には再結晶という方法がある。結晶の純度は，融点が一定かどうかで判断する。

　続いてホスホニウム塩とアルデヒド化合物の反応を図 6.5 に示す。ホスホニウム塩から生成するイリドが反応するので，イリドの発生には t-BuOK やアルキルリチウムなどの強塩基で反応系内にて調整する。ここでは，塩基に t-BuOK を用い，溶媒には無水 THF を使用する。無水の溶媒を使用するので，ホスホニウム塩の乾燥は勿論のこと，反応器具（ナス型フラスコ，滴下漏斗，注射器など）も予め乾燥させておく。そして，素早く反応容器を組み上げて，中にホスホニウム塩を投入し反応系内をアルゴンや窒素ガスによって置換する。その後，無水 THF を注射器で投入し室温 20℃ に調整し撹拌する。続いて t-BuOK も注射器で投入し 30 分撹拌後，アルデヒド化合物を注射器で投入し 12 時間撹拌する。反応は水を加えて終了し，分液漏斗を用いて有機層と水層を分離し，有機層に可溶な成分を抽出する。ジエチルエーテルを用いて目的の有機化合物をジエチルエーテルに抽出する。その後，抽出したジエチルエーテルに混入しているわずかな水分を取り除くために硫酸マグネシウムで乾燥させる。溶媒を減圧留去し，残った残渣をシリカカラムクロマトグラフィーにて分離精製を行う。クロマトグラフィーは各種の溶媒を展開剤にしてカラムの中で混合物を移動させると各成分の吸着力の差により成分が分離する方法である。一般にカラムに充填する固定相にはシリカゲルやアルミナを用いることが多い。展開溶媒の調整は，無極性溶媒（ヘキサン，四塩化炭素など）と極性溶媒（酢酸エチル，クロロホルムなど）を目的化合物が分離しやすい比率で混合する。更に，高速液体クロマトグラフィー（HPLC）やゲル透過クロマトグラフィー（GPC）を用いて分離精製することで化合物の純度を上げることができる。化合物の構造は，主には元素分析，質量分析，核磁気共鳴スペクトルのデータから構造決定を行う。元素分析で化合物の元素の組成比が決定し，質量分析では化合物の分子量が決定できる。そして，化合物の水素原子や炭素原子の環境を調べるために核磁気共鳴スペクトルを測定し，総合的に化学構造を決定する。

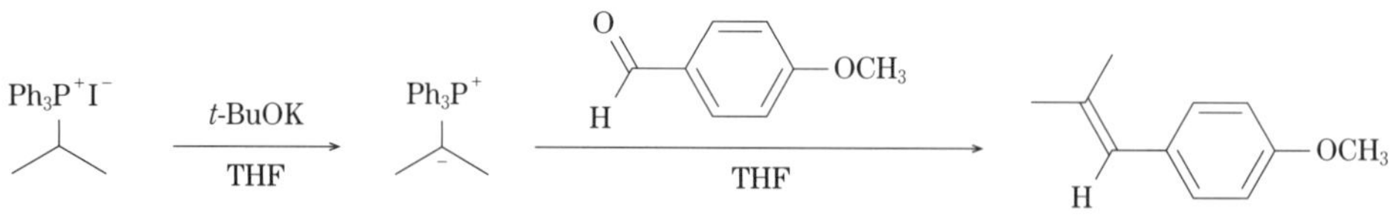

図 6.5　ホスホニウム塩とアルデヒド化合物からのオレフィン誘導体の合成

　上記の有機合成は一例であるが，化合物の単離や精製法には共通点があるので自身の行う有機合成にも活用できる。そして目的の有機化合物を合成する際には，それが既知合成ならばその合成法を参考に行う。新規合成なら，既に記載した有機反応の区分に着目していずれかに相当する反応かを見極めて合成を進めると良い。分離，精製後の新規化合物は必ず構造の確認をすることが必要である。

6.1.4　エステル合成

　エステル化合物は天然に広く分布しており，一般的には芳香を持ち，果実や花の香気成分であることが多いことから，香料に用いられている。化学構造は R-COO-R′ で表され，カルボン酸誘導体の1つである。エステル合成は酸化反応などを用いた種々の合成法が知られており，一般にはカルボン酸およびその誘導体（酸ハロゲン化物，酸無水物）を用いた合成法が普通である。特に，カルボン酸とアルコールからの脱水反応は最も一般的なエステル合成である。反応操作が容易で，反応条件も穏やかである。エステル化は平衡反応であり，この平衡反応を生成系に移行させるために，酸かアルコールかを過剰に用い，生成物を単離する工夫などを行う。また，エステルの収率を上げるためには生成した水を除去してもよい。アルコールは，第一＞第二＞第三の順に反応性が増加し，立体因子は大きく関与する。もし，エステルを加水分解するなら水を過剰に用いると良い。一般反応と具体例の合成スキームを図6.6に記す。酢酸エチルの合成は，酢酸とエタノールの混合溶媒に濃硫酸を加え30分程度加熱還流し，その後，蒸留をすることで粗蒸留物の酢酸エチルを得ることができる。

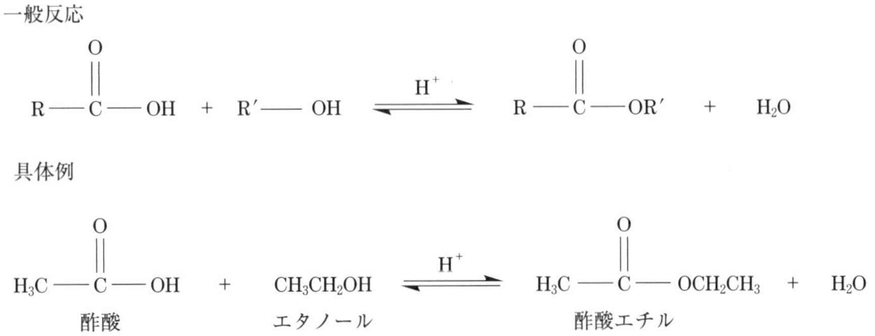

一般反応

$$R-\overset{\overset{\displaystyle O}{\|}}{C}-OH \ + \ R'-OH \ \underset{\longleftarrow}{\overset{H^+}{\longrightarrow}} \ R-\overset{\overset{\displaystyle O}{\|}}{C}-OR' \ + \ H_2O$$

具体例

$$H_3C-\overset{\overset{\displaystyle O}{\|}}{C}-OH \ + \ CH_3CH_2OH \ \underset{\longleftarrow}{\overset{H^+}{\longrightarrow}} \ H_3C-\overset{\overset{\displaystyle O}{\|}}{C}-OCH_2CH_3 \ + \ H_2O$$

酢酸　　　　　　　エタノール　　　　　　　　酢酸エチル

図6.6　カルボン酸とアルコールからのエステル合成

　また，エステルは酸塩化物とアルコールとの反応によっても合成ができる。一般式を図6.7に示す。酸塩化物はカルボン酸よりも求核置換反応に対してはるかに活性なので，酸塩化物とアルコールとの反応は速やかに起こり濃硫酸などの酸触媒を必要としない。一般に，生成する

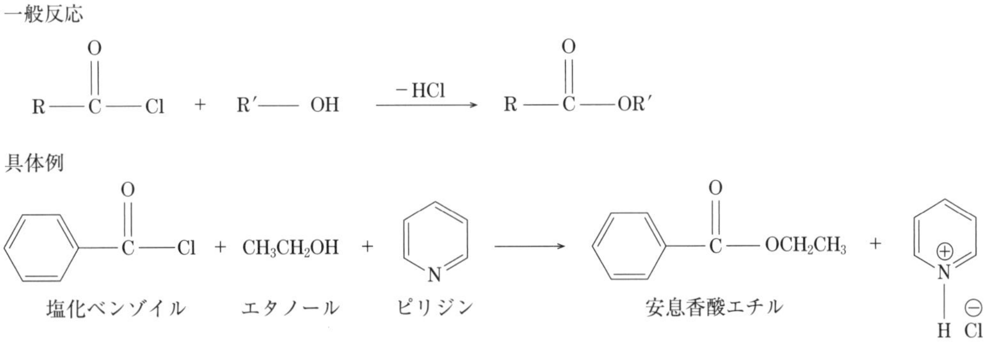

一般反応

$$R-\overset{\overset{\displaystyle O}{\|}}{C}-Cl \ + \ R'-OH \ \overset{-HCl}{\longrightarrow} \ R-\overset{\overset{\displaystyle O}{\|}}{C}-OR'$$

具体例

塩化ベンゾイル　　　エタノール　　ピリジン　　　　　安息香酸エチル

図6.7　カルボン酸塩化物とアルコールからのエステル合成

HCl を除去するために，ピリジンなどが加えられる。具体例の合成スキームも図 6.7 に示す。

6.1.5　エーテル合成

エーテルとは 1 個の酸素原子に 2 個の炭素が結合している化合物である。化学構造は R-O-R′ で表される。エーテルは化学的に安定な化合物であり，有機反応の溶媒や抽出溶媒として用いられる。中でも，ジエチルエーテルは沸点が低く種々の有機化合物をよく溶かすことから溶媒として頻繁に用いられる。また，図 6.8 に示す環状エーテルであるテトラヒドロフランやジオキサンは有機金属化合物に対する優れた溶媒となる。クラウンエーテルと総称される環状ポリエーテルも存在する。

ジオキサン　　　　　　テトラヒドロフラン　　　　　18-クラウン-6

図 6.8　代表的な環状エーテルの分子構造

エーテル結合の生成は，①アルコールの分子間脱水反応と②アルコールとハロゲン化合物からの合成（ウィリアムソン合成）がある。エタノールの分子間脱水反応を図 6.9 に示す。この例では，140℃ でジエチルエーテルが主生成物だが 180℃ と高温になるとエテンが主生成物となる。この反応は，対称な第一アルキルエーテルを得る一般的な方法だが，温度が高い場合にはオレフィンが生成する。そして非対称エーテルを合成するには限界がある。

$$CH_3CH_2OH \quad + \quad CH_3CH_2OH \quad \xrightarrow[140℃]{H_2SO_4} \quad CH_3CH_2OCH_2CH_3$$

図 6.9　アルコールの分子間脱水反応からのエーテル合成

②は，ハロゲン化アルキルのハロゲンをアルコキシド（もしくは，フェノキシド）で置換して，対称および非対称なジアルキルおよびアルキルアリールエーテルを合成する方法である。アルコキシドは通常，アルコールと Na 金属を用いて生成する。生成したアルコキシドがハロゲン化アルキルへ求核置換反応をしてエーテルを合成する。図 6.10 では，ブタノールと Na 金属で生成したナトリウムブトキシドがヨウ化エチルと反応してブチルエチルエーテルが合成できる。また，フェノキシドはフェノールと水酸化ナトリウムより簡便に調整ができる。

$$n\text{-}C_4H_9ONa \quad + \quad C_2H_5I \quad \xrightarrow[\text{ブタノール, 加熱}]{} \quad n\text{-}C_4H_9OC_2H_5 \quad + \quad NaI$$

図 6.10　ハロゲン化アルキルとアルコキシドからのエーテル合成

ハロゲン化物の代わりに，スルホン酸エステルを使用することもできる。図 6.11 の例は，エタノールをトルエンスルホン酸エステルに変換したのち，ナフトキシドを作用させてエトキシ基を導入しエーテル結合を生成している。

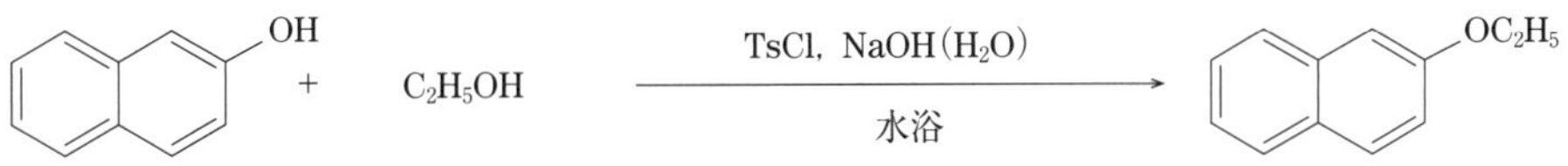

図6.11　スルホン酸エステルを用いた芳香族エーテルの合成

6.1.6　グリニャール合成

　ハロゲン化アルキルやハロゲン化アリールは乾燥エーテル中で金属マグネシウムと反応し，ハロゲン化有機マグネシウムを生成する。この化合物をグリニャール（Grignard）試薬と呼ぶ（**図6.12**）。

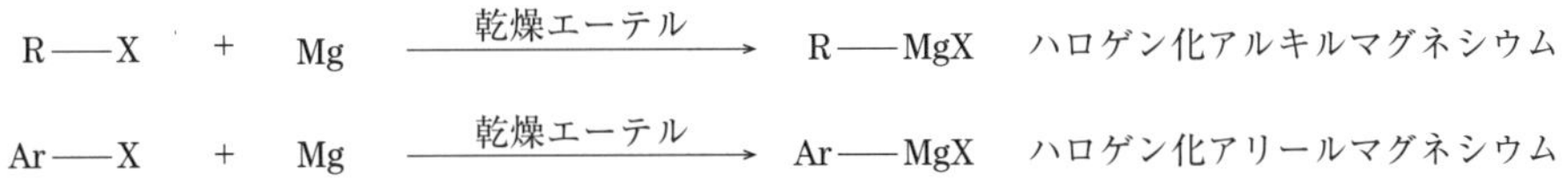

図6.12　グリニャール試薬の合成

　Grignard 試薬の合成は通常単離されることなくエーテル溶液のまま反応に用いられる。Grignard 反応の典型的な反応装置として，三口フラスコを用い，フラスコには温度計と滴下漏斗そして冷却器（一般的にはジムロート冷却器）を取り付ける。Grignard 反応は滴下漏斗の中の試薬を次々と交換するだけで反応が行える。一般的には，金属マグネシウムを乾燥容器中に調整し，それに溶媒（多くの場合はジエチルエーテル）を入れる。そして，滴下漏斗からハロゲン化アルキル溶液を滴下すると，マグネシウムと反応し，Grignard 試薬が生成する。ジエチルエーテルのほかに，環状エーテルのテトラヒドロフラン（THF）もしばしば使用される。これらのエーテルは十分に脱水されたものでなければ Grignard 試薬を調整することはできない。**図6.13**に合成例を示す。生成収率は一般に非常に高い。

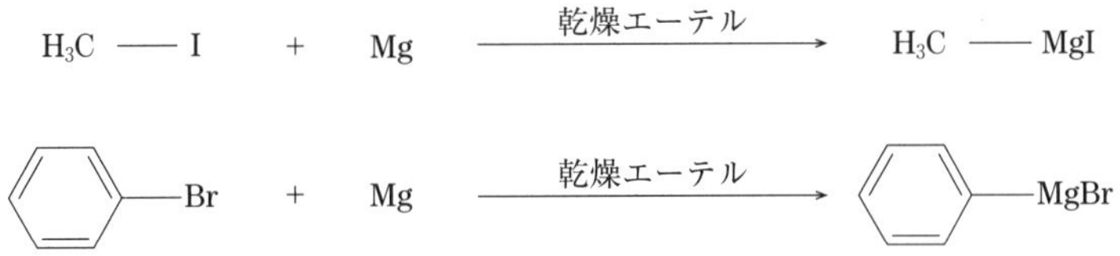

図6.13　Grignard 試薬の合成

　Grignard 試薬は，$C^{\delta-}$–$Mg^{\delta+}$ の結合でイオン結合性を帯びており，有機化合物の炭素–炭素結合反応に利用される。**図6.14**に示すように Grignard 試薬は，ケトンやアルデヒドのようなカルボニル化合物と反応すると，アルコールを生成する。また，Grignard 試薬とハロゲン化芳香族化合物とニッケル(II)触媒を投与するとクロスカップリング反応が起こる。Grignard 試

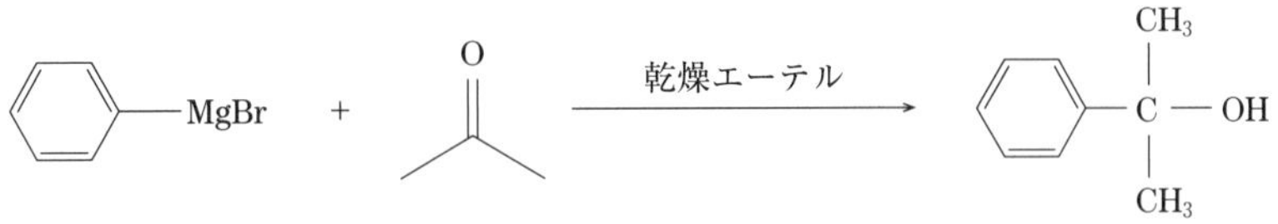

図6.14　Grignard 試薬とカルボニル化合物からのアルコール合成

薬は反応性が十分高いにも関わらず，有機リチウムと比べて発火性が低く，取り扱いが容易である。この Grignard 試薬を見出した Grignard は 1912 年にノーベル化学賞を受賞している。

6.1.7　ハロゲン化物の合成

　有機ハロゲン化物は，分子へ目的の官能基を導入したり，また他の官能基へ変えたりする際の重要な合成中間体である。そして，炭素-炭素結合を生成するクロスカップリング反応など，有機合成において極めて汎用的に使われ，Wittig 反応や Grignard 試薬の合成，エーテル合成にも使用できる。一方では，オゾン層破壊物質のフロン，PCB やダイオキシンといった環境汚染物質も有機ハロゲン化合物に属する。

　C-X ハロゲン結合（X = F, Cl, Br, I）を生成する試薬は多種存在し，それぞれに応じた合成法がある。特に，ハロゲン化物の反応性は Cl < Br < I の順に向上するため，ヨウ素化および臭素化が C-X 結合生成の際には使われる。有機機能材料に利用される芳香族炭化水素（芳香環）のハロゲン化の例を図 6.15 に示す。アルキルベンゼンの臭素化は，ヨウ素や金属，金属ハロゲン化物などの触媒の共存下で行うことが多い。ヨウ素化においては，ヨウ素の反応性が低いので希硝酸などの酸化剤を用いて行われる方法が知られている。反応性が低い臭素化は重金属塩を触媒に用いて加熱しながら行うことが多い。

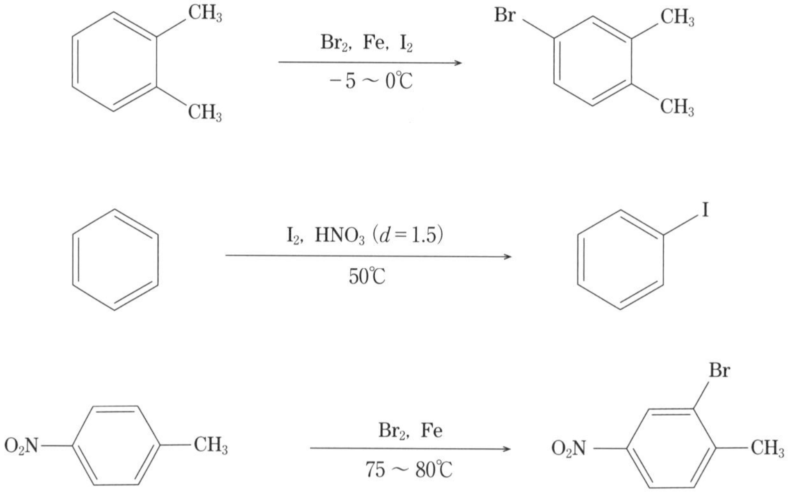

図 6.15　芳香族化合物のハロゲン化の例

　有機ハロゲン化物は上記の方法以外にも，①アルカンの C-H 結合に対する直接ハロゲン化，②アルケンへのハロゲン化水素の付加，③アルコールのハロゲン化などでも合成できる。①では，アルカンに対して臭素や塩素に紫外線を照射しながら作用させると，ラジカル連鎖反応により水素原子がハロゲン原子に置換される。②は，アルケンの二重結合に対して H-X（X = I, Br や Cl）が付加してハロゲン結合を生成する。③では，アルコールの -OH を Cl に変換させたい場合は，塩化チオニル $SOCl_2$，五塩化リン PCl_5，塩酸 HCl が用いられ，Br に変換させたい場合は三臭化リン PBr_3，臭化水素 HBr を用いると良い（図 6.16）。

$$CH_3CH_2CH_2CH_2-OH \xrightarrow[\text{H}_2\text{O, 100℃}]{\text{HBr}} CH_3CH_2CH_2CH_2-Br$$

図6.16　アルコールのハロゲン化の例

6.1.8　工業化学プロセス[5]

　これまでに述べてきた有機合成反応は，必要な量だけを反応させる大学や企業の研究室など
の小規模で行うことを想定している。しかし，有機化学製品などを大量に合成するには，合成
の高効率かつコスト削減も考えた工業的なプロセスが必要である。その際に原料の1つに用い
られるのが石油である。石油は大昔に死亡し地中に埋没した動植物が，徐々に分解されて生じ
た炭化水素化合物の混合物である。**図6.17**に石油を原料とする工業化学プロセスの概要図を
示す。原油そのままでは使用できないので，蒸留精製を行い，沸点によってナフサ，ガソリン，
軽油や重油に分離する。特に，低沸点のナフサやガソリンは合成繊維や樹脂，プラスチック，
その他多数の有用な物質を生み出す。触媒によってナフサを分解するとエチレンが得られる。
エチレンはもっとも重要な工業化学製品の基礎原料である。エチレンのかなりの量は透明で包
装やフィルムに使われているポリエチレン分子へと変換される。また，エチレンを酸化すると，
工業製品によく使用されるアセトアルデヒド，エチレンオキシド，酢酸ビニルやエタノールな
どを合成できる。

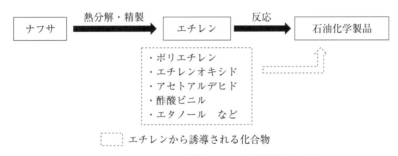

図6.17　エチレンから誘導される石油化学製品の流れ

　エチレンオキシドは三員環化合物で歪みを持つ。エチレンオキシドからは，高温・高圧条件
下，無触媒で水和反応を行いエチレングリコールやポリエチレングリコールを合成する。そし
て，ポリエチレングリコールは潤滑油や接着剤，溶剤などに利用される化合物で，エチレング
リコールをアルカリ条件下で重合して合成する。アセトアルデヒドは，これまではアセチレン
を硫酸水銀を用いた水和で合成してきたが，現在ではエチレンが安価であることから，ヘキス
ト・ワッカー法を用いて合成されている。ヘキスト・ワッカー法によるアセトアルデヒドの合
成には酸素を用いる一段階法と空気酸化による二段階法がある。いずれも，塩化パラジウムや
塩化銅を用いた液相反応である。酢酸ビニルは石油化学工業が発展する前は，アセチレンに金
属触媒（Hg, Zn, Cd）を用いて酢酸を付加させて合成したが，現在はエチレンを用いたワッカー
法で合成されている。エタノールの合成は，エチレンと水蒸気の混合ガスを高温高圧で反応さ
せて得る。飲料用にはデンプンなどを用いてアルコール発酵させてエタノールを得る合成が開

発されている。

6.2 高分子材料の合成 [6]

　高分子材料は，原料の低分子化合物を連続的に共有結合で連結させることで合成される。原料の低分子化合物を**モノマー**（単量体）と呼び，単量体から高分子が生成する反応を**重合**（polymerization）と呼ぶ。重合で得られる高分子は，単量体に由来する単位構造が繰り返された化学構造を持つ。最も単純な化学構造をもつ高分子材料として，ポリエチレンが挙げられる。ポリエチレンは，容器や袋，ラップフィルムなどの用途で使用されており，身近な高分子材料である。ポリエチレンは，原料モノマーであるエチレンを重合させて得られる。高分子材料全般に該当することであるが，重合条件の違いによって，得られる高分子は異なる性状を示す。この性状の違いは，単位構造の繰り返し数，副反応による分岐構造の有無，幾何的な構造の違いなどによって生じる。

　単一のモノマーを原料として重合反応が進行した場合には**単独重合体**（homopolymer）が得られる。材料の用途に応じて求められる特性，機能は異なり，単独重合体でそれらの要求をカバーすることは困難である。単独重合体の改質のため，複数のモノマーを原料として重合させたポリマーが用いられている。複数のモノマーが関与する重合は，**共重合**（copolymerization）と呼ばれ，共重合反応で得られるポリマーを**共重合体**（copolymer）と呼ぶ。

　重合反応は重合機構の違いに基づき，**連鎖重合**（chain polymerization）と**逐次重合**（step growth polymerization）に分類される。連鎖重合においては，重合開始剤から反応活性種を生じさせ，この活性種に対してモノマーが連鎖的に攻撃することで重合が進行する。代表的な連鎖重合として**付加重合**（addition polymerization）が挙げられる（図6.18(a)）。また，ε-カプロラクタムのような環状分子をモノマーとして連鎖的な開環反応によって重合が進行する**開環重合**（ring-opening polymerization）も連鎖重合の一形態として知られる（図6.18(b)）。

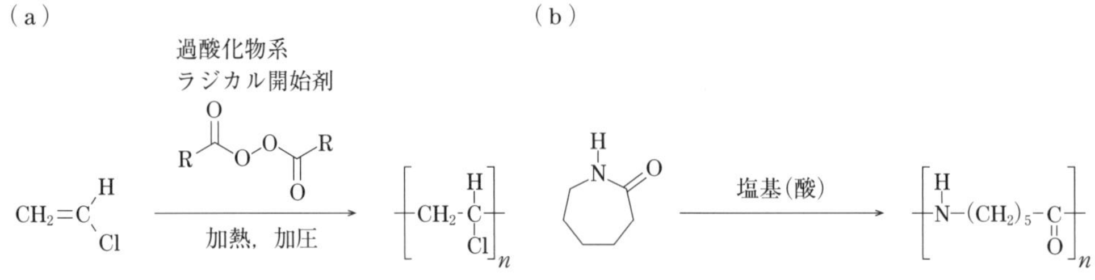

図6.18　（a）付加重合によるポリ塩化ビニルの合成，
（b）ε-カプロラクタムの開環重合による6-ナイロンの合成

　逐次重合は，カルボニル基やアルコール基，アミノ基のような官能基をもつモノマー間での段階的な反応により進行する重合反応である。逐次重合は，その反応機構から，縮合重合，重付加，付加縮合に分類される。縮合重合の典型例は，二官能性カルボン酸と二官能性アルコールを原料としてポリエステルを生成する反応であり，カルボン酸とアルコールで脱水縮合反応

を繰り返すことで重合が進行する（**図6.19**（a））。このように縮合反応が逐次繰り返される重合形態を**縮合重合**（**重縮合；polycondensation**）と呼ぶ。一方，**重付加**（polyaddition）は，付加反応が繰り返される重合反応を意味する。重付加により合成される代表的なポリマーがポリウレタンであり，多官能イソシアネートに対し多官能アルコールの付加反応が繰り返されることで生成する（**図6.19**（b））。このほか，縮合反応と付加反応が協働して重合を進行させる**付加縮合**（addition condensation）も逐次重合の一つであり，付加縮合はフェノール樹脂やメラミン樹脂の合成に利用されている（**図6.20**）。

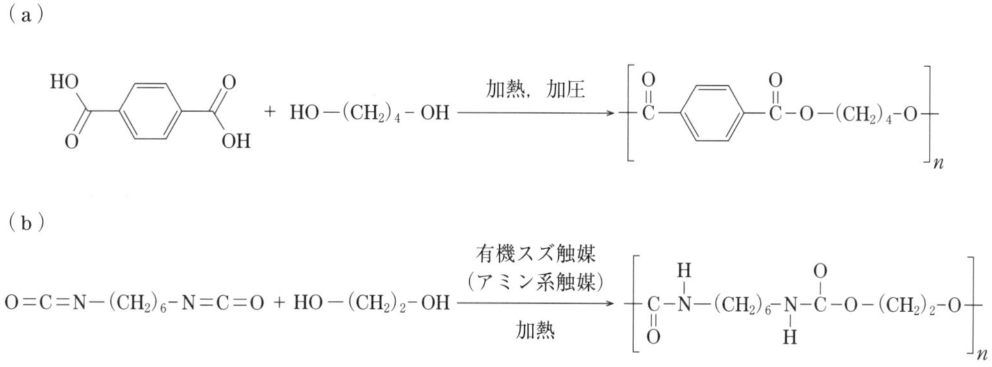

（a）

（b）

図6.19 （a）重縮合によるポリエステルの合成，（b）重付加によるポリウレタンの合成

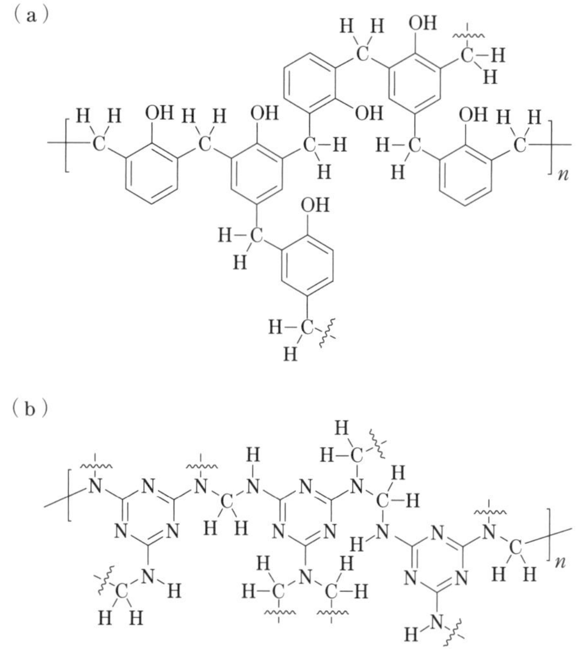

（a）

（b）

図6.20 （a）フェノール樹脂，（b）メラミン樹脂の構造

6.2.1 付加重合

アセチレンやエチレン，スチレン，アクリル酸エステルのような炭素-炭素多重結合をもつ

モノマーが，熱や光などの寄与によって生じる活性種を媒介して，連鎖的に起こる付加反応によって連結していく重合が**付加重合**である。重合反応のきっかけとなる化学種に対応して，**ラジカル重合，カチオン重合，アニオン重合**に分類される。付加重合は，**開始反応，成長反応，停止反応，連鎖移動反応**の4種の素反応からなる。ビニル系モノマーのラジカル重合を例として，付加重合の素反応を**図 6.21** に示す。開始反応の過程では，重合開始剤（initiator）は，熱や光のエネルギーをきっかけとして，反応活性種であるラジカルやカチオン，アニオンに変化する。生じた活性種はモノマーを攻撃し，モノマーが付加した成長活性種となる。成長反応において，開始反応で生成した活性種はモノマーへ連鎖的に付加し，ポリマー鎖が伸長する。ラジカル重合の場合には，二分子の活性末端を有するポリマーが近接した際に，再結合，あるいは，不均化によって停止反応を起こし，ポリマー鎖の伸長が止まる。連鎖移動反応では，成長反応で生じた成長ラジカルが，反応系に存在する水分子などと反応し，ポリマー鎖の伸長を停止させるとともに，成長ラジカルと反応した化学種から新たなラジカルを生成する。ここで生成したラジカルは，開始剤から生じたラジカル種と同様にモノマーに付加し，成長ラジカルを生じさせ，新たなポリマー鎖の生成に繋がる。カチオン重合やアニオン重合のように活性種が電荷を帯びている場合には，静電反発によって，二分子間の再結合や不均化による停止反応は起こらない。カチオン重合の場合には，連鎖移動反応として成長末端からの水素脱離反応，もしくは，重合開始剤から生じた対アニオンとの再結合反応でポリマー鎖の伸長が停止する。有機リチウム試薬やグリニャール試薬，アルコキシド，金属ナトリウムなどを開始剤として用いるアニオン重合では，成長活性種が，酸素や二酸化炭素，水やアルコールのようなプロトン性化合物と反応して，反応を停止する。反応系内に酸素，二酸化炭素，水分などの活性種の失活を起こす化学種がほとんど存在しない場合には，停止反応や連鎖移動反応が起こらず，ポリマー鎖伸長反応が継続的に進行する重合系が得られる場合がある。

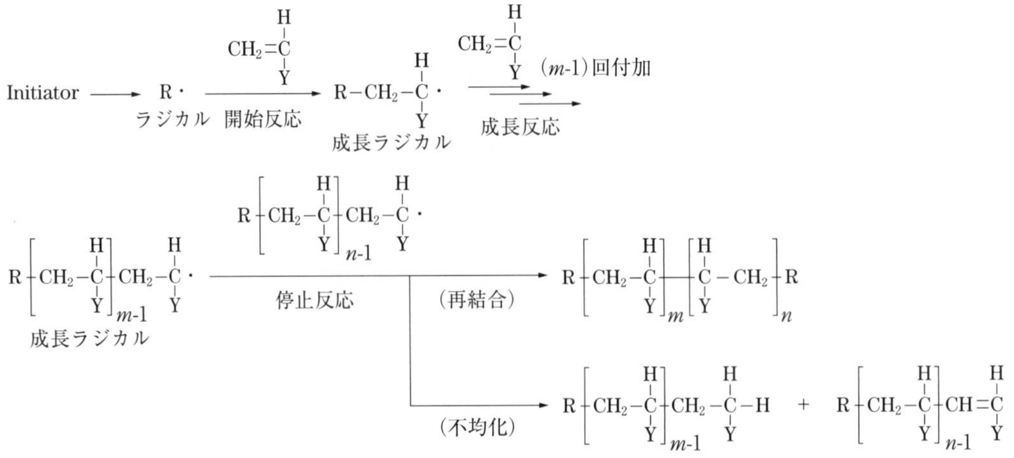

図 6.21　ビニル系モノマーのラジカル重合プロセス

6.2.2　縮合重合（重縮合）

　連続的に縮合反応が進行し，高分子が生じる重合形態が**縮合重合（重縮合）**である。縮合重合で合成される代表的な高分子がポリアミドやポリエステル，ポリイミドであり，**図6.22**に示す材料が典型例である。

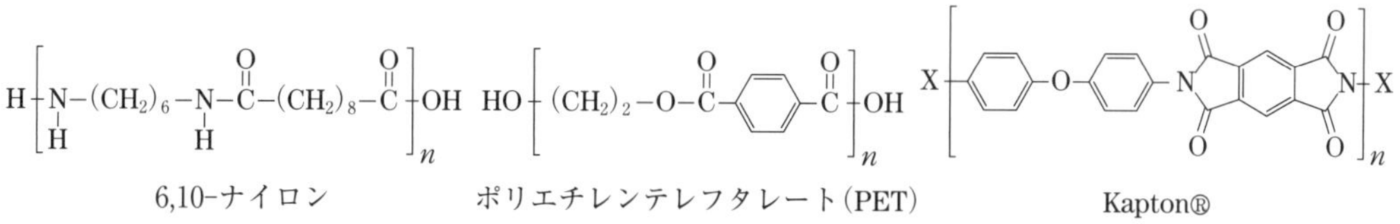

図6.22　縮合重合で合成される高分子材料

　縮合重合は，モノマー1分子あたり2つ以上の反応点で置換反応が起こり進行する。反応の進行とともに化学量論的に脱離基由来の化学種が放出される。**図6.23**に示した1,6-ヘキサメチレンジアミンとセバシン酸を原料とするポリアミド生成反応の例では，ナイロン塩の生成後，加熱によって脱水反応が進行し，6,6-ナイロンが得られる。重合度nのポリマーが生じる過程で，$2n$分子の水分子が脱離していることになる。PETやポリカーボネートの工業的製造に適用されているエステル交換反応の場合には，反応の進行とともにアルコールやフェノールとしてモノマーから脱離する（**図6.24**）。

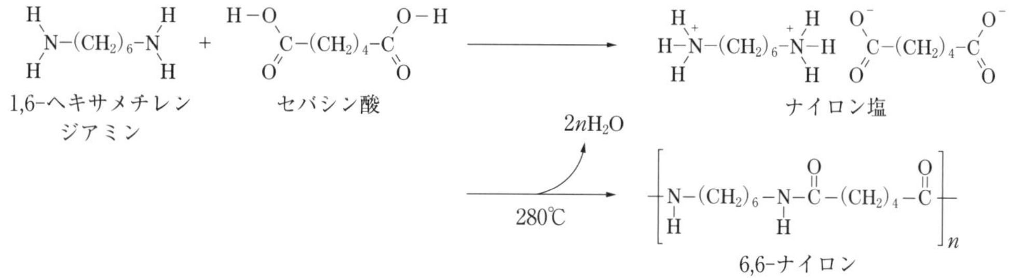

図6.23　脱水縮合重合による6,6-ナイロンの合成

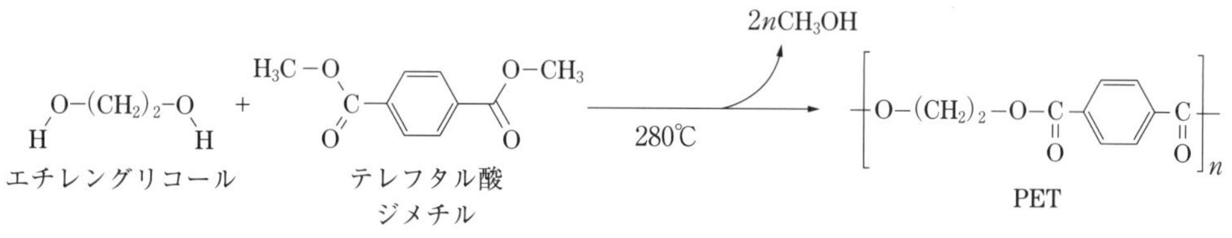

図6.24　エステル交換によるPETの合成

　縮合重合に用いられる反応としては，ポリアミドやポリエステルの合成で用いられる**アシル求核置換反応**のほか，**芳香族求核置換反応**，**芳香族求電子置換反応**，遷移金属触媒を利用した**カップリング反応**（13.3.7項で後述）が利用されている。

6.2.3 配位重合

配位重合（coordination polymerization）は，金属錯体を触媒として用いた重合反応であり，一般的には連鎖重合の一つとして挙げられる。配位重合には，モノマーの種類や反応形態の違いに応じて，様々な有機金属種が利用されており，4 族系**メタロセン触媒**，Ru 系 **Grubbs 触媒**，Mo 系 **Schrock 触媒**や 13.3.6 項で詳述する Ti-Al 系の **Ziegler–Natta 触媒**が代表的な重合触媒である（**図 6.25**）。

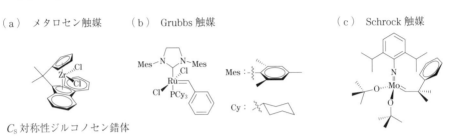

（a） メタロセン触媒　　（b） Grubbs 触媒　　　　　　　　　　（c） Schrock 触媒

C_S 対称性ジルコノセン錯体

図 6.25　代表的な重合触媒の化学構造

配位重合の素反応は用いるモノマーや触媒にもよるが，基本的には，触媒である金属種に対してモノマーが配位し，それに続いて連鎖的に起こる付加反応が重合を進行させていく。配位重合は，一般に基質選択性，反応選択性に優れ，多くの場合において，良好な立体選択性を示す重合手法である。

4 族系メタロセン触媒を用いた立体規則的プロピレン重合の反応機構を**図 6.26** に示す。メタロセン触媒は，水とトリメチルアルミニウム $Al(CH_3)_3$ の縮合生成物であるメチルアルミノキサン（methylaluminoxane, MAO）や $B(C_6F_5)_3$ のような有機ホウ素化合物により，空の配位サイトをもつ触媒活性種を生じ，触媒的配位重合反応を開始する（図 6.26（a））。成長反応の第一段階において，プロピレンモノマーは，求電子的な触媒活性種に対して，空の配位サイトから近接し，二重結合に寄与する π 電子を中心金属に供与する（π 配位する）。その後，金属-配位子間結合の組み換えに伴う挿入反応によって，1,2-付加（*cis* 付加）が起こり，主鎖の成長が始まる。挿入反応の過程で生じる空の配位座には，連続的にプロピレンモノマーが配位し，挿入反応へと導かれる。プロピレンモノマーの π 配位と挿入反応を繰り返すことでポリマー主鎖は伸長していく（図 6.26（b））。この成長反応過程において，モノマーの配位方向（配位面）は，剛直で嵩高い配位子の存在や成長末端のキラリティによって，立体的な制限を受ける。図 6.26 に例示した C_2 対称性*の触媒を用いた例では，分岐メチル基の配向が揃ったイソタクチックなポリプロピレンが生成する。なお，図 6.25（a）に示した C_S の対称性*をもつメタロセン触媒を用いた場合には，主鎖内の不斉炭素の立体配置が交互に繰り返されたシンジオタクチックなポリプロピレンが得られる。配位重合の場合，ラジカル重合のような再結合や不均化停止は起こらず，主鎖の成長は，触媒の失活や連鎖移動反応により停止する。主たる連鎖移動反応としては，水素移動反応が挙げられる（図 6.26（c））。

（ａ）　開始反応

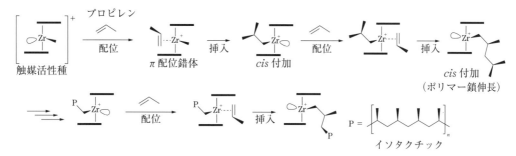

C_2 対称軸

Np = naphtyl

空の配位サイト

C_2 対称性ジルコノセン錯体

（ｂ）　成長反応

触媒活性種　プロピレン　配位　π 配位錯体　挿入　cis 付加　配位　挿入　cis 付加（ポリマー鎖伸長）

配位　挿入

P = イソタクチック

（ｃ）　連鎖移動反応

［モノマーへの水素移動反応］

擬六員環構造　　配位モノマーへの
　　　　　　　　水素付加

［中心金属への水素移動反応］

擬四員環構造　　金属中心への
　　　　　　　　水素付加

図 6.26　C_2 対称性メタロセン触媒による立体選択的プロピレン重合の反応機構

◇ C_2 対称性と C_s 対称性

　分子の形を考える際に便利なのは対称性という概念である。分子の形は群論の対象操作によって分類できる。図 6.26（ａ）のジルコノセン錯体はキラルな分子であり，左右対称ではない。しかし，図 6.26（ａ）に示す C_2 軸を中心に 180 度回転すると，元の分子に重なる。このような対称性を C_2 対称性といい，回転軸を C_2 軸という。それに対して，図 6.25（ａ）に示したジルコノセンは左右対称であり，対称面を一つ有する。このような対称性は C_s 対称性と呼ばれる。詳しくは，化学群論の解説書を参照されたい（例えば，北条博彦 著『空間群論練習帳』，コロナ社（2020））。

6.3 高分子材料の加工[7]

　高分子材料は，その用途に応じて，フィルムやシート，繊維，ボード，パイプなど，様々な形状に成形加工されて用いられる。高分子材料は，金属やガラスなどの無機材料に比べて，成形性，加工性に優れ，量産効率が高い特長がある。高分子の加工には，後述するように様々な方法が利用されており，用いる高分子の性状によって，加工方法は大きく異なる。

　高分子材料は，加熱した際のふるまいの違いに対応して，**熱硬化性樹脂**（thermosetting resin）と**熱可塑性樹脂**（thermoplastic resin）に分類される。熱硬化性樹脂は，加熱により架橋反応が進行し硬化する性質をもつ。典型的な熱硬化性樹脂として，フェノール樹脂やメラミン樹脂（図 6.20），Kapton®に代表される芳香族ポリイミド（図 6.22）が挙げられる。一方，熱可塑性樹脂は，通常，プラスチックと呼ばれ，熱を加えると軟化，溶融し，マクロな流動性を示す。ラップや袋に加工されるポリエチレン，チューブや配管として用いられるポリ塩化ビニル，レンズや窓材に利用されるアクリルポリメタクリル酸メチルは，よく知られている熱可塑性樹脂である（図 6.27）。

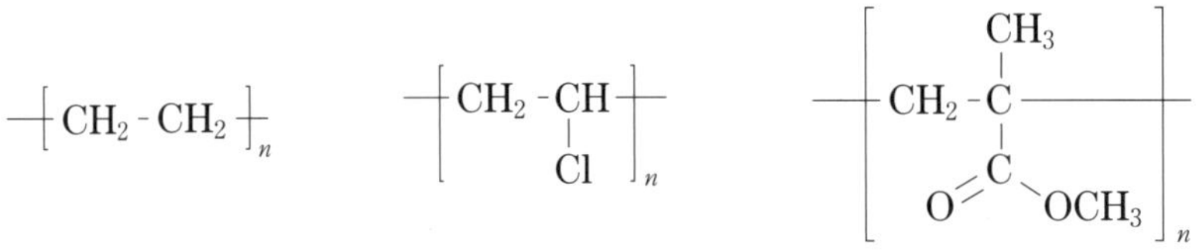

図 6.27　代表的な熱可塑性樹脂の化学構造

　熱硬化性樹脂の代表的な成形加工法として，**圧縮成形**，および，**積層成形**がある。圧縮成形は，製品形状に対応して作製された金型に原料モノマーやプレポリマーを充填した後，金型を加熱しながら圧力を印加し，高温高圧下で架橋反応を促進させ，金型の形状に成形する手法である。加圧によって金型全体に原料が充填されるため，高密度な樹脂製品が得られる特長がある。熱硬化反応を十分に進行させるためには時間を要し，バリと呼ばれる金型成形特有の突起部を生じるなどの課題もある。一方，積層成形は，ボードやプレート状の製品加工に好適であり，電気製品の回路用プリント基板や樹脂ボードや繊維強化樹脂製品の製造加工法として用いられている。プレポリマーのシートを重ね合わせた後，加熱・加圧し，シート間で架橋させ，一体化させる手法である。

　熱可塑性樹脂では，加熱によって，樹脂が軟化する性質を生かし，熱硬化型樹脂とは異なる加工法が用いられる。成形プロセスはシンプルであり，加熱により軟化させた樹脂を所望の形状に変形させ，冷却することで成形加工品を得る手法である。最もシンプルな方法としては，加熱により軟化させた樹脂を，治具によって一軸もしくは二軸方向に延ばし，シート状やフィルム状に加工する延伸加工がある。このほか，射出成形，押出し成形，ブロー成形が代表的な熱可塑性樹脂の成形加工法として知られている。

6.3.1 射出成形

　射出成形（injection molding）は，加熱溶融させたポリマーを金型に射出注入し，金型内で
ポリマーを固化させることで金型の空隙形状に対応した形状の加工品を得る方法である。熱硬
化性樹脂における**圧縮成形**と同様に金型を利用した成形加工法であるが，射出成形の場合，金
形内に溶融ポリマーを充填した後に冷却固化させるという単純な工程であり，圧縮成形のよう
に高温高圧下で硬化反応を行う工程を要しないため，効率よく，連続的に成形加工できる特長
をもち，複雑な形状の製品の大量生産にも対応可能である。射出成形は，金型形成から始まり，
金型への溶融ポリマーの充填，冷却によるポリマーの固化，成形品の抜出に至る工程サイクル
を繰り返し，同一形状の成形加工を行う回分処理（バッチ処理）プロセスである。金型形状を
切り替えることで3次元的に形状の異なる成形品が得られる。

　射出成形は，以下の6つの工程からなり，各工程を機械的に連動させ自動化された射出成形
機により連続的な加工が実現されている（**図6.28**）。

（a）　型締め：金型の可動部（キャビティ）を固定部（コア）に密着させ，締め付ける。
（b）　射出：射出ユニットのノズルから溶融ポリマーを射出し，金型の空隙を充填する。
（c）　保圧：溶融ポリマーが充填された金型を低圧で保持する。
（d）　冷却：金型を締め付けたまま，冷却し，金型内部のポリマーを固化させる。
（e）　型開き：金型の締付圧を緩め，キャビティをコアから分離し，型を開く。
（f）　取出し：イジェクターにより，金型から成形物を取り外す。

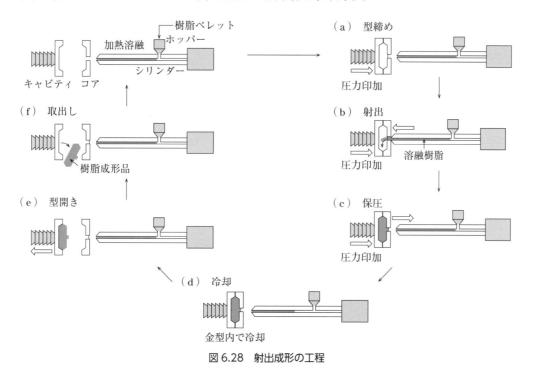

図6.28　射出成形の工程

射出成形の条件として，加工する樹脂の種類，性状に応じて，射出成形機のシリンダー温度，ノズル温度，射出圧力，射出速度，金型温度，保圧時間，冷却時間があり，条件設定によって，得られる成形品の外観，寸法，機械的特性などが変化する。

この射出成形技術は，二種以上の低分子量，低粘度の液状原料から合成される熱硬化性樹脂の一部にも転用されており，金型内に原料液を混合射出後，金型内で反応させ成形された熱硬化性樹脂を得る加工法は，**反応射出成形**（reaction injection molding; RIM）と呼ばれる。RIM は，ポリウレタンやポリエステルの成形に用いられ，自動車用バンパーの製造にも用いられている。

6.3.2　押出し成形

押出し成形（extrusion molding）は，加熱溶融させたポリマーをサイジングダイと呼ばれる金型を通じて連続的に押し出し，冷却系でポリマーを固化させて成形品を得る加工法である。射出成形が回分処理であるのに対して，押出し成形は一連の工程がライン化された連続処理手法である（**図 6.29**）。サイジングダイの吐出口形状に対応した断面成形が可能であり，フィルム成形には線状の吐出口をもつものが用いられる。吐出口が長方形のダイであれば板状の成形品となり，円形のものであれば円柱状の加工品が得られる（**図 6.30**）。

押出し成形は，主に，以下の 5 つの工程からなる。④の工程において，繊維やフィルムの場合には，ロール状に巻き取られる。

（a）　溶融：押出機内に供給されたポリマーを，せん断印加や加熱により軟化させる。
（b）　押出し：溶融ポリマーを，サイジングダイを通じて，一定速度で押し出す。

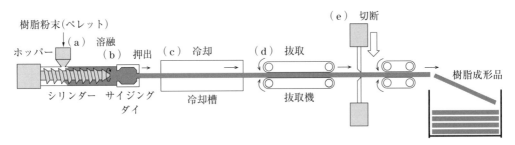

図 6.29　押出成形の工程

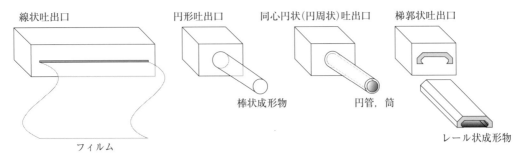

図 6.30　サイジングダイの吐出口形状と断面形状

（c）　冷却：サイジングダイから押し出されたポリマーを冷やし，固化させる。

（d）　抜取り（巻取り）：十分に冷却され，固化した成形品を抜き取る。

（e）　切断：抜き取られた（巻き取られた）成形品を一定の長さで切断する。

　押出成形の場合には，加工樹脂の種類や性状に合わせて，押出成形機の各ユニット温度，押出スクリューの形状，スクリュー回転速度，押出圧力，押出速度，冷却時間といった条件を適切に設定する必要がある。

6.3.3　ブロー成形

　ブロー成形（blow molding）とは，加熱溶融させた熱可塑性樹脂をパイプ状に押し出し，圧縮エアーを吹き込み，金型内で樹脂を膨らませた後，冷却し固化させ，金型の形状に沿って成形する手法である（**図6.31**）。中空の成形品が得られるため，**中空成形**とも呼ばれる。ブロー成形は，射出成形と同様に金型を利用した回分型の成形加工法である。ブロー成形の金型は加工形状の輪郭を模した簡素なものでよく，射出成形の金型のようにキャビティとコアの組み合わせを用意する必要がない。射出成形の場合には溶融ポリマーを押し込む際に金型や型締め部分に高い圧力がかかるが，ブロー成形の場合には，圧縮気体で溶融ポリマーを風船のように膨らませ，金型に押し付けるだけであるため，金型などへの負荷圧力も軽減される。プラスチックボトルやポリ袋，ガソリンタンクなどの成形加工に利用されている。

　ブロー成形では，以下の7つの工程を経て加工が行われる。

（a）　溶融：ホッパーから供給されたポリマーを加熱溶融させる。

（b）　押出し：押出スクリューを回転させ，ヘッド部から溶融ポリマーを押し出す。

（c）　型締め：金型を閉じて，パリソンと呼ばれるパイプ状のポリマーを挟みこむ。

（d）　吹込み：ブローピンから圧縮空気を吹き込み，パリソンを金型の形状に膨らませる。

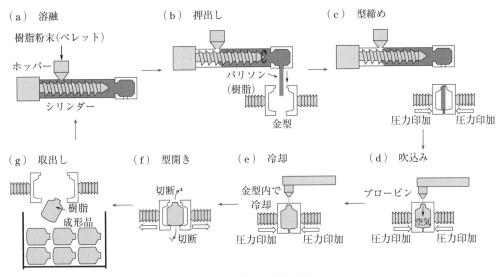

図6.31　ブロー成形の工程

（e）　冷却：空気圧で金型内壁に押し付けた状態で，ポリマーを冷却し，固化させる。

（f）　型開き：金型の締付圧を緩め，型を開く。

（g）　取出し：金型から成形物を取り外す。

　複数の押出し機から一つの押出しヘッドに，性状・機能の異なるポリマーを導き，多層構造のパリソンを形成させた後，圧縮空気を吹き込み，成形加工を行うと，多層構造をもつ成形品が得られる。この手法を多層ブロー成形と呼び，食品用プラスチックボトルの加工法として利用されている。

参考文献

［1］　T. W. Graham. Solomons 著，花房昭静・仲嶋正一・池田正澄 監訳，『第2版　ソロモンの新有機化学』，廣川書店。

［2］　H. Hart 著，秋葉欣哉・奥彬 共訳，『基礎有機化学 改訂版』，培風館，1994。

［3］　後藤俊夫・芝哲夫・松浦輝男 監修，『有機化学実験のてびき 3―合成反応（Ⅰ）』，化学同人（1990）。

［4］　後藤俊夫・芝哲夫・松浦輝男 監修，『有機化学実験のてびき 4―合成反応（Ⅱ）』，化学同人（1990）。

［5］　川瀬毅，『有機工業化学』，三共出版，2015。

［6］　松浦和則・角五彰・岸村顕広・佐伯昭紀・竹岡敬和・内藤昌信・中西尚志・舟橋正浩・矢貝史樹，『有機機能材料　基礎から応用まで』，講談社，2014。

［7］　東信行，松本章一，西野孝，『高分子科学』，講談社，2016。

6章　章末問題

6.1

（1）　有機化合物の成分元素を調べたり組成を知るためには，化合物を純粋に精製する必要がある。よく利用される蒸留・抽出・クロマトグラフィーについて答えよ。

（2）　アルコキシドとハロゲン化アルキルを用いたウィリアムソン合成によってイソプロピルメチルエーテルを作る2つの方法を示せ。

（3）　Grignard 試薬調整に用いるジエチルエーテルは，Grignard 試薬の安定化に重要な役割を持つ。その様子を図式化せよ。

（4）　エステルは酸によって加水分解されるだけでなく塩基によっても加水分解される。これを鹸化という。酢酸エチルに水酸化ナトリウム水溶液を入れて還流させたときの，化学反応式を書け。

（5）　1-7 ハロゲン化物合成の記述にある①，②，③の一般的な化学反応式を書け。

6.2

（1）　ポリスチレンのラジカル重合のメカニズムを，開始反応，成長反応，停止反応に分けて説明せよ。

（2）　ポリエチレンテレフタラートは脱水縮合反応によっても合成することができる。脱水縮合による重合のメカニズムを説明せよ。

（3）　イソタクチックポリプロピレンとシンジオタクチックポリプロピレンの構造を示し，合成方法を説明せよ。

6.3

（1）　熱硬化性樹脂の加工法を2種挙げて，特徴を説明せよ。

（2）　熱可塑性樹脂の成型法を3種挙げて，特徴を説明せよ。

材料の力学的性質と機能
（1）金属

7.1 鉄鋼材料

7.1.1 Fe-C系の状態図

　鉄鋼材料の基本はFe-C合金であり，これに目的に応じてMn, Si, Cr, Ni, Moなどの合金元素が添加される。また，製造工程で不純物として，S, P, O, N, Hなども混入するが，組織や性質に最も大きな影響を及ぼすのはCである。したがって，鉄鋼材料を扱う者はまず基本となるFe-C系状態図について十分に理解する必要がある。Fe-C合金において，C量が約2.0％以下のものを鋼，約2.0％以上を鋳鉄と呼ぶ。また，純鉄は912℃以下では体心立方格子（bcc）の結晶構造をとり，α鉄と呼ばれる。912℃以上では面心立方格子（fcc）のγ鉄となり，さらに1394℃以上では再びbcc構造となり，これをδ鉄という。このように，鉄には同素変態があるために，後述のように熱処理によって種々の組織を形成させることが可能となる。

　図7.1にC量が5 mass％までの範囲のFe-C系状態図を示す。実線はFe-Fe$_3$C（セメンタイト）系，破線はFe-黒鉛（グラファイト）系を示す。鋼中では黒鉛が安定相であり，セメンタイトは準安定相であるが，実際には鋼では黒鉛化は非常に起こりにくく，通常はセメンタイトとして存在している。

　ここでは，鋼の熱処理で重要となるFe-Fe$_3$C系状態図について説明していく。オーステナイト（γFe, fcc構造）は鋼の熱処理の出発組織となる重要な相であり，Cが比較的多く固溶し，最大2.14％（1147℃，図7.1のE点）まで固溶する。これに対して，フェライト（αFe, bcc構造）にはCはごくわずかしか固溶できず，最大約0.02％（727℃，図7.1のP点）である。なお，Cの原子半径は鉄に比べて小さいので，鉄中ではC原子は鉄原子の結晶格子の隙間，すなわち侵入型位置に固溶している。フェライト中のC固溶量は温度低下とともに急激に減少し，室温では1 ppm以下となる。すなわち，フェライトは室温では，ほぼ純鉄とみなすことができる。固溶限を超えて添加されたCはFeとの化合物であるセメンタイト（Fe$_3$C）を形成する。セメンタイトの結晶構造は斜方晶をとり，213℃に磁気変態点（A$_0$点）を持つ。

　さて，図7.1中の点や線が示すものを左上から順に見ていくと，以下のようになる。

　A：純鉄の融点（1538℃）

　N：純鉄のA4変態点（1394℃）

　AB：δ固溶体（δFeがCを固溶した固溶体）に対する液相線

　AH：δ固溶体に対する固相線

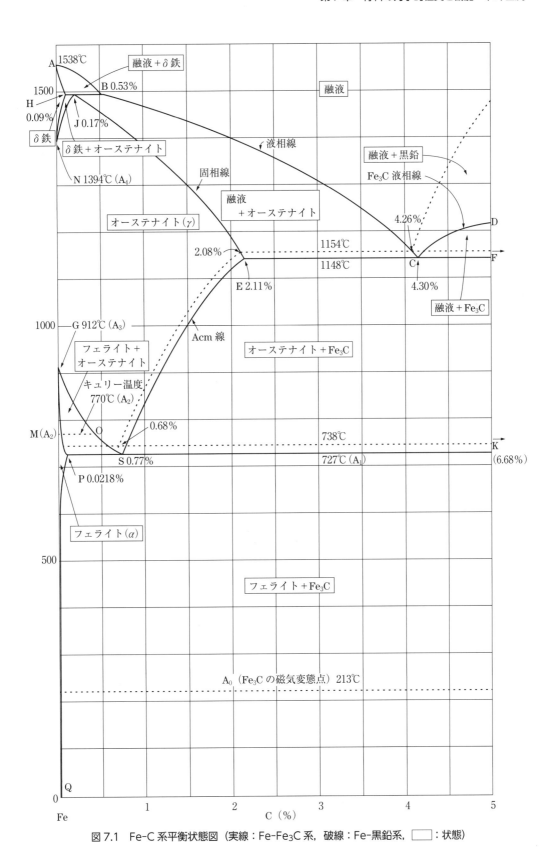

図 7.1　Fe-C 系平衡状態図（実線：Fe-Fe₃C 系，破線：Fe-黒鉛系，□□□□：状態）

HN：δ固溶体がγ固溶体に変態し始める温度

JN：δ固溶体がγ固溶体に変態し終わる温度

HJB：包晶線，この温度で次の反応が生じる。

　　　固溶体（H点）δ+融液（B点）⇔ γ固溶体（J点）

BC：γ固溶体に対する液相線

JE：γ固溶体に対する固相線

CD：Fe_3C に対する液相線。初晶 Fe_3C が晶出しはじめる温度

C：共晶点，温度 1148℃，4.30%C。

E：γFe に対する C の最大固溶度の点。温度 1148℃，2.11%C。

ECF：共晶線，この温度で次の反応が生じる。

　　　融液（C点）⇔ γ固溶体（E点）+ Fe_3C（F点）

ES：γ固溶体に対する Fe_3C の溶解度曲線。γ固溶体から Fe_3C が析出し始める温度を示す。
　　　A_{cm} 線という。

G：純鉄の A_3 変態点。γFe ⇔ αFe

GS：γ固溶体から α固溶体の析出が始まる温度，A_3 線という。

S：共析点，温度 727℃，0.77%C。

PSK：共析線，この温度で次の反応が生じる。これを A_1 線という。

　　　γ固溶体（S点）⇔ α固溶体（P点）+ Fe_3C（K点）

GP：P点は 0.0218%C，この濃度以下のγ固溶体から α固溶体の析出が終わる温度，すな
　　　わち，A_3 変態の終わる温度を示す曲線。

P：αFe に対する C の最大固溶度の点，温度 727℃，0.0218%C。

PQ：α固溶体に対する Fe_3C の溶解度曲線。

M：純鉄の A_2 変態点。温度 770℃（磁気変態点またはキュリー点という）。

MO：鋼の A_2 変態線。

　次に，図 7.1 中の点や線を用いて，鋼の熱処理において基礎となる約 1000℃ 以下でのオー
ステナイトの変態に関する部分について説明する。オーステナイトからフェライトへの変態は，
純鉄では 912℃ で生じるのに対して，C量が増加するにつれて，その変態点は下がり，かつ広
い温度範囲を持つようになる。図 7.1 の GS 線はこの変態の開始線で A_3 線と呼ばれ，また GP
線がその終了線である。オーステナイトが冷却され，A_3 変態が始まると，C をわずかしか固
溶できないフェライトが析出するので，未変態のオーステナイト中のC濃度が次第に高くなる。
GS 線はそのC濃度と温度の関係も示している。

　一方で，S 点以上のC濃度のオーステナイトを徐冷すると，ES 線のところで，セメンタイ
トが析出しはじめる。この線を A_{cm} 線と呼ぶ。オーステナイトからセメンタイトが析出をは
じめると，オーステナイト中のC濃度は次第に低くなっていく。ES 線はそのC濃度と温度の
関係も示している。

　A_3 線と A_{cm} 線の交点である S 点で示される組成（0.77%，共析組成）の鋼をオーステナイ

トの状態から徐冷すると，727℃で共析変態（$\gamma \rightarrow \alpha + Fe_3C$）が生じる。共析変態の生じる温度を A_1 点という。共析変態のことをパーライト変態ともいい，この変態により形成される組織をパーライトと呼ぶ（図4.15参照）。なお，パーライトは共析変態により生成した組織に対してつけられた名称なので，状態図上にパーライトは記載されていない。パーライトはフェライトとセメンタイトの二相が層状に交互に並んだ組織を指す。共析組成の鋼を共析鋼，これよりもC量の少ない鋼を亜共析鋼，共析組成以上にCを含む鋼を過共析鋼と呼ぶ。実用鋼では，加工性が要求される加工用薄鋼板，強度と靭性の両立が求められる一般構造用鋼や機械構造用鋼など多くの鋼が亜共析鋼である。共析鋼や過共析鋼は，レール用鋼やピアノ線などに用いられる。硬さや耐摩耗性が重視される工具鋼や軸受鋼では過共析鋼が用いられることが多い。

　さて，これまでにFe-Fe3C系状態図で現れた固相は α 鉄，γ 鉄，δ 鉄およびセメンタイトであった。これらは温度の上げ下げやそれぞれの温度での保持，すなわち熱処理による原子拡散を通じて状態変化が生じる。ここで，鉄鋼材料に現れる相として，最も重要なものを紹介する。それがマルテンサイトと呼ばれる相である。マルテンサイト相は高温で安定なオーステナイトを急冷することによって得られる相であり，すなわち状態図には現れないマルテンサイト変態と呼ばれる相変態によって生じる相である。この変態の最大の特徴は，fcc構造のオーステナイトが急冷されることにより，原子の拡散を伴わずに無拡散で結晶構造をbct（体心正方晶）に変えることである。bct構造は単位胞の x，y 軸の長さを a（格子定数），z 軸の長さを c とすると $c > a$ となる。マルテンサイト変態に伴い，非常に多くの格子欠陥が結晶中に導入されるとともに，本来室温で安定なフェライト中にはCはわずか約0.02％しか固溶できないが，急冷によりオーステナイト中に固溶していたCがbct結晶中に過飽和に固溶した状態となる。これらにより，焼入れ後の鋼は著しく硬くなり，同時にその後に加熱，すなわち焼戻しを施すと，強制固溶していたCが炭化物として析出し，状態図に記されたフェライトとセメンタイトの二相状態へと変化していく過程で，強度の低下と延性の向上が生じる。これが，鋼を所望の機械的性質に調質できる原理となっている。

7.1.2　鉄鋼材料の熱処理と力学的性質

　鉄鋼材料には炭素鋼，合金鋼，ステンレス鋼，工具鋼，耐熱鋼など，多くの種類があり，様々な場所で用いられている。力学的性質をはじめとして，耐熱性，耐摩耗性，耐食性などの性質は鋼の合金成分調整と熱処理を行うことで，目的に沿うような性質を得ている。本項では，鉄鋼材料の基本的な熱処理である，「焼きなまし」，「焼きならし」，「焼入れ」および「焼戻し」について説明する。

　鋼における「焼きなまし」は，後述の焼入れとともに多用される熱処理である。鋼の焼きなましは，鋼を適当な温度に加熱し，その温度に保持した後に徐冷（炉内で冷却）する操作であるが，その目的や熱処理の方法により，多くの種類がある。**図7.2** にはFe-C系状態図に各焼きなまし処理の加熱温度領域を重ねたものを示す。

　拡散焼きなましは，鋳造品や鋼造塊中に生じた成分元素の偏析を拡散させて均一に分布させるためのものであり，1000〜1300℃の範囲の温度で行われる。温度が高いほど，均一化まで

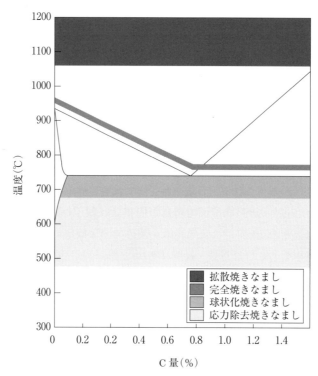

図 7.2　Fe-C 系状態図と各焼きなまし処理の加熱温度範囲

の時間は短くなるが，結晶粒の粗大化や高炭素の場合には部分溶融に注意する必要がある。

　完全焼きなましは結晶粒の均一化と組織の標準化を目的とする。焼入れ，焼戻しの際に，鋼材の結晶粒が不均一であると，焼入れ性や力学的性質に悪影響をおよぼす。そのため，亜共析鋼は A_3 線上，共析鋼および過共析鋼は A_1 線上の ＋30～50℃ に加熱した後に炉内で徐冷することで結晶粒の均一化，組織の標準化および軟化を図る。

　Ni-Cr-Mo 鋼などの合金鋼では，合金元素の影響で変態速度が遅く，前述の方法では軟化させることが困難な場合がある。完全焼きなましと加熱温度は同じであるが，オーステナイト化後に変態が比較的早く終了する温度域に保持し，その後空冷する処理を等温焼きなましという。具体的には，合金鋼や工具鋼などをオーステナイト化後に約 650℃ まで冷却し，その温度で保持する。すると，まずオーステナイトからフェライトが析出し，その後時間経過とともにパーライトが析出する（この温度域では変態が速やかに完了する）。その際に析出するパーライトは比較的細かなものとなるので被削性が向上する。この処理は完全焼きなましと比較して処理時間を大幅に短縮でき，連続操業が可能なため，生産性に優れている。

　塑性加工や切削加工を容易にする，あるいは力学的性質を改善する目的で，パーライト中のセメンタイト，網状セメンタイトを球状化させる処理のことを球状化焼きなましと呼んでいる。A_1 点の温度を繰り返し上下させた後に徐冷する方法や A_1 線と A_{cm} 線の間の温度に加熱してから徐冷する方法などがある。

　鋳造，鍛造，機械加工，溶接などで生じた残留応力を除去するために，A_1 点以下の適当な

温度に加熱する処理を応力除去焼きなましと呼んでいる。残留応力が存在する状態で金属部材を長期間使用し続けると，次第にその応力が緩和されるとともに，寸法や形状の変化が生じることがある。これを防ぐために，部材を適当な温度に加熱して残留応力を除去する必要がある。「焼きならし」は，鋼を A_3 または A_{cm} 線よりも $+30 \sim 50^\circ C$ 程度高い温度に加熱して，オーステナイト単相にした後に空冷する熱処理である。オーステナイト域から空冷すると，炉冷の場合（焼きなまし）と比べて，冷却速度が速くなるために，オーステナイトからのパーライトの析出が速くなり，フェライトとセメンタイトの層間隔が微細なパーライトが得られ，機械的性質が改善する。

　「焼入れ」は，鋼をオーステナイト域から急冷し，硬いマルテンサイト組織を得る熱処理である。一般に焼入れとは，水または油の中に投入して急冷する。油よりも水の方が冷却は速く，冷却能が大きいために同じ鋼材でも焼きが入りやすくなる。

　Fe-C 合金では状態図から分かるように，高温のオーステナイトには多くの C が固溶できるが，フェライトには C がほとんど固溶できない。オーステナイトからの冷却速度が遅い場合には，拡散変態によりパーライトや初析フェライトなどが析出し，室温ではフェライトとセメンタイトの二相組織となる。これに対して，オーステナイトから急冷すると，オーステナイトからフェライトへの変態が原子の拡散を伴わないせん断機構によって生じることになる。この際，オーステナイトに固溶していた C は，そのままフェライト中に強制固溶する。さらに，変態前後の結晶構造の変化に際して生じる補足変形により，マルテンサイト中には高密度の格子欠陥（転位，双晶，積層欠陥など）が導入される。これらにより，鉄鋼材料のマルテンサイト組織は著しく硬い。図 7.3 にはマルテンサイト組織の焼入硬さと炭素量の関係の模式図を示す。炭素量が多いほど硬くなり，同じ炭素量の場合はマルテンサイト組織の量が多いほど硬くなることを示している。

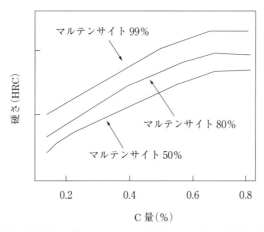

図7.3　C量およびマルテンサイト量とロックウェル硬さの関係

　焼入れの目的は，マルテンサイト組織を得ることであるが，鋼には主にオーステナイト相の化学組成によって決まる臨界冷却速度があり，その速度より遅く冷却されれば，パーライト変態が生じてしまい，焼きが入らない。したがって，同じ水や油に焼入れても鋼材の直径や肉厚

が大きくなると，表面は速く冷えたとしても，中心部の冷却は遅くなり，焼きが入りにくくなる。このように質量により焼入れの深さが異なることを質量効果といい，中心部まで焼きが入っていれば質量効果が小さい（焼入性が良い），入っていなければ質量効果が大きい（焼入性が悪い）と表現する。鋼材の焼入性の評価法としては，一般にはジョミニ試験が用いられる。これは直径 25 mm，長さ 100 mm の丸棒試験片をオーステナイト化した後に，噴水を試験片の下部に噴射し，一端から冷却する。その後，試験片の側面を研磨し，ロックウェル硬さを測定する。焼入端からの距離と硬さの関係は，図 7.4 のように示され，これをジョミニ曲線（焼入性曲線）という。焼入端からの距離が大きくなるほど，冷却速度が小さくなるため，変態組織がマルテンサイトからパーライトやフェライトへと変化し，硬さが低下する。大きく軟化した変曲点では約 50% マルテンサイト組織となっており，この位置までをジョミニ距離といい，焼入性の尺度として用いられている。ジョミニ距離が焼入端から長距離であるほど焼入性が大きいことを示す。

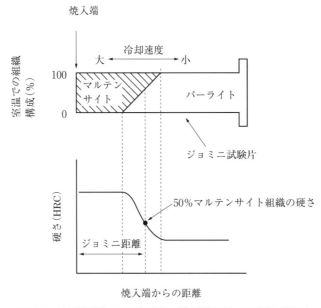

図 7.4　共析鋼のジョミニ曲線および変態組織との関係の模式図

「焼戻し」は，焼入れにより硬化した鋼を A_1 点以下の適当な温度に加熱して，組織と性質を調整する熱処理である。マルテンサイトは C 量が少ない場合を除いて，焼入れたままの状態では脆い。また，焼入れによって鋼材内部には大きな残留応力が生じており，そのまま研削などの仕上げ加工を行うと，応力の釣り合いが変化して，変形を生じたり割れたりする。そのため，焼入れた鋼材をそのまま使用することはなく，焼戻しをしてから使用される。焼戻しには目的に応じて，低温焼戻しと高温焼戻しがある。工具鋼のように，硬さや耐摩耗性を必要とする場合は，高炭素鋼を用いて 150〜200℃ で低温焼戻しを行う（焼入れにより生じた残留応力の除去が目的）。一方で，機械構造用合金鋼のように硬さは多少犠牲にしたとしても靭性が必要な場合には 650℃ 近傍で高温焼戻しが行われる（強度と靭性を兼ね備えた状態を得る）。

焼戻し温度が高くなるにつれて，一般に硬さは減少し，延性は増加していくが，靭性はある温度範囲で低下し，脆性破壊を生じやすくなることがある。また，焼戻し温度から徐冷することで著しい脆化が生じることがある。このように焼入鋼をある温度範囲で焼戻した際に，かえって脆くなる現象は焼戻し脆性と呼ばれている。焼戻し脆性は，300℃前後で生じる低温焼戻し脆性と，500℃あるいはそれ以上の温度で生じる高温焼戻し脆性に分けられる。いずれの場合も，鋼材中に含まれる不純物元素のPなどが旧オーステナイト粒界に偏析して脆化をもたらしていると考えられている。

ここまで鉄鋼材料で基本となる熱処理について説明した。これら以外にも，耐食性を付与するための固溶化熱処理，鋼材の表面のみ性質を変える，浸炭，高周波焼入れ，窒化などの表面熱処理がある。

7.2　アルミニウムとその合金

アルミニウムは銅や鉄と比べて，歴史的には若い金属である。紀元前から使われてきた銅や鉄に対して，アルミニウムの工業的製法である電解精錬法（ホール・エール法）が発明されたのは，今からわずか130年ほど前の1886年である。それにも関わらず，アルミニウムは比強度，耐食性，加工性，導電率や熱伝導率に優れていることから急速に需要が拡大し，現在では日用品，飲料缶，電子機器，建材，車両，船舶，航空機などにおいて，社会を支える基盤材料としての地位を確立している。

実用のアルミニウムおよびその合金は，**図7.5**に示すように鋳物用合金と展伸材用合金に大別され，更にそれらの中で非熱処理型合金と熱処理型合金に分類される。ここでいう熱処理とは時効硬化により強度を得るものを指す。

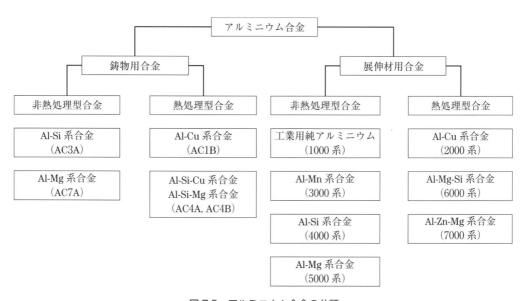

図7.5　アルミニウム合金の分類

鋳物用合金のほとんどは Al-Si 二元系合金ならびにそれに少量の銅，マグネシウム，ニッケルなどを添加した Al-Si 系合金が用いられている。これは，鋳造において重要となる溶湯の流動性，鋳型充填性などが他の合金系よりも優れていること，鋳造割れが生じにくいこと，熱膨張係数が小さいこと，耐摩耗性に優れることなどの理由によるものであり，自動車用ホイールや車体部品に加え，各種エンジン部品などでも広く使用されている。

　展伸材用合金は主要添加元素によって，1000 系から 7000 系までの 7 系統に分類される。1000 系合金は微量の Si と Fe を含有する純度 99.0％以上の工業用純アルミニウムであり，強度は中高強度アルミニウム合金に比べて低いが，成形性，耐食性，表面処理性に優れている。主な用途例として，印刷板，熱交換機用フィン材，箔，キャップ材，アルマイト処理建材，器物，家庭用品，電線材ある。

　2000 系合金は，Cu を主要元素として含有し，ジュラルミン（代表組成 Al-4％Cu-0.5％Mg）や超ジュラルミン（代表組成 Al-4％Cu-1.5％Mg）が代表的な合金である。本合金系では，溶体化処理，焼入れにより過飽和固溶体を得た後に時効処理を施すことで，加工まま材よりも高強度な合金を得ることが出来る。これを時効硬化現象と呼び，1906 年に Wilm によって本合金系で初めて発見された。切削性，静的強度，疲労強度および高温強度に優れているが，Cu を多く含有するために耐食性には劣る。主な用途例として，航空機部品，油圧部品，ピストン，機械部品がある。

　3000 系合金は，Mn を主要元素として含有しており，適度な強度を有しながら，耐食性と成形性に優れている。そのため，アルミ缶などの容器をはじめとして，日用品，フィン材，複写機ドラム，建材などに用いられている。

　4000 系合金は，Si を主要元素として含有しており，低融点となることから溶加材やろう材として多用されている。また，低熱膨張および高耐摩耗性の特徴を活用して，ピストン，コンプレッサ部品に使用される鍛造合金がある。

　5000 系合金は，Mg を主要元素として含有しており，適度な強度を有し，耐食性，成形性，溶接性に優れることから，幅広い用途がある。本合金系では Mg 量を増やすことで，強度だけでなく延性も同時に向上させることが可能であるが，熱間加工性や耐応力腐食割れ性が悪くなるために，実用合金の Mg 量は約 5％に制限されている。Mg 量の少ない合金（0.5〜1.1％）は装飾品や台所用品に，多い合金（2.2〜5％）は缶蓋材，磁気ディスク，車両，船舶や圧力容器などに用いられている。

　6000 系合金は，Mg および Si を主要元素として含有しており，国内の展伸材用合金では最も高いシェアを占めており，そのほとんどが押出し加工によって製造されている。押出性，焼入れ性に優れ，適度な強度と耐食性を有しており，サッシ等の建材として多用されている。近年では，塗装焼付け処理工程で強度が増加するベークハード性を活用して，自動車パネル材への適用や燃料電池車に搭載される高圧水素タンク材料としての用途開発が進められている。

　7000 系合金は，Zn および Mg を主要元素として含有する 3 元溶接構造用合金と，更に Cu を含有する高力合金の 2 系統に分類される。前者は，押出し加工によって製造されることが多く，焼入れ感受性が低く，溶接後の熱影響部は自然時効により母材に近い強度まで回復するた

め，優れた継手効率が得られることから，新幹線をはじめとする車両用構造部材や二輪車フレームに用いられている。Cu を含む合金は実用アルミニウム合金中で最高強度を有し，引張強さで 650 MPa 程度に到達する合金も開発されており，航空機部材，スポーツ用品などに使用されている。より高強度な合金を開発し，輸送機器の燃費を向上させることが望まれている。しかしながら，7000 系合金をはじめとしてアルミニウム合金の強度は 1936 年に日本で開発された超々ジュラルミンと比較して，長らく大幅には向上していない。7000 系合金では添加する Zn 量を増やせば高強度化が図れるが，同時に応力腐食割れ感受性も高くなってしまうために実用に耐えない。強度と耐応力腐食割れ性を両立した合金の開発が求められている。

7.3　銅とその合金

　銅（Cu）は人類が初めて日常生活で利用した金属であり，比重は 8.93 g/cm^3 と鉄より重いために構造用材料ではやや不向きではあるが，耐食性や電気，熱の伝導性が高く，加工性にも優れるため古くから社会基盤金属材料として広く使用されている。Cu は合金としても広く使用されるが，純金属のままでも使用される数少ない金属材料である。純 Cu はほとんどが導電材料の用途に使用され，この導電率は合金の添加元素の種類・量，また不純物濃度に強く影響を受ける（図 7.6）。純 Cu において酸素が存在すると，Cu 中の不純物元素が酸化物となり，固溶不純物量が低減するために導電率の減少がある程度抑制されるが，水素や水分を含んだ環境中で加熱された際に侵入した水素が粒界での酸化物を還元させるために発生した水蒸気により割れが生じる。これを水素脆化とよぶ。このように Cu 中において固溶酸素の影響は大きく，そのために工業的に純 Cu は含有する酸素量によって大きく 3 種類に分類される（タフピッチ銅，りん脱酸銅，無酸素銅）。それぞれについて概説すると，タフピッチ銅では精錬工程で若干に酸素が含有しており（0.03 wt%），固溶不純物を酸化物にして導電性を高めているものの，水素脆化は起こりやすい。りん脱酸銅では，脱酸効果のため，りん（P）を添加しており，全体の酸素量は 0.02 wt% 以下であり，タフピッチ銅に比べ水素脆化は抑制できる。最後に無酸

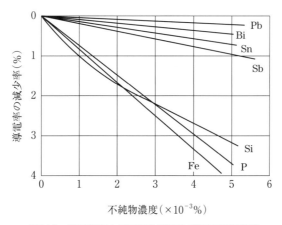

図 7.6　無酸素銅中の不純物濃度と導電率の減少率

素銅は高純度の電気銅を真空中で溶解鋳造することで製造され，酸素量は 0.001 wt%以下となり，水素脆化はほぼ起こらないようになる。この純 Cu の機械的性質は不純物量，加工状態，熱処理等で異なるが，焼きなましの状態で，引張強度は 250 MPa，伸びは 50～60%程度を示す。

　次に代表的な Cu 合金の種類と特徴について概説する。純 Cu に亜鉛（Zn）を添加した Cu 合金は黄銅（もしくは真鍮）と呼ばれる。実用的な Zn の添加量は 45%以下であり，38%以下では α（FCC）単相の状態で，それ以上の Zn 量では（$\alpha+\beta$）2 相組織を呈する。ここで β 相は bcc 構造である。図 7.7 は Cu-Zn の 2 元系状態図であり，468℃以下での β' 相は規則構造を呈する相で，この温度を境界として規則-不規則変態を起こす。この合金の特徴として，Zn 30%程度で伸び（延性）は最大値を示し，加工性は良くなる。一方で，$\alpha+\beta'$ の 2 相組織では Zn 40%で引張強度は最大を示すものの，伸びは小さくなり加工性は悪化する。一方で衝撃特性に優れ熱間加工性にも優れる特徴を呈する。そのために Zn 30%の 7-3 黄銅は主に冷間加工のプレス成形用として使用され，一方で Zn 40%の 6-4 黄銅は熱間加工または鋳造用として使用される。

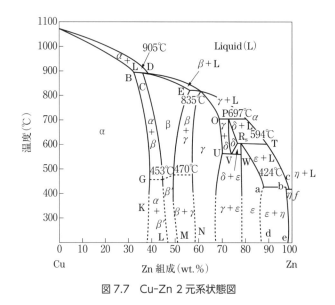

図 7.7　Cu-Zn 2 元系状態図

　もう一方の代表的な Cu 合金として青銅がある。これは Cu-Sn 系の合金であり，鋳物を製造しやすく，耐食性も優れるために，軸受などの機械器具用の部品のほか，装身具，貨幣や仏像などにも使用される。図 7.8 に Cu-Sn 2 元系状態図を示している。Sn 量に依存して α（FCC），β（BCC），γ の固溶体相と δ, η, ε の金属間化合物相が存在する。この状態図では $\beta \rightarrow \alpha+\gamma$，$\gamma \rightarrow \alpha+\delta$, $\delta \rightarrow \alpha+\varepsilon$ の共析変態がある（$\delta \rightarrow \alpha+\varepsilon$ の変態は通常の冷却過程では起こらないと考えてよい）。実用的には，α の単相領域と $\alpha+\delta$ の 2 相領域の組成が使用され，δ 相は脆性的なので実用的には Sn 量が 4～12 wt%の組成の合金が使用される。α 相は塑性加工性に優れ，加工性に優れる青銅は Sn 量が 10 wt%以下の組成の合金が使用される。鋳造用の合金では Sn 量が増加した組成を使用し，Sn が 8～12 wt%含有する合金を砲金，また Sn 10 wt%-Zn 2 wt%

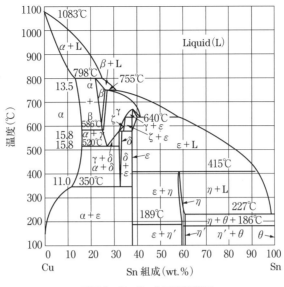

図 7.8　Cu-Sn 2 元系状態図

の合金をアドミラルティ砲金という。いずれも強度が高く，耐食性に優れるために機械工業用に広く使用されている。また，Sn が 13〜18 wt％の合金では，軟質な α 相の周辺を硬い δ 相で取り囲む組織形態であり，油のまわりが良く，軸受合金として使用される。これに鉛（Pb）を添加した軸受用鉛青銅もある。他には，時効硬化処理により強度を高める事のできる合金があり，Cu-Be 系，Cu-Ti 系，Cu-Cr 系，Cu-Ni-Al 系，Cu-Ni-Mn 系，Cu-Ni-Si 系等の合金がある。これらの合金では時効熱処理により高強度化とともに導電率が改善されるために電気・熱の伝導性が要求される材料に使用される。

7.4　チタンとその合金

チタン（Ti）は密度が 4.51 g/cm³ で，実用的な工業用金属材料の中ではマグネシウム（Mg）やアルミニウム（Al）に次いで軽量で，強度および耐食性に優れる利点を持つ金属材料である。また低ヤング率，非磁性であり生体適合性に優れる特徴も有す。

Ti の製造方法では，クロール法は最も有用な製造方法として位置付けられ，次の 3 つの工程を経て，純 Ti を製造している。第 1 工程は塩化工程であり，原料であるルチル（TiO₂）とコークスを約 1000℃ の流動炉に供給して，塩素（Cl₂）ガスを吹き込んでガス状の粗塩化チタン（TiCl₄）とする。第 2 工程は還元・分離工程であり，第 1 工程で得られた TiCl₄ を溶融マグネシウムの入った約 900℃ の還元反応容器内に滴下して，スポンジ状の Ti を分離して取り出す。第 3 工程は電解工程であり，第 2 工程の反応で生成した MgCl₂ を電解槽で Mg と Cl₂ に電気分解して，それぞれを還元工程および塩化工程にて改めて循環利用される。この工程により高純度な Ti を取り出す事ができるが，工程にかかるコストも高価である事も課題としてある。

Ti 合金は合金元素の種類・組成に依存して α（HCP）型，$\alpha+\beta$ 型，β（BCC）型に大別され，

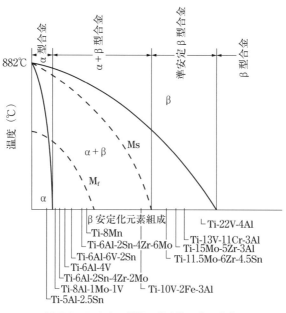

図 7.9　Ti 合金の分類と代表的な実用合金

用途に応じて製造される。**図 7.9** は β 安定化元素の組成に対する状態図上で実用化されている合金の種類についてまとめている。これより多種多様な Ti 合金が開発・実用化されている事がわかる。この Ti 合金の中で（α＋β）型の Ti-6Al-4V 合金は製造性の観点，また多様な組織制御が可能であり，機械的特性のバランスに優れる利点から合金全体の 7, 8 割のシェアを占めている。Ti 合金は航空機用を中心として化学プラント用，一般民生用から医療用まで応用は多岐にわたる。主な合金元素としては，Al, O などの α 安定化元素，Zr, Sn などの中性的元素，また V, Mo, Nb, Ta などの β 安定化元素がある。他にも Fe, Cr, Cu, Ni などの β 安定化元素があるが，これらは共析相として脆い金属間化合物を生成するために，添加する場合でも添加量に制限がある。Ti 合金において Al は最も重要な合金元素であり，更なる軽量化が図れ，α 相において著しく固溶強化される効果がある。また，β 安定化元素である V は，それ自体は高価ではあるが，製造にて Al-V 母合金を使用でき，また溶製で均質な組織が得やすいことから，最も使用される β 安定化用の合金元素である。Mo は β 相にて拡散速度が遅く，他の β 安定化元素と比較して耐クリープ特性に優れるために航空機エンジン用などの耐熱性が要求される合金に使用される。また Nb は耐酸化性を向上させる効果もある事から，Mo と同様に耐熱用の Ti 合金で使用・添加される。更に，この Nb を添加した Ti 合金は β 型 Ti 合金において形状記憶・超弾性特性や低弾性率化に寄与するために生体・医療用の Ti 合金で研究開発が 2000 年以降で盛んに行われている。一方で，この β 安定化元素として主要な V, Mo, Nb は非常に高価な元素であるために，より安価な Fe, Cr, Cu, Ni を最適に活用した合金開発に関心が寄せられている。

7.5　ニッケルとその合金

　ニッケル（Ni）は，原子番号 28，比重 8.9 g/cm^3 で，鉄（Fe）よりも重い銀白色の fcc 構造を呈す金属材料である。融点は 1452℃ であり，コバルト（Co）やタングステン（W）などとともに高融点金属材料に分類される。耐酸化性や耐食性をさらに向上させるために様々な Ni 合金がある。大きくは，Ni-Cu 系合金，Ni-Cr 系合金，Ni-Fe 系合金，Ni-Mo 系合金などに分類される。それぞれの特徴を概説する。Ni-Cu 系合金は全率固溶体であり，中性からアルカリ性の腐食溶液に対して優れた耐食性をもっている。また塩化物による応力腐食割れも抑制できる特徴もある。これらの性質から船舶，石油精製，海水淡水化装置，熱交換器など幅広く実用化されている。Ni-Cr 系合金は電気抵抗が高く，耐熱性に優れることから電熱用器具の抵抗線として使用され，代表的には耐酸化性にも優れた Ni-20Cr 合金のニクロム線と呼ばれる合金がある。Ni-Fe 系合金は，高い透磁率を有す磁性材料で，電磁石の芯などの電子機器や電磁波シールドの部品に使用され，代表的には PC パーマロイとよばれる合金がある。Ni-Mo 系合金は塩酸に強く，代表的にハステロイとよばれる合金があり，化学プラントや廃棄物処理の分野で使用されている。

　また Ni 合金では，700℃ を超えるような過酷な高温条件下で使用される Ni 基耐熱超合金がある。この超合金は耐酸化性の向上から Cr が 5〜20 wt.% 添加され，高温強度を向上させる目的で Al, Ti, Mo, W, Nb などの合金元素が添加される。これらの合金元素の添加量により，強化機構も析出強化型と固溶強化型に分けられ，それに依存して加工性や溶接性も変化する。析出強化型の合金では，Al や Ti の含有量が多く，析出強化相として金属間化合物である γ' 相が生成する。この γ' 相は Ni$_3$Al を基本とする金属間化合物であり，高温強化に寄与する。実用的なこの析出強化型の Ni 基超合金では FCC 構造の不規則な固溶体相（γ 相）と γ' 相が混合した相構成・組織を呈し，両者で格子定数も近く整合性を呈すために優れた高温強度が実現する。この析出強化型の合金はガスタービンの動翼などに使用され，一方向凝固などの精密鋳造法により製造される。一方で，Al や Ti の含有量が少ない固溶強化型の超合金は，鍛造加工が可能で鍛造超合金ともよばれる。この鍛造超合金では，結晶粒を微細化させることで疲労強度の向上が図られ，大型で高い信頼性が要求されるタービンディスク材などに使用される。

7.6　マグネシウムとその合金

　マグネシウム（Mg）の比重は 1.74 g/cm^3 で，実用金属材料の中では最も軽量で，放熱性，振動減衰能，切削性，耐くぼみ性などにも優れ，自動車用から電子機器の筐体部へと応用は多岐にわたる。特に最近では，プラスチックあるいは鉄鋼，Al 合金に代わる軽量でリサイクル性に優れた材料として欧米では自動車部品への適用が活発化している。ここで自動車用部品への適用先では，ハンドルの芯金，インスツルメントパネル，シートフレームなどの内装品やトランスミッションケース，オイルパンなどの耐熱性が要求されるパワートレイン系の部品，ま

た自動二輪車のリアシートフレームなどがある。

　実用されている Mg 合金のほとんど（Mg-Li 系合金を除いて）は主相が HCP であり，転位すべり系の活動が限定され室温での塑性加工性は乏しい欠点がある。そのため鋳造加工で製造される場合が多く，特に，Mg 合金は一般に鋳造用 Mg 合金と展伸用 Mg 合金に分けられる。代表的な Mg 合金では Mg-Al 系，Mg-Zn 系，Mg-Zr 系，また Mg-RE 系がある。Mg-Al 系合金は最も代表的で，Al を 9 wt.%および Zn を 1 wt.%添加した合金は AZ91 合金と呼ばれ機械的特性および鋳造性などのバランスに優れており，最も使用されている合金である。構成相は HCP 固溶体相と β-Mg$_{17}$Al$_{12}$ 化合物が共晶反応で生成して，溶体化時効処理と併せて粒内への均一析出を施し強化を図る。Mg-Zn 系では Zn の HCP 相への固溶強化と MgZn の析出強化により強化される。更なる機械的特性の向上を図り，Zr の添加により結晶粒微細化を施す。この Mg-Zn-Zr 系合金では例えば ZK61A の合金系がある。これは自動車用のホイールなどにも使用されており，最大の比強度を持つ合金の 1 つである。Mg-Zr 系合金では 0.5〜1.0 wt%の少量の Zr の添加でも結晶粒微細化に寄与される。耐熱用 Mg 合金としてクリープ特性を向上させるために希土類元素（RE）を添加した Mg-RE 合金がある。ここで主な RE として希土類元素の構成比が Ce50%，La25%，Nd20%，Pr5%の合金であるミッシュメタルと Nd が80%以上の合金であるジジムがある。ダイカスト鋳造用の Mg 合金では鋳造性や耐食性を向上させるために Al と Mn が添加され，その他に Zn, Si, RE が添加される。ダイカスト用の Mg 合金として代表的には Mg-Al-Zn 系（AZ91D），Mg-Al-Mn 系（AM60, AM50, AM20），Mg-Al-Si 系（AS41, AS21），Mg-Al-RE 系（AE42）の 4 種類の合金系がある。

　展伸用の Mg 合金では，Mg-Al-Zn 系，Mg-Zn-Zr 系および Mg-Mn 系があり，加工性の観点から添加元素量が少なくなっている。代表的には，Al が 3 wt%，Zn が 1.0 wt%，Mn が 0.15 wt%添加されている AZ31C 合金や，同様な構成で Al が 6.4 wt%添加されている AZ61A 合金などがある。最近では特異なキンク強化の強化機構を発現して著しく高強度化された長周期積層構造型 Mg 合金（遷移金属と希土類金属の複合添加）が日本発で開発され，注目を浴びている（河村能人（2005），未来材料，5(3), p.38.）。

7.7　形状記憶合金

　針金をくの字に曲げると，屈曲部には転位が導入され，塑性変形に至る。このまま何もしなければ形状が変化することはない。形状記憶合金とは，その名の通り形状を記憶する合金であり，大きなひずみを導入しても形状が元に戻る性質を持つ。形状記憶特性を持つ合金は数十種類あるが，実用事例のほとんどは TiNi 合金である。これは，TiNi 合金が他の形状記憶合金に比べて形状記憶効果や超弾性特性に加えて，強度，耐食性，耐摩耗性や冷間成型性にも優れているためである。TiNi 合金は Ti 原子と Ni 原子が 50 at.%ずつ混ざった金属間化合物であり，母相は B2 構造である。これを室温で変形させ，その後温めると変形前の形状に戻る。このような性質を「形状記憶効果」と呼ぶ。形状記憶効果は原子レベルでの結晶構造変化（相変態）がもたらしており，相変態を理解する必要がある。

　固相から固相への相変態は大きく分けて拡散型相変態と無拡散型相変態（変位型相変態とも
呼ぶ）がある。拡散型相変態は結晶を構成している原子が周囲の原子との結合を切り，ばらば
らに動き回って，異なる結晶構造へと変態する。一方無拡散型相変態は原子間の結合を切るこ
となく，それぞれの原子が少しずつ移動し，新たな結晶構造を形成する。形状記憶合金が示す
特徴的な性質は無拡散相変態の一種であるマルテンサイト変態（Martensitic Transformation）
が大きな役割を果たしている。

　図 7.10 に形状記憶効果の過程における結晶構造の変化を示している。形状記憶合金は高温
では母相（TiNi の場合 B2 構造），低温ではマルテンサイト相となる。母相から冷却中に原子
がせん断的に連携運動して平行四辺形のようなつぶれたマルテンサイト相へと変態する。三次
元では空になったティッシュ箱をつぶすイメージである。この時に個々の原子が動く距離はと
ても小さく 1 億分の 1 cm 程度であるが，非常に多くの原子が一斉に連携して同様に動くと，
原子団の動きは目に見えるサイズにもなる。ティッシュ箱を同じようにつぶしたとしても，い
ろいろな向きにつぶすことができる。このようにマルテンサイト変態によって同じ結晶構造で
あっても形成された向きが異なる領域ができる。これを兄弟晶という。兄弟晶同士は双晶の関
係になっており，界面は双晶境界と呼ばれる。このとき，互いのひずみを打ち消し合うように
兄弟晶が形成されるため，外形はほとんど変化しない。これをひずみの自己調整という。ひず
みが自己調整され，母相と同じ形状のマルテンサイト相に応力が負荷されると，双晶界面が移

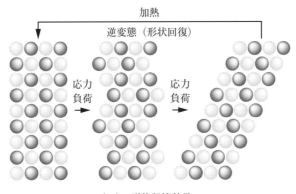

（a）　形状記憶効果

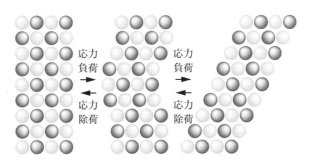

（b）　超弾性

図 7.10　形状記憶効果と超弾性

動し，兄弟晶の向きが変化できる。結果として全体の形状を変化させられる。形状記憶合金の大きな特徴は，双晶境界が非常に動きやすく，これによってマルテンサイト相を容易に変形できることである。形状変化後に母相に戻る温度よりも高温にすると，マルテンサイト相は母相へと逆変態する。このとき，すべての兄弟晶はもとの母相の状態にもどるため，形状回復が可能となる。双晶変形によるひずみ導入にも上限があり，これ以上変化させると，マルテンサイト相も他の金属と同様に転位によるすべり変形が生じ，もちろん形状回復は示さない。TiNi合金では約8%の形状回復ができる。

形状記憶効果は低温のマルテンサイト相を変形し，加熱することで形状回復させる。一方で，母相の状態で変形させたとき，応力によってマルテンサイト変態を誘起させることができる。これを応力誘起マルテンサイトと呼ぶ。応力誘起マルテンサイト相は応力が除荷されると，母相へと逆変態し形状回復できる。これを超弾性と呼ぶ。

形状記憶合金は航空機油圧配管などのパイプ継手として応用されたのをはじめ，エアコン吹き出しのフラップ，混合水栓などの製品に実用されている。これらは形状記憶効果を利用したものである。超弾性を利用した製品には1981年に実用化された眼鏡フレーム，ブラジャー用のワイヤ，携帯電話用のアンテナがある。また，歯列矯正用ワイヤ，カテーテル用のガイドワイヤ，超弾性合金ステントなどの医療用デバイスとしての応用も盛んに行われており，今後のさらなる発展が期待されている。

7章　章末問題

7.1 （鉄鋼材料）

（1）　Fe-Fe$_3$C 系状態図を描き，各変態点の温度，フェライトおよびオーステナイトの最大炭素固溶度を示せ。また，亜共析鋼を A$_3$ 線以上の温度から徐冷していき，A$_1$ 点直上の温度に到達した際の未変態オーステナイト中の C 濃度はいくらになるかを答えよ。

（2）　（鉄鋼材料の熱処理と力学的性質）炭素鋼の熱処理における焼きなまし，焼きならし，焼入れおよび焼戻しについて，それぞれの加熱温度，冷却方法および目的について説明せよ。

7.2 （アルミニウムとその合金）

　アルミニウム合金において熱処理による高強度化を図る場合には，鉄鋼材料とは異なり，高温から焼入れを行なった後に時効処理を施す必要がある。単に焼入れ処理だけでは高強度化しない理由を説明せよ。

7.3 （銅とその合金）

　Cu は含有する酸素量によって大きく 3 種類に大別される（タフピッチ銅，りん脱酸銅，無酸素銅）。これらの 3 種類の銅について特徴を説明せよ。

7.4 （チタンとその合金）

　Ti 合金における代表的な合金元素についてどのような元素があり，どのような特徴を示すか説明せよ。

7.5 （ニッケルとその合金）

　Ni-Cu 系合金および Ni-Cr 系合金の特徴について説明せよ。

7.6 （マグネシムとその合金）

　Mg-Al 系合金で代表的な AZ91 合金の特徴について説明せよ。

7.7 （形状記憶合金）

（1）　形状記憶効果と超弾性の形状回復メカニズムの違いを説明せよ。

（2）　Fe-C 合金のマルテンサイト相は TiNi 合金のような形状記憶効果は示さない。このことについて考察せよ。

_第8_章 材料の力学的性質と機能 （2）セラミックスと高分子

8.1 セラミックスの弾性率と硬度

　セラミックスの機械的特性を表す重要な物性の一つとして弾性率がある。弾性率は固体の結晶構造や原子間結合力に強く依存し，他の物性とも関係があるため，セラミックスの機械的特性を左右する最も基本的な物性であるといえる。実際，イオン結合よりも共有結合の方が強い結合力を持ち，イオン結合性の高い酸化物セラミックスよりも共有結合性の高い窒化物や炭化物セラミックスの方が高い弾性率をもつ場合が多い。また，弾性率と同様に原子間結合力に強く依存している物性として，硬度が上げられる。硬度には，結合力以外にもそのセラミックスが持つ粒径などの微細組織も影響する。

8.1.1 セラミックスの弾性率

　セラミックスのような脆性材料は応力を受けると，**図 8.1** に示されるように，塑性変形をほとんど起こさず，弾性変形後に破断する。そのため，通常の曲げ強度試験では，破壊までに作用している応力を取り除くと変形は完全に元に戻る。弾性変形では，弾性ひずみの大きさ ε は加えられた応力 σ に比例する**フックの法則**に従う。

$$\sigma = E\varepsilon \tag{8.1.1}$$

E は比例定数であり，ヤング率に相当する。

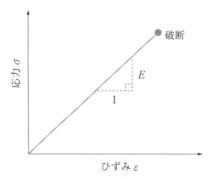

図 8.1　応力とひずみの関係

　一般的なセラミックスは，異方性のない多結晶体である場合が多い。そのため，弾性論的には当方均質体として扱うことができる。等方均質体には次の様な弾性率が存在する。

ヤング率（縦弾性係数）　図 8.2（A）に示すような縦方向の短軸引張り，または圧縮の負荷応力に関する弾性率のことである。x 軸方向に引張応力 σ_x が作用すると，試料の伸びは ε_x となる。このとき，ヤング率 E は次の様に表され，フックの法則の傾きに相当する。

$$E = \frac{\sigma_x}{\varepsilon_x} \tag{8.1.2}$$

セラミックスの弾性率は，ヤング率で表されることが多い。

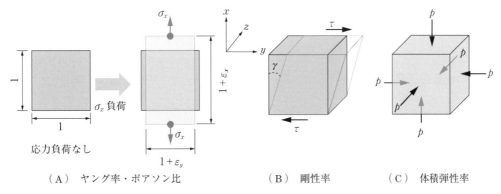

（A）　ヤング率・ポアソン比　　　　（B）　剛性率　　　（C）　体積弾性率

図 8.2　変形と弾性率の関係

ポアソン比　図 8.2（A）に示すように，x 軸方向にサンプルを引っ張ると，引張方向にサンプルは ε_x だけ伸びるが，その垂直方向にあたる y 軸方向の長さは ε_y だけ縮む。x 軸方向の引張りによって発生したひずみ ε_x に対して，垂直方向に誘起されたひずみ ε_y（または ε_z）の比をポアソン比という。垂直方向の成分を y と z とすると，$\varepsilon_y = \varepsilon_z$ となりポアソン比 ν は次の様に表される。

$$\nu = -\frac{\varepsilon_y}{\varepsilon_x} = -\frac{\varepsilon_z}{\varepsilon_x}$$

ε_y と ε_z は ε_x と符号が逆であるため，計算式には負の符号がついているが，ポアソン比の値は正の値である。ポアソン比は伸びにより体積変化が無い場合は 0.5 となるが，通常はこれより小さく，一般的な金属やセラミックスでは 0.2〜0.35，プラスチックでは 0.3〜0.4 を示すことが多い。

剛性率　材料のせん断応力に対する変形しにくさを示す値である。図 8.2（B）に示すように，立方体試料にせん断応力 τ が作用すると，せん断歪み γ が生じる。このとき，剛性率 G は次の様に表される。

$$G = \frac{\tau}{\gamma} \tag{8.1.3}$$

体積弾性率　一様圧力下における単位立方体の体積の弾性的変化の割合を表す値である。図 8.2（C）に示すように，立方体の全面に一様な圧力 p が作用すると，立方体の体積 V が ΔV だけ減少する。このとき，体積ひずみを $\Delta V / V$ とするとき，体積弾性率 K は次の様に表される。

$$K = -\frac{p}{\dfrac{\Delta V}{V}} \qquad (8.1.4)$$

これら4つの弾性率のうち，独立しているものはヤング率とポアソン比であり，剛性率と体積弾性率は次のように表される。

$$G = \frac{E}{2(1+\nu)} \qquad (8.1.5)$$

$$K = \frac{E}{3(1+2\nu)} \qquad (8.1.6)$$

8.1.2　セラミックスの硬度

　材料の硬さを表す硬度は，材料の局所的な領域に加えられる圧縮応力により生じる永久変形への抵抗値を示したものである。変形への抵抗であることから，固体の化学結合の強さが大きく影響する。これは，弾性率と同じであり，硬度とヤング率は比例関係を示すと言われている（**表8.1**）。しかしながら，弾性率は構成相の組成に大きく依存しているのに対し，硬度は構成相の組成以外にも粒径などの微細組織にも影響受けることが分かっている。つまり，弾性率は構成相が同じなら，粒径が異なってもほぼ同じ値を示すが，硬度は構成相が同じでも粒径が異なると若干違う値を示すことがある。これは，硬度試験では，圧子をサンプルに押し込んだときにできる圧痕直下の変形領域の形成に粒径が関係するからである。つまり，金属ではHall-Petch効果により（社）日本材料学会，『改訂 材料強度学』，2005），粒径が細かいと転移の動きが抑制されるため，圧痕直下の変形領域が発達せずに硬度が上昇する。ヤング率ではこのような差は数値では表れない。

表8.1　セラミックスのヤング率と硬度

セラミックス	ヤング率 GPa	硬度 GPa
SiC	400	21
Al_2O_3	389	19.3
Si_3N_4	323	15.2
AlN	319	12.7
3Y–ZrO_2*	210	12.3

*3 mol% Y_2O_3 を固溶した正方晶 ZrO_2

　また，セラミックスにおいても同様に，粒径の減少とともに硬度が上昇する関係がある。しかしながら，室温で転移が動きにくいセラミックスでは，金属と同様のHall-Petch効果の寄与が大きいとは言い難い。セラミックスでは，粒径が大きくなるほど硬度試験によって圧痕直下にできる粒界割れや双晶変形などの変形領域が，より低加重で発生することがわかっている。そのため粒径が小さくなるとこのような変形が起こりにくくなり硬度が上がることもある（A. Fischer-Cripps *et al.* (1996), *J. Am. Ceram. Soc.*, **79**, pp. 2609–2618）。

硬度の測定法としては，ブリネル硬度，マイヤー硬度，ビッカース硬度，ロックウェル硬度などがあるが，ここでは金属やセラミックスの硬度測定に広く使われているビッカース硬度試験について説明する。ビッカース硬度試験には，図 8.3 に示すような対面角 136° のダイヤモンド四角錐圧子（ビッカース圧子）を用いて，研磨された試料表面に，押し込み荷重（F）9.8〜980 N（1〜100 kg）を負荷することにより行う。押し込み荷重を試験片にできたくぼみ（圧痕）の対角線の長さ d から算出される圧痕の表面積で割った次の式でビッカース硬度 H_v（GPa）は示される（西田俊彦/安田榮一（1986），『セラミックスの力学的特性評価』，日刊工業新聞社）。

$$H_v(GPa) = \frac{2 \cdot 9.8 \cdot F \sin(136°/2)}{d^2} \tag{8.7}$$

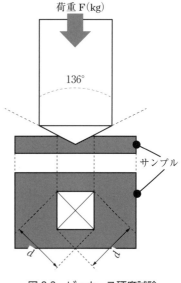

図 8.3　ビッカース硬度試験

8.2　破壊強度

先に，固体を構成する原子の結合力が弾性率や硬度に強く依存するという話をしたが，強度もその一つである。構造物としては存在し得ないが，傷や欠陥が全くない材料が存在するのであれば，その材料の強度は構成される原子の結合強度によって決まるはずである。このような欠陥の存在しない材料の強度を理想強度と呼ぶ。しかしながら，材料には原子間距離より大きな潜在的な欠陥が存在するため，理想強度の 1/100〜1/10 になることが多い。以下に，理想強度や脆性材料における破壊強度について説明する。

8.2.1　理想強度

理想強度 σ_{max} は，固体を構成する原子間の結合を引き離すために必要な応力である。原子間に働く力は，原子間のポテンシャルをその距離で積分したものである。図 8.4（A）は 2 つの原子間の相互作用ポテンシャルエネルギーを表したレナード-ジョーンズポテンシャルの模式図を表している（藤代亮一　訳（1990），『バーロー物理化学』，東京化学同人）。平

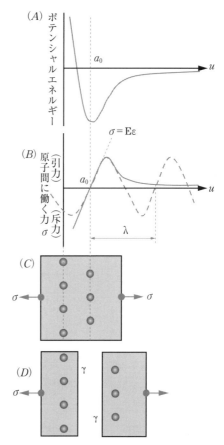

図 8.4　原子間に働く力と破壊

衡原子間距離を a_0 とすると，原子間距離 u がそれより短い $u<a_0$ の場合は，原子間を広めようと反発の力が働き，長い $a_0<u$ の場合は，原子同士が引き離されまいと原子間に引力が働く。u と原子間に働く引力 σ の関係は，u が a_0 に近い位置で広がって行く場合は上昇するが，広がりすぎると引力が及ばなくなり，極大を経て減少していく。この原子が引き離されるまでに使われるエネルギーが，破壊が起こるために必要なエネルギーである。そして，このエネルギーは，原子が引き離されることによって新しく表れた2つの表面のもつ表面エネルギー源 $\gamma \times 2$ に等しいと考えることができるので，

$$2\gamma = \int \sigma du$$

と表すことができる。この原子間に働く引力 σ と平衡原子位置からのずれ（原子間距離 u）の関係は，図8.4（B）に示すように u を変数とする正弦波関数によって近似できる。波長を λ とする正弦波関数によって σ を定義すると次のようになる。

$$\sigma = \sigma_{\max} \sin\left(\frac{2\pi u}{\lambda}\right) \tag{8.2.1}$$

この関数は $0<u<\lambda_0/2$ のときに正の値をとるため，

$$2\gamma = \int_0^{\gamma/2} \sigma du = \int_0^{\gamma/2} \sigma_{\max} \sin\left(\frac{2\pi u}{\lambda}\right) du = \frac{\lambda \sigma_{\max}}{\pi} \tag{8.2.2}$$

となる。また，式（8.2.1）は，u が十分小さなとき

$$\sigma \fallingdotseq \sigma_{\max} \frac{2\pi u}{\lambda} \tag{8.2.3}$$

と表せる。u が小さなときは，フックの法則も成立するので $\sigma = E\varepsilon = E\dfrac{u}{a_0}$ となり，

$$\lambda = \frac{2\pi a_0 \sigma_{\max}}{E} \tag{8.2.4}$$

と表される。これを式（8.2.2）に代入すると，理想強度 $\sigma_{\max}$ は，

$$\sigma_{\max} = \sqrt{\frac{\gamma E}{a_0}} \tag{8.2.5}$$

となる（小林英男（1993），『破壊力学』，共立出版，星出敏彦（1998），『基礎強度学』，内田老鶴圃）。この理想強度は，化学結合力に強く依存しているヤング率と比較されることが多く，ヤング率のだいたい $1/10$～$1/5$ に相当する非常に高い値となる。このような理想強度は，欠陥のない単結晶で達成される値であり，実在する材料では，原子間距離 a_0 よりも大きな傷や欠陥が存在するため，その強度は理想強度の $1/100$～$1/10$ 程度になってしまう。例えば，アルミナのヤング率は390 GPa で，計算される理想強度は40 GPa 程度である。一般的な多結晶体アルミナの強度は350～1000 MPa であることから，通説とほぼ良い一致を示している。しかしながら，試験片体積を小さくすることによって，潜在的に内部に存在する欠陥を少なくし，理想強度に近い条件にすることができる。微細な柱状単結晶であるアルミナウイスカの強度は，理想強度に近い20 GPa を示すものもあり，この式の妥当性がうかがえる。

8.2.2　セラミックスのエネルギー解放率と強度

　上述したように理想強度は欠陥のない単結晶材料に当てはまるものであり，一般的な多結晶材料では実現できない。ここでは，金属のように転位がよく動き，大きな延性を示す材料でなく，図 8.1 のように破壊までに塑性変形をほとんど伴わない脆性材料（セラミックスなど）の強度について説明する。

　実在する材料中には，原子間距離 a_0 より遙かに大きいき裂が存在し，そのき裂の大きさによって，その材料の強度は大きく左右される。いま，**図 8.5** に示すような無限平板中に長さ $2a$ のき裂がある状態を想像する。この材料に σ という引張応力を加えたとき，き裂がある長さ da だけ成長したとすると，そのときに解放されるエネルギー（エネルギー解放率 g）つまりき裂成長に要するポテンシャルエネルギー dU/da は，き裂の新生面に関する表面エネルギー dW/da 以上になると考えられる。

$$g = \frac{dU}{da} \geq \frac{dW}{da} \tag{8.2.6}$$

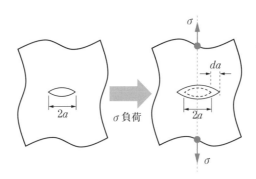

図 8.5　無限平板中でのき裂進展の模式図

このポテンシャルエネルギーには，位置エネルギーや弾性ひずみエネルギーが考えられるが，破壊までに大きな変形を伴わない脆性材料においては，き裂の進展に伴って解放される弾性ひずみエネルギーとして次の式で表される。

$$\frac{dU}{da} = \frac{\pi a \sigma^2}{E} \tag{8.2.7}$$

表面エネルギーを γ とすると，長さ $2a$ のき裂の上下面合わせた全表面エネルギーは $4a\gamma$ となるが，長さ $2a$ のき裂には左右の 2 箇所からき裂進展が起こるため，1 箇所当たりの表面エネルギーに直すと，以下の様に $4a\gamma$ の半分になる。

$$W = 2a\gamma \tag{8.2.8}$$

き裂新生面の表面エネルギー dW/da は，

$$\frac{dW}{da} = 2\gamma \tag{8.2.9}$$

と表すことができる。式（8.2.7）と式（8.2.9）を式（8.2.6）に代入すると

$$\frac{\pi a \sigma^2}{E} \geq 2\gamma \iff \sigma \geq \sqrt{\frac{2E\gamma}{\pi a}} \tag{8.2.10}$$

が得られる。これが**グリフィスの式**とよばれるものに相当し，この式から脆性材料ではき裂寸法が短いほど，またヤング率や分子間力（表面エネルギーは分子間力と密接に関係）が高いほど，強度が高くなることがわかる。

　また，後の式（8.3.10）で出てくるが，$\sqrt{2E\gamma}$ は破壊靭性値 K_C とすることができることから，

$$\sigma \geq \frac{K_C}{\sqrt{\pi a}} \tag{8.2.11}$$

となり，靭性の向上によっても強度が上昇することがわかる。

8.3 セラミックスの靭性

　セラミックスの破壊試験をした後に，その破面を観察すると，破壊源として不純物や気孔が確認される場合が多い，つまりこの破壊源からき裂が発生し，破壊に至っているということになる。このことからも，き裂と破壊の関係を理解することは重要である。この関係を表す重要な物性値として，き裂の進展に対する抵抗値を表した破壊靭性 K_c がある。式（8.2.11）からもわかるように，き裂寸法 a_0 が同じなら，破壊靭性が高い材料の方が高強度を示すことがわかる。このように，材料の機械的特性を予測する上で，破壊靭性を理解することは必要不可欠である。

8.3.1　き裂先端近傍の応力場

　き裂を含む物体に作用する外力の状態は複雑ではあるが，き裂が二次元の平面形状であると考えると，外力の負荷状態は**図 8.6** の様な 3 つの基本的なモードに分類される。それらは，モードⅠ：開口モード，モードⅡ：面内せん断モード，モードⅢ：面外せん断モードと呼ばれており，脆性材料の破壊において本質的なモードはモードⅠになる。いま，き裂のある材料を考えたとき，**図 8.7** の様にき裂先端近傍の座標 A は r と θ で表すことができる。

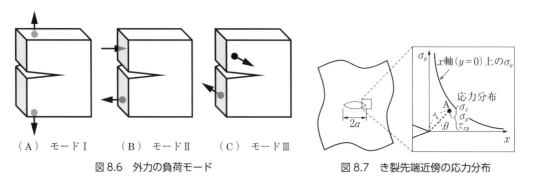

（A）モードⅠ　　　（B）モードⅡ　　　（C）モードⅢ

図 8.6　外力の負荷モード　　　　　　　図 8.7　き裂先端近傍の応力分布

　このき裂先端近傍の座標には σ_{ij} の応力が働き，モードⅠの応力負荷状態における応力拡大係数 K_I を用いて，

$$\sigma_{ij} = \frac{K_I}{\sqrt{2\pi r}} f_{ij}(\theta) \tag{8.3.1}$$

と表すことができる。三次元的な試験片では，σ_{ij} として 6 個の応力成分 σ_x，σ_y，σ_z，τ_{xy}，τ_{yz}，τ_{zx} は次の様になる。

$$\sigma_x = \frac{K_I}{\sqrt{2\pi r}} \cos\left(\frac{\theta}{2}\right) \left\{ 1 - \sin\left(\frac{\theta}{2}\right) \sin\left(\frac{3\theta}{2}\right) \right\},$$

$$\sigma_y = \frac{K_I}{\sqrt{2\pi r}} \cos\left(\frac{\theta}{2}\right) \left\{ 1 + \sin\left(\frac{\theta}{2}\right) \sin\left(\frac{3\theta}{2}\right) \right\}, \tag{8.3.2}$$

$$\tau_{xy} = \frac{K_I}{\sqrt{2\pi r}} \cos\left(\frac{\theta}{2}\right) \left\{ \sin\left(\frac{\theta}{2}\right) \cos\left(\frac{3\theta}{2}\right) \right\},$$

平面歪み状態の場合　$\sigma_z = \nu(\sigma_x + \sigma_y)$, $\tau_{zx} = \tau_{yz} = 0$,

平面応力状態の場合　$\sigma_z = \tau_{zx} = \tau_{yz} = 0$。

このように，き裂近傍の r と θ で表される座標点において，6 つの応力成分が発生しているが，試験片が薄い平面応力状態にある場合は，重要な応力成分は σ_x，σ_y，τ_{xy} となる。これらの応力成分を用いて，き裂先端近傍の各座標点の応力分布を表すことができる。

8.3.2　応力拡大係数と破壊靱性

　材料中のき裂を弾性論的に扱うと，図 8.7 のように，き裂先端（$r = x = 0$）での開口方向に働く応力成分 σ_y は無限大となり，き裂先端の応力場を適切に表すことができない。そのために定義された値が応力拡大係数 K である。すでに，上記の式（8.3.1），（8.3.2）で表されている。いま，**図 8.8**（A）のように長さ $2a$ を有する無限平板が，遠方でき裂の垂直方向に応力 σ を受けているときの応力拡大

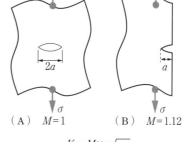

（A）$M = 1$　　（B）$M = 1.12$

$$K_I = M \times \sigma\sqrt{\pi a}$$

図 8.8　応力拡大係数の補正

$$K_I = \sigma\sqrt{\pi a} \tag{8.3.3}$$

係数 K_I は次の式で表される。

　これより，応力拡大係数はき裂長さと応力によって決まる値であり，単位は破壊靱性と同じ MPa$\sqrt{m}$ となる。また，き裂に作用する応力 σ や，き裂寸法である $2a$ が大きくなると，応力拡大係数が大きくなり，やがて破壊靱性値 K_{IC} に達する。そうなると，き裂は伝搬し破壊に至ることから，破壊強度 σ_C は式（8.3.3）から

$$\sigma_C = \frac{K_{IC}}{\sqrt{\pi a}} \tag{8.3.4}$$

と書くことができる。これは，式（8.2.11）と同様と見なせる。応力拡大係数は，無限平板中にき裂が存在する場合は，最もシンプルな式（8.3.3）で表されるが，これと試験片形状が異なる場合は，補正係数 M が必要になる。

$$K_I = \mathrm{M} \times \sigma \sqrt{\pi a} \tag{8.3.5}$$

図8.8（A）の場合，$M=1$ となるが，き裂が図8.8（B）のように試験片端面にある場合は，き裂の全長が $2a$ となるのではなく a となり，補正係数 $M=1.12$ となるため，応力拡大係数は，

$$K_I = 1.12 \times \sigma \sqrt{\pi a} \tag{8.3.6}$$

で計算されることになる。

8.3.3　エネルギー解放率と応力拡大係数

　き裂が単位長さだけ進んだときに解放されるポテンシャルエネルギーをエネルギー解放率 g として表すことができることを式（8.2.6）に示した。き裂が進むときには，き裂先端近傍の高い応力場を切断するため，エネルギー解放率 g が応力場を表す式（8.3.1）で用いられている応力拡大係数 K と関係していることがわかる。エネルギー解放率は，き裂近傍の応力と変位の積を用いて，モード I では

平面応力状態　　　$g = \dfrac{K^2}{E}$ \hfill (8.3.7)

平面ひずみ状態　　$g = \dfrac{(1-\nu^2)K^2}{E}$ \hfill (8.3.8)

式（8.2.6）と式（8.2.9）から

$$g = 2\gamma \tag{8.3.9}$$

であり，式（8.3.7）を代入し，K が K_c に達したときを考えると，

$$K_c = \sqrt{2E\gamma} \tag{8.3.10}$$

となり，式（8.2.11）が成立することがわかる。

　以上のように強度と靱性について説明した。式（8.3.4）からは，靱性値 K_{Ic} が上がると強度 σ_c も上がることが予想されるが，実際の材料においては両方を同時に上げることは難しい。例えば，セラミックスにおいては靱性を向上させるために，粒成長させたり，柱状粒子を添加したりするが，高強度材料ではき裂寸法 a が粒子径に依存するため，K_{Ic} が上昇しても裂寸法 a が増大し，強度が低下することが多い。このような強度と靱性の関係は，セラミックスばかりでなく同様に金属でも起こり，多くの研究者の間で長年取り組まれている問題といえる。

8.4　高分子材料の力学的性質

　高分子材料の特徴は，分子構造だけではなく，分子鎖の凝集構造が高分子材料の物性に顕著な影響を与えることである。力学的な性質も，高分子鎖の高次構造によって大きく変化する。低分子材料と異なり，高分子材料は結晶化領域と非晶質領域からなり，ミクロスコピックに均

一ではない。一般に，結晶化率が高い高分子材料は剛直であり，非晶質の割合が高い高分子材料は柔軟である。また，高分子鎖の配向も力学的な性質に大きな影響を与える。延伸されたポリエチレンやポリアミド繊維は金属材料に匹敵する弾性率を示し，エンジニアリングプラスチックとして利用されるが，非晶質領域を含み，分子鎖が配向されていないポリスチレンなどの材料は汎用プラスチックとして使用されている。高分子鎖間の相互作用が弱く，架橋された高分子材料はゲル化したりゴム弾性を示したりする。分子のデザインや高分子鎖の凝集構造の制御により，広い範囲にわたって物性を変化できるのが高分子材料の特徴の一つである。例えば，高分子材料の弾性率は，200 GPa を超える高弾性率繊維から 10 kPa 程度の高分子ゲルまで，7 桁の範囲にわたっている。

　高分子を用いると，金属並みの高弾性率を実現できる一方で，ゲルやゴム弾性のようなソフトマターとしての性質を示す材料も作製できる。ソフトマターとしての高分子材料の特徴の一つは粘弾性である。高分子においては，応力緩和やクリープ現象など，ソフトマター特有の現象も観測され，ゴムや柔軟剤などの実用的な材料として活用されている。

8.4.1　弾性率と結晶弾性率

　高分子材料においても，金属材料やセラミックスと同様に応力−歪曲線より弾性率を求める。通常議論されるのは，引張り変形である。図 8.9 に高分子材料の典型的な応力-歪曲線を示す。応力が小さい場合は，それに比例したひずみが生じ，応力を除去すると，歪は消失する。弾性率 E は，下式で定義される。

$$E = \frac{d\sigma}{d\varepsilon} \tag{8.4.1}$$

　しかし，応力が弾性限界を超えると，応力を除いても変形は元に戻らない。この際の応力を降伏応力という。高分子材料は，金属材料やセラミックスに比べて降伏応力が低い。降伏応力を超えて応力を与えると，高分子材料は伸び続け，やがて破断する。破断する際の歪と応力を

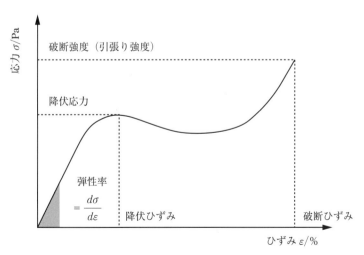

図 8.9　高分子材料の応力-ひずみ曲線

それぞれ，破断ひずみ，破断強度と呼ぶ。破断強度＞降伏応力の場合，破断強度は引張り強度と呼ばれる。

表8.2に典型的な高分子材料の弾性率を示す。前述したように，高分子の弾性率は分子構造だけではなく，高分子鎖の凝集構造や配向状態に強く依存する。芳香環からなる直線状の高分子鎖が一軸配向したポリフェニレンビスベンゾキサゾール（BPO）繊維，高分子鎖が水素結合で相互作用しながら一軸配向したアラミド繊維，分岐の少ない高分子量のポリエチレン鎖が一軸配向したポリエチレン繊維は金属並みの高い弾性率を示す。これらの高分子材料を延伸するには，C-C結合を引き延ばす必要があるため，弾性率は高い値になる。それに対して，ジグザグ型の主鎖構造をとるケブラーやらせん構造を形成するイソタクチックポリプロピレンでは，延伸の際に，C-C結合を延伸することなく，結合が回転して結合角が変化することにより主鎖を引き延ばすことができるため，弾性率は低めの値になる。

表8.2　主な材料の弾性率と引張り強度

材料	弾性率/GPa	引張り強度/MPa	材料	弾性率/GPa	引張り強度/MPa
無機材料			衣類用繊維		
アルミナ	400	120	ポリエステル	11	800
鋼鉄	206	1500	絹	10	2000
石英ガラス	73	6800	ビニロン	9	2500
アルミニウム	71	100	プラスチック		
高弾性率高分子			エポキシ樹脂	4	100
PBO繊維	350	4100	ポリスチレン	3	30
ポリエチレン	225	3000	ゴム	0.01	30
アラミド繊維	144	2300	ゲル	0.00001	1

結晶弾性率は，高分子結晶を分子鎖の方向に応力をかけた際の弾性率で，応力をかけた状態でのX線回折測定などで得られ，弾性率の上限に対応する。結晶性が高く，高分子鎖が一軸に配向した材料では，弾性率の実測値が結晶弾性率に近づく。高密度ポリエチレン，BPO繊維，ケブラーなどのアラミド繊維では，結晶弾性率に近い弾性率が実測値として得られている。

8.4.2　引張り強度

図8.9に示すように，引張り強度σ_{max}とは，高分子材料に引張変形を加えた際に試料が破断する応力をいう。破断強度＞降伏応力の場合は，引張り強度は破断強度に対応する。破断強度＜降伏応力では，最大応力になる。表8.2に主な高分子材料のσ_{max}を示す。一般的なプラスチックは0.02〜0.03 GPa，高強度ポリエチレンやケブラーのような高強度繊維で3 GPaを超えるものも開発されている。高強力鋼のσ_{max}が1.5 GPaなので，高分子材料も破断強度に関しては金属材料を超えるものが実現できていることになる。

弾性率に関しては，理論値に匹敵する高い値がいくつかの高分子材料で得られている。それに対して，化学結合の強度から理論的に得られるσ_{max}は30 GPaを超える値を示しており，測定値はそれよりも1桁低い。初期変形によって決まる弾性率と異なり，σ_{max}は破断直前の状態で測定される値であるため，構造欠陥の影響を強く受けるためと考えられている。

8.4.3 粘弾性

　金属材料やセラミックスとは異なり，高分子材料は弾性体としての性質と粘性体としての性質を兼ね備えており，粘弾性体とみなすことができる。弾性体・粘性体の判別は，一定のひずみを与えたときの応力緩和（応力の時間変化）の緩和時間による。緩和時間が観測の時間スケールに対して十分短ければ粘性体，長ければ弾性体，同等のスケールであれば粘弾性体としてあつかうことになる。

　粘弾性体の特徴は，応力緩和とクリープ現象である。応力緩和は材料に一定の歪をかけ続けたときに生じる応力が時間とともに減少していく現象である。プラスチックの棒を少し曲げても，手を離すと元に戻るが，大きく曲げたまま長時間放置すると，本当に曲がってしまう。はじめのうちは曲げるとそれに応じた反発力が発生するが，長時間その状態を保つと反発力は弱まり，最後は曲がってしまう。これは，高分子鎖が互いに滑って応力が緩和されるためである。応力緩和は，ばねとダッシュポットを直列に接続したマックスウェルモデルで説明される。ばねは加重がかかると直ちに伸び，加重が除去されると元に戻る。その変形挙動はフックの法則にしたがう（$E = \sigma/\varepsilon$）。ダッシュポットは粘性の高いオイルにピストンを挿入したもので，加重がかかるとゆっくりと伸びる。ばねと異なり，変形しても応力は発生しない。変形は粘度の式に従う（$\varepsilon = (1/\eta)\sigma t$）。

　図8.10（a）にひずみ一定下の応力の経時変化のグラフを示す。材料に一定のひずみ ε をかけて静置すると，まず，ばねが瞬時に伸び，σ_0 の応力が発生する。その後，ダッシュポットが徐々に伸び，それに応じてばねが縮む。それによって，ばねによって発生する応力が減少し，十分な時間が経ったのちには，応力は0になる。これが応力緩和に相当する。

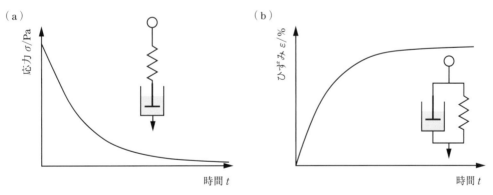

図8.10　高分子材料の（a）応力緩和と（b）クリープ現象

　ひずみ ε の時間変化は，次式で表される。

$$\frac{d\varepsilon}{dt} = \frac{1}{E}\left(\frac{d\sigma}{dt}\right) + \frac{\sigma}{\eta} \tag{8.4.2}$$

　ひずみ ε は一定なので，下式が成り立つ。

$$\int \frac{d\sigma}{\sigma} = -\int \frac{E}{\eta} \, dt \qquad (8.4.3)$$

この積分から,下式が得られる。応力は指数関数的に減少することがわかる。応力の減少の時定数は,η/Eで示される。これを緩和時間と定義する。

$$\sigma = \sigma_0 \exp\left(-\frac{E}{\eta} t\right) \qquad (8.4.4)$$

図8.10(b)に応力一定下のひずみの経時変化を示す。クリープ現象は,柔らかい材料に重りをぶら下げると,徐々に材料が伸びていく現象である。ビニルテープを強い力で引っ張った時のことを思い出せばよいであろう。ビニルテープは伸びて元に戻らなくなる。この現象も,高分子鎖が互いに滑ることによって発生する。

クリープ現象は,ばねとダッシュポッドを並列に接続したフォークトモデルで説明される。一定の応力σをかけて静置すると,ばねは瞬時に伸びるのだが,ダッシュポットが摩擦として働くため,全体の長さは徐々に伸びることになる。この際の応力σは下式で表される。

$$\sigma = E\varepsilon + \eta \frac{d\varepsilon}{dt} \qquad (8.4.5)$$

この微分方程式を解くと,下式が得られる。ひずみが一定の値に飽和していくことがわかる。

$$\varepsilon = \frac{\sigma}{E}\left[1 - \exp\left(-\frac{Et}{\eta}\right)\right] \qquad (8.4.6)$$

8.4.4　ゴム弾性

ゴム弾性とは,応力をかけると元の長さの何倍にも変形し,応力を除くと元に戻る性質のことである。物理学的には,弾性率が低く弾性限界が高いということになる。ゴム弾性を示す高分子材料の特徴は,**図8.11**(a)に示すように,架橋しており高分子主鎖のマクロブラウン運動が制限されていることである。また,ゴム弾性を示すのはガラス転移点よりも高温領域においてである。

ゴム弾性はエントロピー弾性といわれ,高分子鎖のエントロピーの増減がゴムの伸び縮みに関係している。図8.11(b)にゴムの伸縮に伴うエントロピー変化の模式図を示す。ゴムが伸び切った状態では,高分子鎖も直線状である。これは低エントロピー状態に対応する。それに対して,ゴムが縮んだ状態は,高分子鎖のコンフォメーションの自由度が増大しており,エント

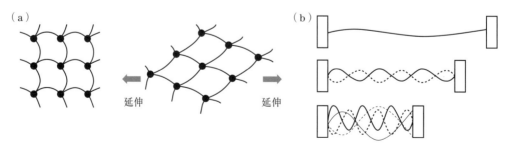

図8.11　(a)ゴムの網目構造　(b)ゴムの伸縮に伴うエントロピー変化の模式図

ロピーが高い状態になる。ゴムを伸ばすとエントロピーが減少し，応力を除去すると，エントロピーが増大するのでゴムが縮むことになる。そのため，ゴム弾性はエントロピー弾性とも呼ばれる。

　熱力学的には，エントロピーの増加 dS は，熱の出入り dQ に比例している。

$$dS = \frac{dQ}{dT} \tag{8.4.6}$$

　温度 T において，ゴムに外力 F をかけて dl だけ伸ばした時の内部エネルギー変化 dU は下式で表される。

$$dU = TdS + Fdl \tag{8.4.7}$$

　ゴム材料では，延伸の際には体積は変化しないので，ヘルムホルツの自由エネルギーを使用する。ヘルムホルツ自由エネルギー変化 dA は，

$$dA = dU - TdS - SdT = Fdl - SdT \tag{8.4.8}$$

とあらわされる。

$$F = \left(\frac{\partial A}{\partial l}\right)_T = \left(\frac{\partial U}{\partial l}\right)_T - T\left(\frac{\partial S}{\partial l}\right)_T \tag{8.4.9}$$

等温条件では，右辺第1項は無視できるので，外力は下式のようにあらわされる。

$$F = -T\left(\frac{\partial S}{\partial l}\right)_T \tag{8.4.10}$$

　引張り方向を正に取り，等温状態でゴムを延伸すると，$(\partial S/\partial l)_T < 0$ となる，すなわち，エントロピーが減少することがわかる。外力を取り除くと，エントロピー増大の法則に従い，ゴムは縮む。また，温度が高いほど，F が増加することから，ゴムに重りをぶら下げて加熱すると，ゴムが縮むことがわかる。

　ゴムを断熱状態で延伸すると，エントロピーが熱の形で放出されるため，発熱する。断熱状態では，$dQ = 0$ であるため，$dU = Fdl$ となる。ゴムの熱容量を C とすると，

$$dU = CdT + \left(\frac{\partial U}{\partial l}\right)_T dl \tag{8.4.11}$$

　これを変形すると，下式のようになる。

$$dT = \frac{1}{C}\left[F - \left(\frac{\partial U}{\partial l}\right)_T\right]dl = -\frac{T}{C}\left(\frac{\partial S}{\partial l}\right)_T dl \tag{8.4.12}$$

$(\partial S/\partial l)_T < 0$ なので，$dT > 0$，すなわち，発熱することになる。

8章　章末問題

8.1

（1）　Al_2O_3 焼結体のビッカース硬度試験を行なった。圧子の押し込み荷重 10 kg で 15 秒間保持した後，除荷後に表面にできた四角形の圧痕の対角線の長さを測定したところ 100 μm であった。この焼結体のビッカース硬度は何 GPa か求めよ。

（2）　ヤング率 390 GPa，表面エネルギー 25 J/m^2 の Al_2O_3 の無限平板に長さ 20 μm のき裂が存在している。この材料の無限遠方に最低何 MPa の引張応力がかかれば破壊するか求めよ。

（3）　Al_2O_3 無限平板中に全長 20 μm の貫通き裂が見つかった。この平板が軸方向に 500 MPa の応力をうけるときの応力拡大係数を求めよ。

（4）　破壊靱性 $3.5\ \mathrm{MPa}\sqrt{m}$ の Al_2O_3 無限平板中に全長 20 μm の貫通き裂が見つかった。この平板は軸方向に何 MPa の応力まで耐えられるか。

（5）　Al_2O_3 半無限平板の端部に全長 20 μm の貫通き裂が見つかった。この平板が軸方向に 500 MPa の応力をうけるときの応力拡大係数を求めよ。

8.2

（1）　ポリビニルアルコールの弾性率は 25 GPa で変形しやすいが，クリープ現象は顕著に起こらない。それに対して，高弾性率ポリエチレンの弾性率は 200 GPa を超え，変形しにくいが，クリープ現象は顕著である。分子構造の違いを意識して理由を説明せよ。

（2）　PBO 繊維の分子構造を調査し，高強度繊維を実現できる理由を説明せよ。

（3）　ゴムを加熱すると収縮するが，高分子鎖は加熱によってどのように変化するのか。簡単に説明せよ。

材料の熱的性質と機能

9.1 耐熱性

　一般的に構造材料と言われると，金属，セラミックス，有機樹脂が思い浮かべられる。この中で 100℃ 以上の高温で安定的に長時間使える材料となると，金属やセラミックスになるであろう。有機樹脂の中にもテフロンやポリイミドなど耐熱性の高いものは存在するが，無機材料の方がはるかに高い耐熱性を示す。耐熱性を左右する要因として，材料を構成する原子の結合強度が上げられる。これは 8 章でも述べた内容と似ており，有機材料では分子内は強い共有結合で構成されているが，分子間は弱いファンデルワールス結合で形成されている。結合が弱い部分は，温度が上昇すると熱振動によりさらに弱くなってくるため，機械的特性が低下する。これは無機材料にも当てはまり，金属結合を持つ金属材料よりも，より強いイオン結合や共有結合をもつセラミックスが高い耐熱性を示す。ここでは，耐熱材料として重要な役割を持っているセラミックスを例に挙げて，高温機械的特性について説明する。

9.1.1 高温強度と弾性率

　材料は温度が上がると，構成している原子が熱振動を起こし始める。この振動の運動エネルギーが結合強度を超えるもしくは近くなると，材料中に結合強度が弱い点ができる。これが欠陥と同様の働きをすることにより，式（8.2.11）から予想されるように破壊源（き裂）寸法 a が増大し，強度が低下することが予想される。

　また，強度に影響を与える因子としてヤング率の温度依存性について考えてみる。ヤング率 E については，体積弾性率 K における変化から類推できる。原子間に作用する力とポテンシャルエネルギーの関係から体積弾性率 K は，原子間距離 r_0 の 4 乗に反比例することが次の式で計算されている（Anderson, D., *et al.* (1970), *J. Geophysical Research*, **75**, pp. 3494-3500., 曽我直弘（1983），材料，**32**, pp. 229-236.）。

$$K = \frac{Az_1z_2(n-1)}{9mr_0^4} \tag{9.1.1}$$

ここで，A はマーデリング定数，z_1, z_2 は隣り合う原子同士の原子価，m は 1 分子の体積を r_0^3 で割った値，n は Born の斥力ポテンシャルにおけるベキ乗則の指数を表している。温度の上昇によって，原子は熱振動を起こし，原子間距離 r_0 が広がることから，体積弾性率は温度の上昇と共に低下することが分かっている。これより，式（8.1.6）との関係から，ヤング率 E も同様に低下することが推測される。絶対温度 T とヤング率 E の関係は，Wachtman らによって以下の式が提案されている。

$$E = E_0 - BT \exp\left(-\frac{T_0}{T}\right) \tag{9.1.2}$$

E_0 は 0 K でのヤング率に相当しており，B と T_0 は実験的に求められる材料固有の定数を表している。例えば，緻密なアルミナ焼結体では，B は 56 MPa/K，T_0 は 321 K が実験的に得られている（Wachtman, J., *et al.* (1961), *Physical Review*, **122**, 1754-1759.）。この式からも温度の上昇と共に，ヤング率が低下していくことがわかる。

ただし，高温側や物質の融点を超えると低下が大きくなることから，単なる絶対温度 T の変化ではなく，融点を考慮した T/T_m の変化でヤング率の低下を考える必要がある。特に，材料が不純物を含むときには高温域で不純物による融点の低下や拡散の促進により，**図 9.1** に示すような予想値からの減少が一層大きくなる。

以上，高温強度に影響を与える因子として，破壊源寸法，ヤング率の温度依存性に説明したが，破壊靱性の温度依存性も考慮する必要がある。破壊靱性 K_{IC} については，式 (8.3.10) から考えられるように，温度が上昇するとヤング率と共に低下することが考えられる。しかしながら，破壊靱性のより高温側の温度依存性に関しては，変化しないか上昇する傾向にある。金属においては高温による転位の動きやすさという点で理解しやすいが，脆性材料であるセラミックスにおいても，高温でき裂先端の応力緩和機構が働く。室温で転位がほとんど動かないセラミックスにおいても，イオン結合性の高い物質では高温で転位が動きやすくなったり，欠陥を介したイオンの拡散が活発になるため（小松和藏 共訳 (1981)，『セラミックス材料科学入門』，内田老鶴圃），金属同様，き裂先端の応力集中を緩和できると考えられる。そのため破壊靱性としては，図 9.1 に示すように，拡散が活発に起こるが，ヤング率が急な減少を示さない温度域で上昇傾向を示すと予想される。

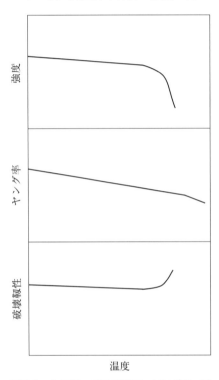

図 9.1 セラミックスの強度，ヤング率，破壊靱性の温度依存性モデル

9.1.2 耐熱衝撃性

材料の体積は温度が上がると，熱膨張により大きくなる。いま，**図 9.2** のように周囲の温度が ΔT だけ上昇する場合を考えてみる。A′ のように自由膨張した場合，熱膨張によるひずみ ε は，その材料の線熱膨張係数 α と温度差 ΔT から次の様に計算される。

$$\varepsilon = \alpha \Delta T \tag{9.1.3}$$

いま，B′ のように材料の両端が壁で拘束されている場合，線形熱膨張分の $\varepsilon \times l_0$ の長さだけ膨

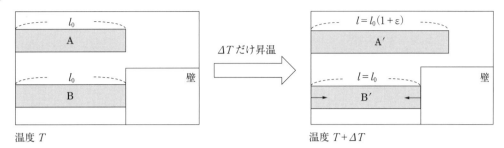

図9.2　自由膨張と拘束による熱応力

張が阻害されていることになる。つまり，B′にはひずみの大きさ−$\alpha\Delta T$分だけ圧縮されていることになる。このひずみにより発生する応力を**熱応力**といい，先の式（8.1.1）から計算すると，

$$\sigma = E\varepsilon = E \times (-\alpha\Delta T) = -E\alpha\Delta T \tag{9.1.4}$$

となり，$E\alpha\Delta T$の圧縮応力がはたらいていることになる。

　このように，材料が拘束された状態で温度変化が起こると，熱応力が発生することがわかる。材料の使用環境においては坩堝や熱電対の保護カバーなどで，1000℃以上の温度差が生じることもある。比較的ヤング率の高いセラミックスなどでは，式（9.1.4）から計算されるように熱応力も大きくなり，破壊してしまう場合がある。そこで，このような問題を理解するために，材料に瞬時に温度差をかけたときの強度劣化を表す耐熱衝撃性が研究されるようになった。

　図9.3は，簡単に耐熱衝撃性を試験するときに用いられる水中急冷法を示したものである。電気炉中で高温に保持されたサンプルを氷浴中に落下させると，瞬時にサンプルの表面は浴槽温度付近に急冷されるが，内部は高温を保ったままであることが予想される。このため，サンプル表面で引張り，少し内部で圧縮の熱応力が発生する。この熱応力σが無限平板で起こっているものと仮定し，材料の破壊強度σ_cを超えると材料が破壊すると考えると，耐えうる温度差ΔTは以下の式で表される（小松和藏　共訳（1981），『セラミックス材料科学入門』，内田老鶴圃., 山中　淳（1973），セラミックス，8, pp. 343-349.）。

$$\Delta T = \frac{\sigma_c(1-\nu)}{E\alpha} = R \tag{9.1.5}$$

ここで，νはポアソン比である。このΔTは，耐熱衝撃性を表す**Rパラメーター**として知られ

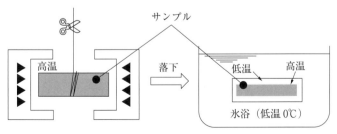

図9.3　水中急冷法

ている。この R パラメーターは激しい急冷条件のときに比較できるが，緩やかな加熱や冷却には材料の熱伝導率 k を考慮に入れた R' パラメーターとして，

$$R' = \frac{\sigma_c(1-\nu)k}{E\alpha} \tag{9.1.6}$$

が提案されている。また，一定速度の加熱冷却条件のときには R'' パラメーターがあるが，ここでは説明を省略するので文献を参考にしていただきたい（山中　淳（1973），セラミックス，8, 343-349.）。これら，R および R' パラメーターは，熱応力によって破壊強度を超えるか，あるいは破壊を直接引き起こすき裂発生や成長が起きるかどうかを評価する**熱衝撃破壊抵抗**を議論しているといわれている。

　これに対し，耐火レンガなどの多孔体や雲母などの層状化合物を複合化した材料では，あらかじめ材料中にき裂となりうる大きな機構や第二相粒子があるため，熱応力によってき裂が発生しても大きく進展することがなく，き裂の微視成長や粒子の剥離によって破壊強度が緩やかに低下していく。このような材料の耐熱衝撃性には**熱衝撃損傷抵抗**を議論する R''' や R'''' パラメーターが提案されている（Hasselman, D. (1963), *J. Am. Ceram. Soc.*, 46, 535-540.）。

$$R''' = \frac{E}{\sigma_c{}^2(1-\nu)} \tag{9.1.7}$$

$$R'''' = \frac{E\gamma_f}{\sigma_c{}^2(1-\nu)} \tag{9.1.8}$$

　これらのパラメーターでは材料内部に蓄えられた全弾性エネルギーがき裂の進展によって消費され，破壊エネルギー γ_f に変わると仮定されている。その中でも，R''' は同程度の破壊エネルギー γ_f を持つ材料間の比較に，R'''' は異なる破壊エネルギー γ_f を持つ材料間の比較に使用することができる。

　図 9.4 に，緻密な高強度セラミックスとセラミックス多孔体の耐熱衝撃性を評価した模式図を示す。緻密なセラミックスは高強度であるが，熱応力により発生する亀裂に敏感であるため，急冷後の残留強度が臨界温度差 ΔT_c で不連続かつ急激に低下する熱衝撃破壊抵抗が問題となる材料であることがわかる。一方，多孔体は低強度であるが，熱衝撃によるき裂成長に鈍感であるため，残留強度が緩やかに低下する熱衝撃損傷抵抗が問題となる材料であることがわかる。

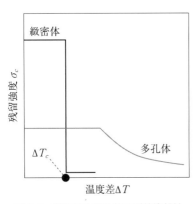

図 9.4　緻密体と多孔体の耐熱衝撃性モデル

9.1.3　クリープ

　一般的に，図8.1 に示される様な弾性変形範囲内であれば，加えた応力を除荷すると材料は元の大きさに戻るはずであるが，長時間ひずみを維持した状態で除荷を行うと，永久ひずみが生じていることがある。この時間と共に変形量が増加する現象をクリープという。クリープの研究に関しては金属材料で発達しているため，まず一般的な金属のクリープについて説明し，

後にセラミックスについて補足する。

　クリープは高温で起こる変形と思われがちであるが，材料の融点を $T_m(K)$ とすると，$0.3T_m(K)$ 以上の温度でクリープを生じる可能性があるため，材料の融点によっては比較的低温でも起こりうる変形である。クリープの変形機構としては，転位が異なるすべり面に移動する上昇運動や空孔および原子の拡散に伴う変形であり，結晶粒界すべりによる変形も起こる。

　一般的な試験としては，一定温度に維持した状態で一定荷重をかけて，試験時間とひずみの関係を調べる。図9.5 に示したように，縦軸にひずみ ε，横軸に試験時間 t を表したグラフをクリープ曲線といい，Y切片から立ち上がった逆S字カーブを描く特徴がある。この逆S字カーブは段階によって，遷移クリープ，定常クリープ，加速クリープに分けられ，それぞれ1次，2次，3次クリープとも呼ばれることがある。遷移クリープでは，まず荷重印加直後に瞬間ひずみ（瞬間伸び）が生じる。続いて，転位や格子欠陥の増殖によって加工硬化が生じる。これによってひずみ速度が時間とともに減少するため，曲線の傾きは緩やかになる。次に

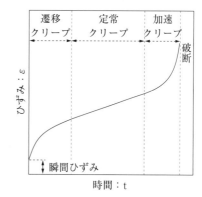

図 9.5　典型的なクリープ曲線

来る定常クリープでは，熱エネルギーによって高密度になった転位や欠陥が消滅し組織回復が起こるが，同時に起こっている加工硬化との釣り合いにより，ひずみ速度が一定になる。最後に起こる加速クリープでは，キャビティーの成長や合体などが起こり，ひずみ速度が加速し破断にいたる。

　この中でも，定常クリープ域では歪み速度が一定であるため，ひずみ速度 $(d\varepsilon_c)/dt$ を応力 σ の関数としてクリープの変形機構の解析に使われることが多い。よく使われる式としては，以下に示すノートン則がある（社）日本材料学会（2005），『改訂 材料強度学』）。

$$\dot{\varepsilon}_c = \frac{d\varepsilon_c}{dt} = A\sigma^n \qquad (9.1.9)$$

ここで，A はクリープ係数，n はクリープ指数や応力指数と呼ばれるものである。高温・高応力のクリープ条件では，転位の上昇運動に起因する転位クリープの機構が支配的となり，n が3～8の値を示す。また，高温・低応力の条件では，粒界での原子拡散に起因する拡散クリープが支配的となり，n が1を示すといわれている（堀内良・他 共訳（1985），『材料工学入門』，内田老鶴圃）。

　以上，金属材料におけるクリープ変形について簡単にまとめたが，高温材料であるセラミックスにおいてもクリープ変形は重要である。図9.1 で予想されるように，セラミックスの高温における強度の明確な劣化はかなり高温でないと表れない。しかしながら，空孔や原子の拡散はより低温で起こっているため，高温特性の評価としては高温強度よりも拡散の影響がでやすい耐クリープ性が重要視されるといわれている。金属では転位の動きが機械的物性を左右するため，転位クリープが定常クリープ域において大きな影響を与えた。セラミックスでも同様に，高応力側で粒径が大きい場合に転位クリープ，低応力で粒径が小さい場合に拡散クリープが観

察されるが，セラミックスにおいては転位の運動が金属に比べ活発でないため，拡散クリープが支配的になる（若井史博（1989），鉄と鋼，**75**, pp. 389-395.）。そのため，粒界拡散を抑え耐クリープ特性を上げるために，粒成長をさせるなどの製造プロセスがとられることがある。

9.2 熱膨張

材料は温度が上がると熱膨張を起こす。材料の熱膨張は，液体，固体の相によって，その扱いが異なる。気体の熱膨張は，固体や液体に比べ非常に大きく，シャルルの法則に従う。つまり，温度 T_1（K）にある気体の体積を V_1 とし，温度 T_2（K）まで温度上昇させたときの膨張した体積を V_2 とすると次の関係が成り立つ。

$$\frac{V_1}{T_1} = \frac{V_2}{T_2} \tag{9.2.1}$$

気体の場合は種類によらず，どの気体も体積膨張率は約 $1/273$（$= 0.00366$）である。しかしながら，液体や固体では物質によって膨張率が異なる。熱膨張には線膨張と体膨張があり，液体の場合は体膨張のみを考えるが，固体の場合は両方を考える。その大きさは線膨張係数 α と体積膨張係数 β で表されており，温度が ΔT だけ変化したときの固体の長さ l は，初期長さを l_0 とすると次の式で表すことができる。

$$l = l_0(1 + \alpha \Delta T) \tag{9.2.2}$$

同様に，温度が ΔT だけ変化したときの固体や液体の体積 V は，初期体積を V_0 とすると次の式で表すことができる。また，$\beta = 3\alpha$ であることから，次の関係も成立する。

$$V = V_0(1 + \beta \Delta T) = V_0(1 + 3\alpha \Delta T) \tag{9.2.3}$$

材料は，なぜ温度が上昇すると熱膨張を起こすのか。それを簡単に説明するために，**図 9.6** に A 原子 B 原子からなる AB 分子のポテンシャルエネルギー曲線 U，原子間距離 r_0 の関係模式図を示す。ポテンシャルエネルギー曲線は，先の図 8.4 と同じであり，引力と斥力から想像されるように非対称な形となる。温度が上がると，$E_0 < E_1 < E_2 < E_3 \cdots$ とポテンシャルエネルギーの増加に伴い，↔ に示すように格子振動の大きさが増す。ポテンシャルエネルギー曲線が非対称であるため，平均原子間距離が $r_0 < r_1 < r_2 < r_3 \cdots$ と大きくなり，体積が膨張する。これより，ポテンシャルエネルギーの曲線形状によって，原子間距離つまり熱膨張の傾向に違いが出てくる。固体がイオン結合性結晶か共有結合性結晶である場合，イオン結合性結晶の方が強い静電気的引力が働いているため r_0 よりも長い領域で引力が働くが，共有結合性結晶では小さいため r_0 よりも長い領域の曲線の傾きが急になるため，熱膨張係数は小さくなると考えられる。

表 9.1 に代表的なセラミックス，金属，有機物の熱膨張係数，融点，ヤング率を示す。熱膨張係数は，おおよそ共有結合性結晶＜イオン結合性結晶≦金属＜有機物の順に大きくなり，材料内の原子やイオンまたは分子同士の結合力に反比例している傾向が確認できる。有機物は共

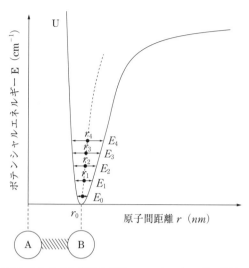

図 9.6　A 原子 B 原子からなる AB 分子のポテンシャルエネルギー曲線 U，原子間距離 r_0，
振動エネルギー準位 E の関係模式図

表 9.1　材料の熱膨張係数，融点，ヤング率

材料	熱膨張係数 α $(10^{-6}/K)$	融点 T_m (K)	ヤング率 GPa
【イオン結合性結晶】			
NaCl	40.5	1073	40
CaF_2	19.5	1639	75.8
MgO	11	3250	320
Al_2O_3	4	2345	390
【共有結合性結晶】			
SiC	4	3003	420
Si_3N_4	3.4	2173（分解）	325
AlN	4	2473	320
ダイヤモンド	1.1	3823	1050
【金　属】			
Na	71	371	—
Mg	27	922	64.5
Al	23.7	933	68.3
Fe	13.8	1813	200
【有　機　物】			
ナフタレン	94	353	—
【非晶質】			
石英ガラス	0.5	—	72

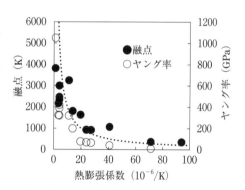

図 9.7　材料の熱膨張係数における融点と
ヤング率の関係

有結合のイメージが強いので，強い結合力を持つように思われるかもしれないが，有機物の分子内は強い共有結合で形成されていても，分子間は弱いファンデルワールス力で結合しているため，分子の凝集力としては弱い力に支配されていることがわかる。また，イオン結合性結晶の熱膨張係数が $Al_2O_3<MgO<CaF_2<NaCl$ の順に大きくなっており，構成するイオンの価数の大きさつまりクーロン力に反比例していることも確認できる。**図 9.7** は表 9.1 のデータをも

とに熱膨張係数と融点およびヤング率の関係を示したものである。融点もヤング率も材料内の結合力が強いほど高い値になる傾向があることから，熱膨張係数とは反比例関係にあることがわかる。

以上の熱膨張係数とヤング率の傾向からずれるものの代表として石英ガラスがある。石英ガラスは，熱膨張係数が低いため電子部品や光学部品の低熱膨張基板として実用化されているが，ヤング率は構造用の酸化物材料の中では低い方である。石英ガラスの熱膨張係数が低い理由としては，SiO_4四面体を基本とした乱れたネットワーク構造にある。石英ガラスが熱膨張するとき，この結合角が変形し熱膨張を吸収できるため特異な低熱膨張を示すといわれている（小野田元（1999），*Journal of Advanced Science*, 11, f1-f4）。

9.3 熱伝導

熱伝導は物質の状態によって大きく異なり，気体＜液体＜固体の順に大きくなる。気体と液体の熱伝導の違いに関しては，熱を伝える熱伝導媒体の濃度が影響している。例えば，100℃で水が液体から水蒸気に変わるとき1700倍の体積になるので，分子当たりの濃度としては1700倍薄くなる。このように，気体では液体に比べ熱を伝達する分子の濃度が少ないため熱伝導が低くなる。魔法瓶ではこの効果が上手く使われている。容器の壁内部を真空にすることにより容器の熱伝導率を下げ，外部へ熱が逃げないようにして保温性を上げている。では，気体や液体と異なり，分子が固定され密度の高い固体では，熱伝導は何に影響されるのか。

熱伝導性の大きさを表す熱伝導率κは次の式で定義されている。

$$\frac{dQ}{dt} = -\kappa \frac{dT}{dx} \tag{9.3.1}$$

ここで，dQ/dtは，単位面積を単位時間当たり通過する熱エネルギー，dT/dxは熱勾配である。この固体における熱伝導機構には，**自由電子**による熱伝導と**格子振動**（フォノン）による熱伝導の二種類がある。例えば，自由電子の多い材料つまり導電性の高い金属などでは自由電子による熱伝導機構が重要になるが，自由電子が少ない導電性が低いセラミックスなどでは，フォノンによる熱伝導機構が重要になる。

9.3.1 自由電子による熱伝導

自由電子による熱伝導率κ_eは理論的には次の式で与えられている（宇野良清 共訳（1988），『キッテル固体物理学入門』，丸善出版）。

$$\kappa_e = \frac{\pi^2 n \tau \kappa_B^2 T}{3 m_e} \tag{9.3.2}$$

ここで，nは自由電子濃度，τは衝突時間（または緩和時間），m_eは電子の質量，k_Bはボルツマン定数，Tは絶対温度である。また，電気伝導率σは$\sigma = (n e^2 \tau)/m_e$で表せるので，式（9.3.2）に代入してローレンツ数Lを導くことができる。

$$L = \frac{\kappa_e}{\sigma T} = \frac{\pi^2}{3}\left(\frac{\kappa_B}{e}\right)^2 \cong 2.45 \times 10^{-8}\ \mathrm{W\Omega K^{-2}} \tag{9.3.3}$$

これより，金属の熱伝導率と電気伝導率との比は温度に比例し，金属の種類というよりも，その固体の導電性が重要であることがわかる。この関係はウィーデマン・フランツ（Wiedemann-Franz）の法則と呼ばれている。

表 9.2 に，代表的な金属の熱伝導率，電気伝導率，およびそれらから計算されるローレンツ数を示す。式（9.3.3）で求められた理論値が，多少のばらつきはあるものの実験値とだいたい一致していることが確認できる。純金属の熱伝導に関して，自由電子による熱伝導のみで，フォノンによる伝導は議論しなかった。純金属もフォノン振動は起こすが，熱伝導への寄与は自由電子に比べずっと小さいため，フォノン振動の寄与は無視できると言ってよい。しかしながら，合金の場合は，合金元素が不純物として作用し自由電子と衝突するため，平均自由行程が短くなることにより自由電子の寄与が減り，フォノン振動の寄与が重要になることがある（宇野良清 共訳（1988），『キッテル固体物理学入門』，丸善出版., 日本金属学会 他（2004），『金属データブック』，丸善出版）。

表 9.2　金属の熱伝導率，電気伝導率，ローレンツ数の関係（300 K）

金属	熱伝導率 κ_B $(\mathrm{Wm^{-1}K^{-1}})$	電気伝導率 σ $(10^{-7}\ \Omega^{-1}\mathrm{m}^{-1})$	ローレンツ数 L $(10^{-8}\ \mathrm{W\Omega K^{-2}})$
Na	141	2.05	20.29
Mg	156	2.31	2.25
Al	237	3.63	2.18
Fe	80	0.95	2.83
Zn	116	1.63	2.37
Cu	401	5.73	2.33
Ag	429	5.95	2.40
Au	317	4.42	2.39

宇野良清・他 共訳（1988），『キッテル固体物理学入門』，丸善出版。
日本金属学会　他（2004），『金属データブック』，丸善出版。

9.3.2　フォノンによる熱伝導

　自由電子による熱伝導は，自由電子が熱を運ぶという分かり易いものであったが，フォノンによる熱伝導をどのように考えるか。フォノンは格子振動を量子化したものであり，波動性と粒子性を持ったものと考えることができる。そのため，図 9.8 に示すように，フォノンを 1 つの粒子とみなすと，温度の高いところにはフォノンがたくさん存在するためフォノン密度が高く，温度が低いところはフォノンが少ないためフォノン密度が低いと考えることができる。今，この温度の高い T_1 のところと，低い T_3 のところが繋がった固体があるとすると，フォノンという粒子は運動をしているため，やがて密度が高いところから低いところに移動して均一に分散し，固体全体が同じフォノン密度つまり平均化された温度 T_2 になると考えられる。温度が速く均一になるために，影響する因子としては，フォノンが持てる熱の量，運動の速さ，運動を妨げる障害物がないことが挙げられる。

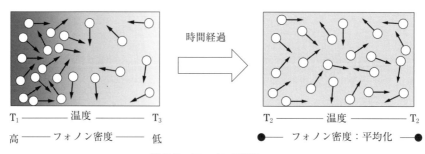

T₁ ——— 温度 ——— T₃　　　　　T₂ ——— 温度 ——— T₂

高 ——— フォノン密度 ——— 低　　　　● ——— フォノン密度：平均化 ——— ●

図9.8　フォノンの流れ
温度：T₃<T₂<T₁

　フォノンによる熱伝導率の計算には次の式が導かれている（宇野良清　共訳（1988），『キッテル固体物理学入門』，丸善出版）。

$$\kappa = \frac{1}{3} C_v vl \tag{9.3.4}$$

ここで，C_v は単位体積当たりの熱容量，v はフォノンの群速度，l はフォノンの平均自由行程を表している。**表9.3** に代表的な絶縁体と半導体の熱伝導率を示す。ダイヤモンドは絶縁体であるため，熱伝導機構はフォノン伝導であるが，金属よりも高い熱伝導度が実現していることがわかる。これは，ダイヤモンドの構成元素が軽元素であるということと，結合力の強い共有結合性結晶であるため，フォノンの群速度 v が速くなる（曽我部浩一　他（1995），材料，**44**，498-504.）。また，軽い元素から構成されている場合は，デバイ（Debye）温度が高くなることから，平均自由行程 l の寄与も大きくなる。特に，ダイヤモンドに加え，ケイ素など単一の元素で構成されている物質は比較的高い熱伝導率を持つことがわかる。軽元素で共有結合性結晶という点では，SiC，Si₃N₄ や AlN などの軽元素非酸化物も高い熱伝導を持つことがわかる。実際，Si₃N₄ や AlN はハイブリッド自動車や電車などの放熱基板として実用化されている。しかしながら，これらの非酸化物は不純物を固溶しやすく，少しの不純物でもフォノンの平均自由行程が短くなり，熱伝導率が急激に低下してしまうため，製造プロセスに注意する必要がある。このように，電気陰性度の差が少ない原子同士で結合している非酸化物は共有結合性があり，高い熱伝導率を示すことがわかる。一方，Al_2O_3 などの酸化物は，イオン結合性が高くな

表9.3　絶縁体と半導体の熱伝導率

【絶縁体】	熱伝導率 k (Wm⁻¹ K⁻¹)	【半導体】	熱伝導率 k (Wm⁻¹ K⁻¹)
ダイヤモンド	2300	グラファイト	50〜130
SiC	490	ケイ素	148
AlN	319	ゲルマニウム	60
S₃N₄	180〜450		
BeO	270		
MgO	59		
Al₂O₃	40		
石英	10		
シリカガラス	1.4		

るため，本質的な熱伝導率は低下してしまうが，軽元素である BeO に関しては高い熱伝導性を維持している。同じ酸化物でも，非晶質のガラスは構造がランダムであるため平均自由行程が小さくなり，極めて低い熱伝導を示すことが報告されている（松岡　純（2012），*NEW GLASS*, **27**, pp. 20-23.）。

9章　章末問題

9.1

　Wachtman の関係式（式（9.1.2））を用いて，25℃ における緻密なアルミナ焼結体のヤング率を計算せよ。ただし，0 K でのヤング率を $E_0 = 405\,\mathrm{GPa}$ とする。

9.2

（1）　0℃ で 1000 mm の金属棒を 100℃ に温めたら，長さが 1001 mm になった。この金属の線膨張係数を計算せよ。

（2）　冬に 10℃ で 10 m の長さのレールを敷いた。夏の気温上昇と直射日光によって，レールの温度が 60℃ に上昇したとする。このとき，どのくらいの伸びを生じるか計算せよ。ただし，鋼の線膨張係数 $\alpha = 12 \times 10^{-6}\,\mathrm{K}^{-1}$ として計算せよ。

（3）　冬に 10℃ で壁に両端を固定された鋼棒が，夏に 40℃ まで温められた。このとき壁に生じる応力を計算せよ。ただし，鋼のヤング率 $E = 200\,\mathrm{GPa}$，線膨張係数 $\alpha = 12 \times 10^{-6}\,\mathrm{K}^{-1}$ とする。

9.3

（1）　金属のような導電体材料とセラミックスのような絶縁体材料における熱伝導機構の違いについて答えよ。

（2）　絶縁体材料中の原子の結合力と熱伝導率の関係について答えよ。

第10章 材料の電磁気的性質と機能（1）導体，誘電体・磁性体

10.1 電気伝導の種類

　電気は発電所でつくられ各家庭，施設，工場など様々な場所に送られ利用されている。今や電気のない社会は考えられないほど，日常生活において電気エネルギーは使用され，人類の繁栄に寄与している。ダムでは水流によって発電機のシャフトが回転し動力が電力に変換されている。その電力は送電線によって運ばれている。そして送電線の末端において接続された種々の装置により，電力はさまざまな形態のエネルギーへ変換されて利用されている。これら過程においてどのような物質がどのように材料として応用されているのであろうか。ある物質では電流が流れ，また別の物質では電流が流れなかったりする。また同じ電圧でも物質ごとに流れる電流値は異なるし，また同じ物質でも形状によって異なる。**図 10.1** のような柱状の物体の長手方向に電圧を印加した際の電流の流れにくさ，すなわち抵抗は，

$$R = \rho \frac{l}{S} \tag{10.1.1}$$

によって与えられる。ここで，l [m] は柱の長さであり，S [m²] は断面積である。すなわちマクロな物理量である**抵抗** R [Ω] は，その物体の形状に依存した寸法パラメータにより，物質固有の定数（物性値）である**抵抗率** ρ [Ωm] と結びついている。

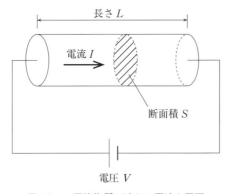

長さ L

電流 I

断面積 S

電圧 V

図 10.1　円柱物質に流れる電流と電圧

　抵抗 R [Ω] の物体に**電圧** V [V] を印加した際に，電圧印加方向に平行に流れる**電流** I [A] との関係は，以下のオームの法則として知られる。

$$V = IR \tag{10.1.2}$$

このオームの法則は，3つのマクロな物理量 V, R, I を関係づけている。電圧 V を，寸法パラメータの長さ l で割ることで**電場** E [V/m]（$=V/l$）に変換し，電流 I をやはり寸法パラメータの断面積 S [m^2] で割ることで**電流密度** J [A/m^2]（$=I/S$）に変換すれば，

$$V/l = I/S \cdot (R \cdot S/l)$$

$$\Leftrightarrow E = J\rho \tag{10.1.3}$$

$$\Leftrightarrow J = \sigma E \tag{10.1.4}$$

となる。式（10.1.4）の σ [1/Ωm] は，抵抗率の逆数（$\sigma = 1/\rho$）であり，**導電率（電気伝導度）** と呼ばれる。物質の電気の流れ難さや流れやすさを表す物質の固有定数としては，ρ か σ のどちらかが用いられる。式（10.1.3）や式（10.1.4）は，寸法に依らず，ミクロな物理量 E, J と ρ（もしくは σ）を関係づけているものであり，ミクロなオームの法則と考えることができる。これは物質内の任意の点にて成立する式である。

　物質はこの抵抗率 ρ の大きさによって導体，半導体，絶縁体に大きく分類される。**表 10.1** に代表的な物質の抵抗率 ρ を示す。表には，導電率（電気伝導度）σ も併せて示してある。表を見ればわかるように，抵抗率は大きいもので 1×10^{10} Ωm 以上，小さいもので 1×10^{-6} Ωm 以下

表 10.1　主な物質の抵抗率，導電率（電気伝導率）（室温における値）

分類	物質	抵抗率〔Ωm〕	電気伝導率（導電率）〔Ω^{-1}m^{-1}〕
金属	銅（Cu）		59.6
	金（Au）		45.2
	アルミニウム（Al）		37.7
	コバルト（Co）		17.2
	ニッケル（Ni）		14.3
	鉄（Fe）		9.93
	白金（Pt）		9.66　×10^6
	タンタル（Ta）		7.61
	ジスプロシウム（Dy）		1.08
	ガドリニウム（Gd）		0.736
	グラファイト（C）		0.164
		約 10^{-4} Ωm	約 10^4 Ω^{-1}m^{-1}
半導体	ゲルマニウム（Ge）	$10^1 \sim 10^6$	$10^{-1} \sim 10^{-6}$
	シリコン（Si）	$10^3 \sim 10^6$	$10^{-3} \sim 10^{-6}$
	インジウムりん（InP）	$10^4 \sim 10^6$	
	ガリウムひ素（GaAs）	$10^4 \sim 10^7$	
	窒化ガリウム（GaN）…	$10^4 \sim 10^7$	
		約 10^8 Ωm	約 10^{-8} Ω^{-1}m^{-1}
絶縁体	ガラス（ソーダガラス）	$10^{10} \sim 10^{14}$	
	ダイヤモンド（C）	$10^{11} \sim 10^{18}$	
	プラスチック	$10^{11} \sim 10^{18}$	
	ゴム	$10^{12} \sim 10^{14}$	
	石英（SiO$_2$）	10^{17}	

と 10 の 16 乗もの違いがある。また半導体はその製造過程において抵抗率を 2～4 桁以上も制御可能である。なぜ物質によってこうも抵抗率に差が生じるのであろうか。電気が流れている物質の中では何か起きていて，その電気の伝導（電流）をせき止めようとするものは何であろうか。じつは，電気伝導には以下に述べるようにいくつかの形態があり，それぞれに抵抗のメカニズムが異なっている。

10.1.1　導体金属の電気伝導と自由電子

　金属は電気を流すことができ，良い導体材料となりうる。金属の構成原子は，1 つもしくは複数の電子を放出することで陽イオンとなり安定化している。放出された電子は個々の原子に束縛されることなく自由に物質内を漂うことができる。これを自由電子（もしくは金属電子）と呼ぶ。個々の原子が 1 つ以上の電子を放出するため自由電子の密度は原子密度と同等かそれ以上に匹敵する。**表 10.2** に主な金属の電子密度について示す。金属中では，自由電子が集団として電気伝導を担っている。外部から電圧 V が印加されれば，物質の形状に応じ電場 E（$= V/l$）が内部の各原子に作用する。電場中の個々の自由電子は

$$f = -eE \tag{10.1.5}$$

の力（電子の電荷は負であるためマイナス符号となり電場とは逆方向）を受け動く。電子の集団としての運動が電流となる。ニュートンの法則によれば，力を受け続ける電子は加速を続けるはずであるが，実際は無限に加速することはなく，ある程度の距離を進むと結晶格子の乱れによって散乱を受けるため，平衡状態において平均速度は一定を保つこととなる。この散乱の原因となる格子の乱れは，①結晶内の不純物や空孔，転位によることもあるし，結晶粒界によることもある（これらを総じて欠陥と呼ぶ）。また，②温度上昇に伴う格子振動の増加もこの散乱に寄与する。**図 10.2** に電子が結晶内にて散乱される様子をいくつか示す。散乱によって電子はその運動の向きを変えるが，その方向は一般にランダムであるため，平均化した運動量

表 10.2　物質の電子密度（キャリア密度）

分類	物質	電気密度（キャリア密度）〔cm^{-3}〕
金属	Be	24.2×10^{22}
	Zn	13.1×10^{22}
	Cu	8.5×10^{22}
	Ag	5.8×10^{22}
	Au	5.9×10^{22}
	Li	4.6×10^{22}
	Na	2.6×10^{22}
	K	1.4×10^{22}
半導体	Si GaAs など	$10^{16} \sim 10^{21}$ （ドーピングによって制御可能）
絶縁体	SiN_3, SiO_2, ガラス SiC, BN, セラミック （アルミナなど）	$< 10^{15}$

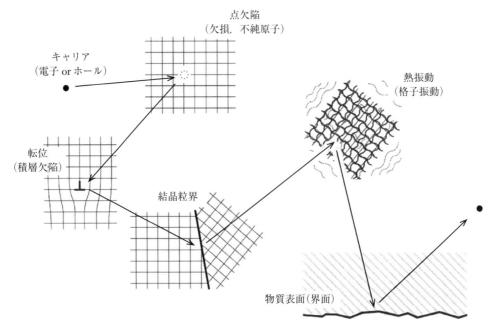

図10.2　導体中の自由電子や半導体中キャリアが結晶中で散乱される様子

ベクトルはゼロとなる（つまり，見かけ上，運動量は消失する）。散乱後，速度がゼロとなった電子が再び加速を始めて，ある程度進み，再び欠陥によって散乱を受けるまでの時間，距離によって平均速度が決定することとなる。各自由電子にこの機構が働くので，集団として平均化した進む時間と距離をそれぞれ，**平均散乱時間**，**平均自由行程**と呼ぶ。これらが大きいほど電流は大きくなり，抵抗率は小さくなる。散乱時間 τ の間に加速した自由電子には，$|\tau f|$ だけの力積が与えられそれが運動量変化 $\Delta p \ (=mv)$ となっているはずだから，自由電子の平均速度 v と平均散乱時間 τ の間には，$mv=|\tau f|$ の関係があり，これに式（10.1.5）を代入して変形すれば，

$$v = \frac{e\tau}{m}E$$
$$= \mu E \tag{10.1.6}$$

となる。ここで，$\mu \ [\mathrm{m^2/Vs}]$ は**移動度**と呼ばれ，$\mu = e\tau/m$ と定義されており，電場 E が印加した場合の平均速度 v を決定する物質固有の比例定数である。マクロな電流 I は寸法パラメータの S を用いて，自由電子の密度 n と平均速度 v と以下のように関係づいている。

$$I = neSv$$
$$= \mu neSE \tag{10.1.7}$$

これを，$I/S \ (=J) = \mu neE$ と変形し，式（10.1.4）の $J = \sigma E$ と比べれば，

$$\sigma = \mu ne \tag{10.1.8}$$

$$\Leftrightarrow \rho = \frac{1}{\mu ne} \tag{10.1.9}$$

となり，伝導率σや抵抗率ρが，移動度μによって決まっていることがわかる。

結晶中に不純物や格子欠陥が少なく，また格子振動の少ない低温であるほど，平均散乱時間，平均自由行程，そして平均速度が大きくなり，これは移動度μによって表現され，そして電流は移動度μと自由電子密度nとの積に比例する。

金属を温度変化させると，散乱に寄与する不純物や格子欠陥の数の変化よりも，格子振動の変化の影響が大きい。**図10.3**に種々の物質についての抵抗率の温度依存性を示す。図10.3を見ればわかるように，金属の抵抗率は温度が高いほど増加することがわかる。一方で，半導体や絶縁体では金属とは逆の温度依存性を示し，特に低温から室温まで温度領域では温度上昇とともに抵抗率が減少していることがわかる。

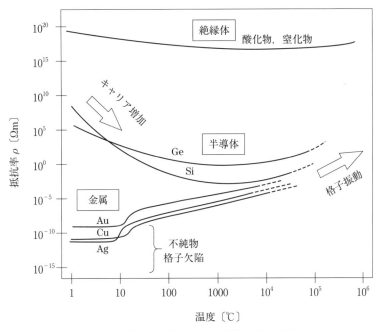

図10.3 種々の物質における抵抗率の温度変化

10.1.2 半導体における電気伝導

半導体や絶縁体では，構成する原子の最外殻電子軌道が隣接する原子との結合に寄与し，金属のように自由電子を物質中に放出することはない。結晶の完全性が高いほど，金属のような自由電子は存在しない（半導体・絶縁体の完全結晶は，絶対零度における抵抗率が理論上無限である）。しかし現実的には，有限温度において微小な電流を流すことができる。温度による熱エネルギーと，結晶中に極わずかに存在する価数の異なる不純物原子や，結合欠陥の存在とが電流に寄与することとなる。価数の異なる原子が置換固溶する場合，それまで結合に寄与していた電子の数が増減するため，電子が余ったり，不足したりする。余った電子は空間を自由に動き電流に寄与できることとなるし，また不足した場合においてもその電子の欠落を正電荷の穴（これを**正孔**もしくは**ホール**（hole）という）としてやはり電流に寄与することができる。

また結晶中に転位や点欠陥（原子空孔）があれば結合の切断が生じるため，それまで共有結合に寄与していた電子が**不対電子**となるが，それが原子の束縛を逃れれば物質内を動ける状態となりうる。このような半導体中の動ける電子やホールは，総じて**キャリア**（carrier）と呼ばれる。キャリアとはすなわち，電荷を運ぶ（carry）もの，担い手という意味である。

　詳しくは11章にて詳述するが，半導体作製時に意図せずに自ずと取り込まれる不純物や欠陥によって生じるキャリア以外にも，人為的に価数の異なる原子を不純物として加えること（これを**ドーピング**という）によって抵抗率を制御することが可能である。またドーピングによりホール（正孔）を生成させる場合（P型）と電子を生成させる場合（N型）の2種類を作り分けることができ，半導体デバイスでは，このP型とN型，そして更に金属や絶縁体などとを接合することで機能化されている。

　半導体の抵抗率の温度変化は，図10.3に示しているように温度上昇とともに低下した後，さらに高温では上昇するという特徴を示す。これは，温度による熱エネルギーの増加に伴い半導体内のキャリア数が増加する効果（抵抗率は下がる）と，熱による格子振動がキャリアの流れ（電流）を阻止する効果の両者が混在するためで，低温域では前者の効果が顕れ，その後の高温域に後者の効果が前者に打ち勝つため，このようなカーブとなっている。室温付近での温度変化に着目すれば，半導体の抵抗率は温度に対し単調減少することとなる。

10.1.3　その他の電気伝導モデル

　上記の金属や半導体における電気伝導のモデル以外にも，導電性を持つ有機物（導電性プラスチック）や有機半導体，絶縁体と導体との複合材料，フラーレン，ナノ・コンポジット構造体などでは，キャリアの運動の様子（**キャリア輸送**）の機構に特徴があり，それぞれに異なる電気伝導モデルがある。

　例えば，有機半導体では各分子ごとに，**図10.4**に示すような，局在した電子軌道が形成されており，電子が占有している最上位のエネルギー準位の軌道をHOMO（Highest Occupied Molecular Orbital，最高占有軌道），電子の占有していない最下位のエネルギー準位の軌道をLUMO（Lowest Unoccupied Molecular Orbital，最低非占有軌道）と呼び，その間には

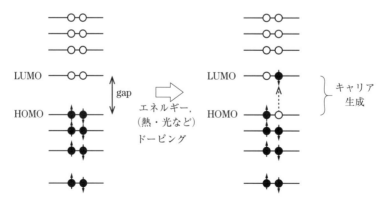

図10.4　分子内準位とキャリアの生成

HOMO-LUMO ギャップが存在している。合成時のドーピングや熱励起によって生成した LUMO 準位上（もしくは HOMO 準位上）の電子（もしくはホール）が電流に寄与することができる。しかしながら，分子間距離は金属のような導体の原子間距離とは異なり数 nm もの隔たりがある。つまり，隣接する分子同士で，電子の波動関数の重なりが大変小さいため，隣の分子へ電子が移動するにはエネルギー障壁を超える（ジャンプする）必要がある。この様子を図 10.5 に示す。このように分子内では自由に動けるキャリアであっても，マクロスコピックな電流を形成するためには，分子間を飛び移って移動する必要があり，これは**ホッピング伝導**と呼ばれており，その抵抗率は分子間距離が短くなるのに応じ減少する。ホッピング伝導を説明するキャリア輸送メカニズムには，キャリアが隣接する分子間を移動する過程を一種の確率的な酔歩運動として扱い，運動できる領域の体積が物質全体の容積に占める割合から経路のつながりを推定する**パーコレーション理論**などがある。ダイヤモンドのような絶縁性の高い半導体においても，高濃度ドーピングによって室温でもホッピング伝導が発現することがわかっている。

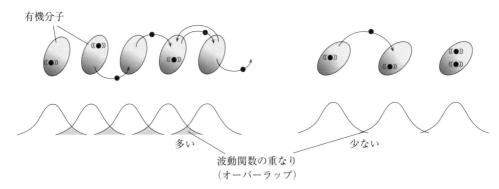

図 10.5　ホッピング伝導の様子と波動関数の重なり
（左）分子間距離が短い場合，（右）分子間距離が長い場合

10.2　導体材料

　導体材料の主目的は電気を運ぶことである。すなわち電流を流すために抵抗率の小さい（電気伝導率の高い）材料であることが必須条件となる。その使用用途は，発電所から各施設，各家庭までの電気の供給に使われる電線や，施設内，家庭内の配線，そして各電気機器内部における結線などがあり，その環境・用途に適した材料が必要である。また，電気回路の基板上の配線や各電子素子の内部においても半導体，絶縁体とともに複合化させて用いられ種々の機能を実現している。使用形態に応じて，電線であれば線材化の容易性が重要であるし，また使用環境に応じた耐久性，耐食性も必要である。電気経路をつなぐには接合のしやすさ（主にはんだ付けに適しているかどうか）も重要となる。一般に導体の純度に応じて抵抗率は変化するため，高純度化が必要になる場合もあるが，その場合のコストも応用上重要なファクターである。

10.2.1 導線材料

10.2.1.1 一般配線用導線材

　一般に，その抵抗率の低さや，加工容易性，低コスト性から銅線（Cu線）が一般電気配線（すなわち**導線**）に広く使用される。近年では，自動車のハイブリッド化や電気自動車の普及などにより Cu の導電用材料としての用途が広くなってきている上に中国などの消費量が急増している（**図 10.6**）。問題点として，鉄に混入した銅は熱力学的に分離回収が困難でありリサイクル性が悪い一方，鉱物資源としての Cu は 2100 年には枯渇すること予想されており懸念される。

　主な Cu 線には，**表 10.3** のような種別が JIS 規格により定められおり，Cu の純度が高いほ

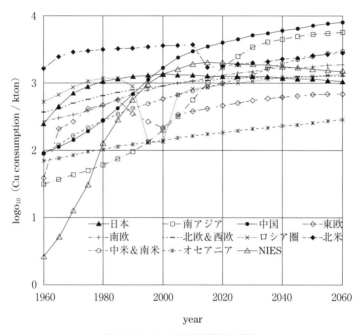

図 10.6　Cu の年間消費量の推移

（引用：松浦昇（2009），「世界の非鉄金属消費量の長期見通し」，*Journal of MMIJ*, **125**(10, 11), 514-520）

表 10.3　導線に使われる Cu の JIS 規格
(JIS H3100：2018「銅及び銅合金の板及び条」より抜粋)

種類	合金	化学成分（質量 %）									
	番号	Cu	Zn	Bi	Sn	Cd	P	Hg	O	S	その他
タフピッチ銅	C1100	99.90≦	0.0001≧	0.001≧	0.0001≧	0.0001≧	0.0003≧	0.0001≧	0.001≧	0.0018≧	Se 0.021≧ Te 0.001≧
無酸素銅	C1020	99.96≦	—	—	—	—	—	—	—	—	—
りん脱酸銅 1A 種	C1201	99.90≦	—	—	—	—	0.004〜0.015	—	—	—	—
りん脱酸銅 1B 種	C1220	99.90≦	—	—	—	—	0.015〜0.04	—	—	—	—
電子管用無酸素銅	C1011	99.99≦	—	—	—	—	—	—	—	—	—
錫入り銅 12 種	C1401	99.30≦	—	—	—	—	—	—	—	—	—
ジルコニウム入り銅	C1510	残部	—	—	—	—	—	—	—	—	Zr 0.05〜0.15

ど抵抗率が低いが製造過程にコストがかかる。

◇タフピッチ銅（C1100）

　最も安価で広く使われている Cu 線は純度 99.9％以上（3 N）と定められている**タフピッチ銅**で，電気導電性，熱伝導性，絞り性，耐食・耐候性に優れている。残存する O（酸素）の大部分は Cu_2O（亜酸化銅）として結晶粒界に晶出している。この酸素に，残留水素が結合すると水（H_2O）となり高温加熱によって水蒸気（気泡）となることで Cu が割れやすくなる（これを**水素脆性**という）。このため O の除去を積極的に行なったものが次に挙げる脱酸銅である。

◇リン脱酸銅（C1201, C1220）

　Cu 純度は 99.9％以上とタフピッチ銅と同等であるが，水素脆性の原因となる残存酸素を積極的に除去したものを**脱酸銅**と呼ぶ（脱酸には P（リン）を使うため，リン脱酸銅ともよばれる）。O（酸素）との親和性が Cu より高い P（リン）は Cu 中で容易に酸化し酸化リン（P_2O_5, 正確には P_4O_{10}）として除去が可能となる。しかしながら，残存する P が抵抗率を上げるため，リン脱酸銅は導線用途よりもむしろ溶接等に用いられる。

◇無酸素銅（C1020）

　リンを用いずに酸素を除去するには，電気分解により Cu を生成するか（電気銅），もしくは，真空中や還元雰囲気中にて溶解して Cu を生成する必要がある。このようにして酸素を低減させたものは**無酸素銅**として特に低い抵抗が必要とされる用途に使われる。残存酸素量は 10 ppm（0.001％）以下であり，高温に加熱しても水素脆化を生じない。タフピッチ銅と比較し，より抵抗や歪みが少なく工業的に優れており，真空中におけるガス放出も少ないため真空機器（ガスケット等）に広く使われている。タフピッチ銅と同じく大気中では表面酸化する。

　真空管などの電子機器では，より低い抵抗が求められるため Cu 純度を 99.99 以上（4 N）まで高めた**電子管用無酸素銅**（C1011）が使われている。（更に高純度なハイクラス無酸素銅（6 N）や線形結晶無酸素銅，単結晶状高純度無酸素銅も存在する。）

　また，一般的に広く使用される銅（主にタフピッチ銅）の線材においては，圧延加工もしくは線引加工したままで強度の高い**硬銅**と，硬銅を炭酸ガス・水蒸気・窒素ガスまたは真空中で焼きなまし（300～600℃），柔軟性・伸縮性を良くした**軟銅**とがある。導電率は軟銅の方が硬銅に比べ 5～10％ ほど良い。屋外配線のように機械強度が求められる場合は硬銅線が用いられ，屋内配線や電子部品内部など可撓性（弾性変形のしやすさ）・加工性・施工性が必要の場合は軟銅線が用いられる。

10.2.1.2　送電線用導線材

　Al は Cu に比べ抵抗率は大きくなるものの，その比重は室温において 2.70 g/cm^3 であり，Cu の 8.94 g/cm^3 に比べれば 1/2 以下と軽い。このため，軽量性が重要となる送電線には Al 線が主に用いられている。Al 線の純度は 99.5～99.9 mass% である。Mg や Si を加えることで時効

硬化させた Al-Mg-Si 合金や鋼芯を持つ Al 線，耐熱性の高い Al-Zr 系合金などが使われている。

10.2.1.3　マイクロワイヤ，薄膜

　マイクロトランス，マイクロモーターといった微小な電子部品には，直径 50～200 μm の軟銅線が使用されている。また，抵抗による発熱を減らすため無酸素銅が使用される場合もある。

　一方，集積回路などの高密度な電気素子やその外部端子の間には直径 10～100 μm の Au，Al, Cu の**マイクロワイヤ**が使用されている。マイクロワイヤを用いることで素子の端子間を電気的につなぐことができる（これを**ワイヤボンディング**という）。また，無酸素銅を圧延により 50～100 μm とした銅箔は基板配線として使われる。

10.2.2　抵抗材料

　導線には低い抵抗率の材料が求められるのとは逆に，比較的高い抵抗率を持つ導体物質が抵抗体の材料として，電流・電圧の制御や検出，電流を流した時のジュール熱の利用（電熱変換）のために用いられている。抵抗材料としては，①抵抗率が高いこと，②抵抗率の温度変化が少

表10.4　主な抵抗材料とその特性

分類	系統（形態）	呼称等	特徴・材料等
炭素系	炭素-樹脂複合体（バルク） 炭素（皮膜）	炭素体抵抗 （カーボンコンポジット） カーボン抵抗	安価。精度が良くなく不安定。 安価。中精度（±5%～10%） 最も多く普及。
金属系	合金 （コーティング皮膜） （真空蒸着膜） （線材）	キンピ（金属皮膜） 金属薄膜	温度係数が極小（<10^{-4}） 高精度（±0.1%～±5%） 超高精度（±0.05%） 電熱材料（発熱体，熱電対等） ○Cu-Mn 系 　マンガニン：Cu-12Mn-4Ni-1Fe 　イサベリン：Cu-13Mn-3Al 　ノボコンスタント：Cu-12Mn-4Al-1.5Fe ○Cu-Ni 系 　CN49：53Cu-Ni42-Mn（0.49 μΩm） 　コンスタンタン：55Cu-Ni45　熱電対 　洋白：Cu-Ni-Zn ○Ni-Cr 系　発熱体，高耐熱性，耐酸化性 　第1種ニクロム：NCH1 80Ni-20Cr 　第2種ニクロム：NCH2 60Ni-16Cr-Fe ○Fe-Ni 系 　Fe-20Ni ○Fe-Cr 系 　カンタル：Fe-20Cr-5Al-2Co
その他	金属酸化物（皮膜） 金属酸化物-ガラス複合体 （皮膜）	サンキン（酸化金属皮膜） メタルグレーズ厚膜	高安定性，高耐久性 ○SiC（シリコンカーバイト） ○ZrO_2（ジルコニア）

ないこと，③抵抗率の時間変化が小さいことなどが重要である。**表 10.4** に主な抵抗材料の分類と特性を示す。抵抗材料は大別して，比較的安価な炭素系と，温度特性が良い（温度変化が少ない）金属系とがある。炭素系には炭素樹脂複合系（カーボンコンポジット）と炭素皮膜系（いわゆるカーボン抵抗）とがあり，前者は最も安価であるものの精度が悪いため近年は製造されなくなりつつある。後者は安価でかつ精度が ±5%〜±10% と中程度であるため精密回路には向かないものの，最も広く使用される抵抗材料である。皮膜とすることで断面積を極力一定とし，電流経路の長さによって抵抗値を精確に制御性が向上している（式（10.1.1）参照）。金属系には，複数の金属を合金化しその混合比率で温度係数を極力小さくなるように制御した合金皮膜系，金属酸化物を用いることで高温耐熱性を高めた酸化金属皮膜（サンキン皮膜），さらに金属酸化物とガラスとの複合体皮膜（メタルグレーズ皮膜）などがある。合金系ではその精度を ±0.05%〜±5% で選択可能であるためコンピュータや精密機器等の電子回路に広く使われており，低精度のものには金属コーティング皮膜（キンピ）が，高精度が必要な場合は真空蒸着による薄膜が使用される。

10.2.3　接点材料

　照明スイッチなどの導通スイッチ（リレー）においては，物理的に導体と導体を接触/非接触を切り替えることで人為的に導通を切り替えることができる。この接触面に使われる材料が接点材料である。接点材料としては，①電気伝導度が高い，②融着しにくい，③相手側への転移が少ない，④酸化しにくい，⑤耐摩耗性が高い，⑥硬いといった特性が求められる。主に使用されている材料は，Au, Ag 系であり，Au, Au-Cu 合金，Au-Ag 合金，Au-Ag-Pt 合金などがある。いずれも融点が高く，高導電性，低接触抵抗である。主に低電流用に使用される。また，Cu 系として，Cu, Cu-Ag 合金，Cu-Be 合金，黄銅，青銅，Cu-W 合金，Cu-WC 合金などがあり，これらは高電流用に使用される。一方で高価ではあるが，Pt, Pd 系の合金は高信頼性を必要とする低電流用に使用されている。W 系合金も，高融点，高電流用に使用される。

10.2.4　超伝導材料

　ある種の物質は，臨界温度（T_c）以下の低温において電気抵抗（すなわち抵抗率 ρ）が完全に 0 になるという特殊な状態を有する。この状態は**超伝導**とよばれ，超伝導材料（superconducting material）は応用上の観点からも学問的な観点からも重要視され研究開発が行われている。また超伝導状態においては，その物質内部において磁束（磁力線の流れ）が存在しない状況が常に保たれており，これは**マイスナー効果**と呼ばれる。この効果により，超伝導体には磁束に対する斥力が作用する。この超伝導状態は，**図 10.7** に示すように，温度だけでなく，磁場や電流が大きい場合にも壊れてしまう。超伝導状態が保たれる最大の磁場を臨界磁場（H_c），最大の電流を臨界電流密度（j_c）という。超伝導材料には，明確に 1 つのみの臨界磁場を持つ第 1 種超伝導体と，2 つの臨界磁場 H_{c1}, H_{c2} を持つ第 2 種超伝導体とがある。後者における H_{c1}〜H_{c2} の中間磁場のおいては，超伝導体内を量子化した磁束（**磁束量子**）が糸状に貫くことで部分的に磁束が浸透した状況（渦糸状態）となっている。このような渦糸状態により大きな電流

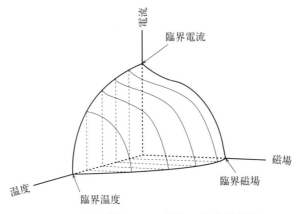

図 10.7　超伝導体における状態図（超伝導領域）

を流せるため，実用材料としては j_c の大きな第 2 種超伝導材料が用いられている。しかしながら室温以上の T_c を有する超伝導材料はまだなくその開発が課題である。超伝導材料の線材により作られた超伝導電磁石（SCM；superconducting magnet）であれば，通常の電磁石におけるジュール発熱による許容電流の制限がなくなり，数 T（テスラ）もの大きな磁束密度を恒常的に発生することができる。SCM は材料研究開発のほか，医療現場におけ MRI（Magnetic Resonance Imaging；磁気共鳴画像）の磁場発生装置として生体断層写真の撮影に広く使われている。実用化されている超伝導材料としては Nb-Ti 合金や Nb_3Sn（$T_c = 18\,K$）があるほか（図 10.8），T_c の比較的高い酸化物超伝導体 $YBa_2Cu_3O_{7-x}$ や Fe-As 系などが高温超伝導体として期待されている。

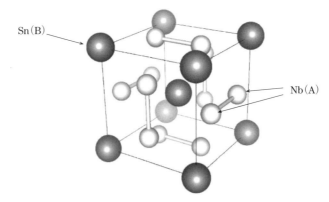

図 10.8　超伝導体 Nb_3Sn の結晶構造（A15 型）

10.3　誘電体材料

10.3.1　分極と誘電率

　誘電体とはガラスやセラミックスなどのように一般に電気を通さない絶縁体と同義である。

金属とは異なり，バンドギャップが広く自由キャリアがほとんど存在しないため，直流電圧を印加しても電流が流れない高抵抗な物質である。しかし，電圧を印加しても何も起こらないわけではない。二つの電極の間に誘電体を挟んだ構造はコンデンサー（キャパシター）と呼ばれ，誘電体の誘電率に比例して静電気（電気容量）を蓄えることができる。これは，誘電体を構成する正電荷と負電荷の間に偏り（これを分極と呼ぶ）が生じるためである。

　1つの中性原子に強くない電場 E が印加された場合，電子分布の重心と原子核の位置がずれて各原子に双極子モーメント μ が誘起される。この微視的な双極子モーメントが集まって「分極」をつくる。単位体積当たり N 個の原子が存在すると，この微視的な双極子モーメントが集まって分極 P が生成される。電場がそれほど大きくない場合は分極と電場が比例し，$P = \varepsilon_0 \chi E$ のように書ける。ここで χ は電気感受率という。分極 P を電束密度 $D = \varepsilon_0 E + P$ に代入すると $D = \varepsilon_0 (1 + \chi) E = \varepsilon_0 \varepsilon_r E = \varepsilon E$ とまとめることができる。ここで，ε_r は比誘電率，ε は誘電率と呼ぶ。このように物質の誘電率とは，電場を印加することにより，物質中に誘起される分極がどのくらい生じるか，ということを決める物理量であることがわかる。

　この分極が発現する仕組みは大きく分けて電子分極，イオン分極，そして配向分極の3つである。以下にそれぞれの機構について述べる。

①電子分極

　誘電体中の原子は正の電荷をもつ原子核と負の電荷をもつ電子から構成されるが，図10.9に示すように，原子核に対する電子雲の相対位置の変化に基づく分極である。

②イオン分極

　例えばイオン結晶内には正および負のイオンがあるが図10.10に示すように正に帯電した原子と負に帯電した原子の相対位置の変化に基づく分極である。

③配向分極（双極子分極）

　液体や固体内の有極性分子は永久双極子モーメントを有しており，図10.11に示すようにこれら双極子の配向に基づく分極である。

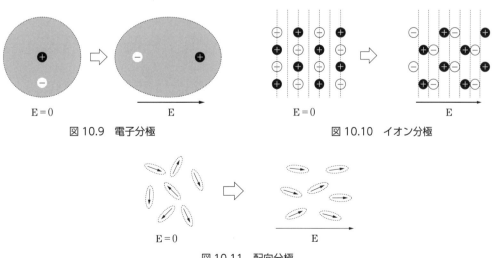

図10.9　電子分極　　　　　　　　　　図10.10　イオン分極

図10.11　配向分極

ここまで電場は直流を想定していたが、これが交流であってもよい。しかしながら、交流電場の周波数が高くなればなるほど、電場の変化に対して電荷の動きが追随できなくなるため、生成される分極は小さくなる。すなわち、周波数によって分極のしやすさを示す誘電率は変化することになる。これを分散という。

電子分極やイオン分極の場合は電場印加により、電荷がもとの平衡位置からずれるというものなので、電場がなくなると元の位置に戻る。これはばねに取り付けられた重りの運動と類似の現象となるので力学における周期的外力の下の強制振動として考えることができる。物質とは様々な固有振動数を持つ調和振動子の集団とみなすことができ、このようなモデルをローレンツモデルという。固有振動数 ω_0 の調和振動子が体積 V 中に N 個あるものとすると、誘電率は

$$\varepsilon(\omega) = \varepsilon_0 + \frac{N_q^2/mV}{\omega_0^2 - \omega^2 - i\omega\varGamma_0}$$

のように表すことができる。ここで、q は電荷、m は電子あるいはイオンの質量、$\varGamma_0$ は摩擦による減衰定数である。交流電場の場合は分極も振動分極となるが、このもととなる電子あるいはイオンの運動は周波数によっては、電場の変化に対して完全には追随できず位相の遅れが生じる場合があるため、誘電率は複素数となる。電子と比較してイオンの質量が大きいので電場に変化に対して、より低い周波数で追随できなくなる。そのため、イオン分極が共鳴するのは一般には赤外領域であり、電子分極はそれより高い周波数である可視あるいは紫外領域で共鳴する。

一方、配向分極の場合は永久双極子モーメントを持つ分子が方向を揃えることで発現するが、この場合は調和振動子における復元力に相当するものがなく、電場が印加されない場合、周囲の影響を受け微視的な永久双極子モーメントはランダムに運動をし始める。そのためローレンツモデルは適用できず、デバイ型緩和と呼ばれる過程で周波数応答する。また、変位するものの質量も大きく、電子分極やイオン分極における変位よりもはるかに長い時間を要するので、一般にマイクロ波領域の周波数で追随できなくなる。

これらの誘電率の周波数依存性をまとめたものが図 10.12 である。静電場からマイクロ波領域まではすべての分極機構が関与するために、様々な種類の分極が生成され誘電率は高いが、

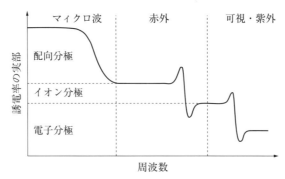

図 10.12　誘電率の周波数依存性

それ以上の周波数になると配向分極の効果が消え，さらに赤外領域より周波数が高くなるとイオン分極の効果が消失する。紫外領域以降では電子の分極の関与もなくなる。

　誘電体に交流電場が加わると振動分極ができると言ったが，振動分極とは分極が時間変化することであり，これは電荷が変位することに相当するので一種の電流と考えられる。これを分極電流 $J_P = \dfrac{dP}{dt}$ と呼び，分極の時間微分で与えられる。電場を $E(t) = E_0 e^{i\omega t}$ とすると比誘電率は $\varepsilon_r = \varepsilon_1 - i\varepsilon_2$ と複素数で表されるので，分極 $P(t) = \varepsilon_0(\varepsilon_r - 1)E_0 e^{i\omega t} = \varepsilon_0\{(\varepsilon_1 - 1) - i\varepsilon_2\}E_0 e^{i\omega t}$ と書ける。よって分極電流は $J_P(t) = \{\omega\varepsilon_0\varepsilon_2 + i\omega\varepsilon_0(\varepsilon_1 - 1)\}E_0 e^{i\omega t}$ となる。これは電流に実部と虚部に関する 2 つの成分があることを意味する。ここで，電場，分極，分極電流の時間変化の様子を図 10.13 に示す。ここで，電場から分極電流ができるということは $W = \dfrac{\omega}{2\pi}\displaystyle\int_0^{2\pi/\omega} J_P(t)E(t)\,dt$ で表されるようにエネルギーを消費していることになる。ここで誘電率の実部 ε_1 に関するものは電場と分極電流の位相が 90°$(\pi/2)$ ずれているため，積分しても値は 0 となる。その一方で，虚部 ε_2 に関するものは電場と分極電流が同位相となっているため，積分により $W = \dfrac{1}{2}\omega\varepsilon_0\varepsilon_2 E_0^2$ という有限の値を持つ。これは誘電損と呼ばれ，熱としてエネルギーを消費する項となる。また $\tan\delta = \dfrac{\varepsilon_2}{\varepsilon_1}$ を誘電正接といい，誘電損の度合いを示す。

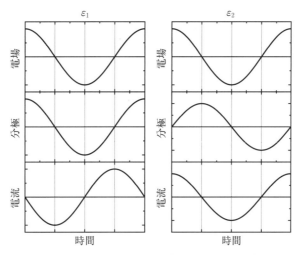

図 10.13　電場・分極・分極電流の時間変化

10.3.2　強誘電体

　通常の誘電体においては，印加する電場が大きくない場合は電場と分極は比例し，電場を取り除けば分極は消える。このようなものを常誘電体と呼ぶ。しかし，電場を印加しなくても分極を示す物質があり，それを強誘電体と呼ぶ。このような物質においては内部の小さな領域（分域）の中に分極が自発的にできている（自発分極）。強誘電性を示す物質に電場を印加した場合の分極と電場の関係は図 10.14 に示すようになる。はじめ多くの分域が様々な方向を向いており，全体としての分極はゼロとなっている。これはその物質を初めて作製したときや，一旦高い温度にした場合に相当する。ここから電場を正方向に印加すると多くの分域の自発分極の向きが揃いだし，全体として分極が生じるが，全ての自発分極が揃うとそれ以上全体の分極は

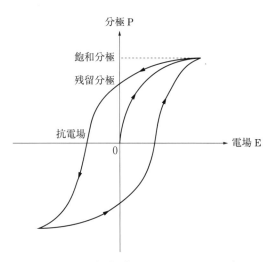

図 10.14　強誘電体のヒステリシスループ

増加しない。この時の分極の大きさを飽和分極という。この状態から電場を取り除いても一度揃ったほとんどの分極が同じ方向を向いたままとなるため残留分極と呼ばれる分極が残る。次にこの状態から負の方向に電場を印加すると揃っていた分極は反転し始めるが，抗電場と呼ばれる大きさの電場を印加するまでは減少はするものの正の分極が残る。この抗電場を印加した状態では全分域のうちの半分が逆向きになっており，全体としての分極が0となる。さらに負方向の電場を大きくしていくと最終的にすべての分極が反転し，そこでも分極の飽和が起こる。このような電場と分極の関係は履歴曲線またはヒステリシスループと呼ばれており，強誘電体の大きな特徴となっている。

　このような電場と分極の関係がヒステリシスループを描くものには他にも反強誘電体やフェリ誘電体と呼ばれるものがある。温度を上げた場合は物質内の原子や分子の熱運動が激しくなり，分域内の自発分極が小さくなるため，強誘電性も消失する。そのような温度をキュリー温度という。これらの特徴は10.4.3項で述べる強磁性体における磁場と磁化の関係と類似している。

　強誘電体にはその機構発現の違いから変位型と秩序 - 無秩序型の二種類がある。変位型においては，キュリー温度以上で結晶内イオンの平衡位置が対称性の高い状態にあるが，キュリー温度以下でイオンの変位が起こり，次いで対称性の低下が起こり，それに伴い自発分極が生じるというものである。一方，秩序 - 無秩序型においては，結晶内に回転あるいは反転可能な電気双極子があり，キュリー温度以下でその配向に秩序が生まれ，自発分極を発現するというものである。

　強誘電体が持つ性質の中で圧電性と焦電性について述べる。まず圧電性であるが，例えば中心対称性がない結晶においては，応力を加えると歪みのためイオンの相対位置が変位し電気分極が生じる。これは機械エネルギーが電気エネルギーに変換されたことを意味する。また逆に結晶に電場を印加するとイオンが電場により力を受けて変位するために機械的に歪む。これは逆圧電性とも呼ばれ，機械エネルギーが電気エネルギーに変換されたことを意味する。これは

音や圧力のセンサーや振動子，アクチュエーターなどの圧電（ピエゾ）素子に応用される。また焦電性とは熱により分極が生じる性質である。通常，空気中のイオンが物質表面に付着したり，あるいは内部の伝導度のために表面に電荷が現れていないが，温度を変化させることで自発分極の大きさが変化し，表面に電荷が現れることに起因している。赤外線センサーなどに利用されている。強誘電体は必ず圧電性，焦電性を有している。誘電体全体を考えた場合，その中の一部が圧電性を示し，またその中の一部が焦電性を示し，その中に強誘電体があるが，圧電性や焦電性を示すものが必ず強誘電体であるとは限らない。

10.3.3 誘電体材料の種類と応用

　誘電体材料は様々なところで利用されているが，その性質のうち絶縁性を利用したものと強誘電性を利用したものに大別される。まず絶縁性を示す材料としては，自由電子が極めて少なく高い電気抵抗率を示すイオン性や共有結合性の強い材料，特に Al_2O_3（アルミナ），SiO_2（シリカ）に代表される無機物質（セラミックス）やポリエチレン，ポリ塩化ビニルに代表される有機物質（プラスチック）などが挙げられる。直流においてコンデンサーに利用する場合は誘電率が高く電気容量が大きい材料が求められる。一方，交流においては誘電損を小さくするために誘電率が小さいものが必要となる。

　強誘電体は，1921 年のロッシェル塩（$NaKC_4H_4O_6 \cdot 4H_2O$）の研究によりその概念が提案された。その後 1942-44 年ごろに現在でも代表的な強誘電体であるチタン酸バリウム（$BaTiO_3$）が日本，アメリカ，ソ連（現在のロシア）で独立に発見された。他にもチタン酸ジルコン酸塩：PZT（$Pb(Zr, Ti)O_3$）や KDP（KH_2PO_4）などがよく知られている。用途としては圧電効果を利用したライターの点火機構，スピーカー，アクチュエーターや焦電効果を利用した赤外線温度計などが挙げられる。また強誘電体のヒステリシス効果に起因した正負の残留分極をデジタルデータの "0" と "1" に対応させた不揮発性メモリである FeRAM（Ferroelectric Random Access Memory）も近年の IT 技術に大きな貢献を果たしている。これらの強誘電体としては主に無機材料であるセラミックスが主に用いられてきたが，近年強誘電性液晶など有機材料によるものも発見されるようになってきており，今後の発展が望まれている。

10.4 磁性材料

　ここでは磁性の起源そして磁性体の種類を説明し，どのような物質が磁性を持ちうるのか，そして実際に使用されているかを説明する。**磁性**（magnetism）という言葉は広く一般的に用いられるが，材料（物質）の性質を指す場合には**磁気特性**（magnetic property）という言葉を使う場合もある。磁気特性を有する物質や材料を磁性体・磁性材料（magnetic material）という。磁気特性は前節の誘電特性と類似したところが多いが，それぞれに固有の現象やそれを指す物性名があるので注意を有する。ここでは，磁気モーメントと磁化，磁性体の分類，キュリー点などを説明する。

10.4.1 磁性の起源

　磁性とは，物質が磁気に応答する性質であり，その根源は物質内の電荷（電子やホール，原子核内の陽子）である。磁石には常に2つの極，すなわちN（North）極とS（South）極がある。電磁気学ではこれらは**磁極**と呼ばれ，N極がプラスの磁極，S極がマイナスの磁極と定義されている。磁石を分割しても，必ずNとSの極が分割された両端に出現する。このように2つの極は常に対となって存在する（これを**磁気双極子＝磁気モーメント**という）。どんなに細かくしてもN極のみもしくはS極のみ（磁気単極子）となることはない。また，N極からは磁気の流れを表す線，**磁束**（磁力線）が湧き出し，S極に吸い込まれていく。磁束の流れは途中で途切れることがなく必ず極から極へと繋がっている。この様子を**図10.15**に示す。

　図10.16に示すように，直線電流の周りには円形の**磁場**が発生する（これを**アンペールの法則**という）。また円電流を形成する微小な線分電流の各々（これを**電流素辺**という）にアンペール則を適用すれば，円形電流（円電流，環電流ともいう）の中心において直線磁場が一方向に貫いていることとなり，またその周囲には**図10.17**に示すような模様（玉ねぎを縦に割った切り口に似ていることからオニオン模様と呼ばれる）が円筒対称に分布する。円形電流の半径が非常に小さいとき（これを微小円電流という）この分布は磁気双極子の周りの分布と完全に一致する。つまり，磁気双極子と微小円形電流とに違いはないことがわかり，N極やS極といった単極子の存在が実験的に確認されていないことからも，磁性体の磁性の根源はN極やS極

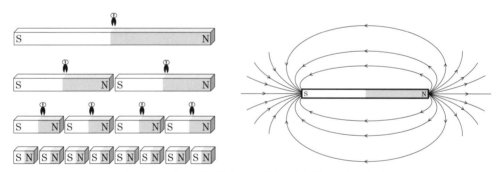

図 10.15　磁石の極（左）と，磁束（磁力線）の流れ（右）

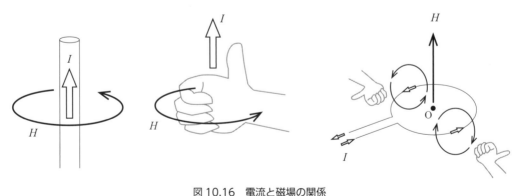

図 10.16　電流と磁場の関係
（左）直線電流が作るの周回磁場　（中）右手ネジの法則　（左）円電流が作る磁場

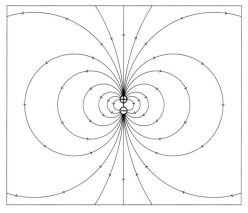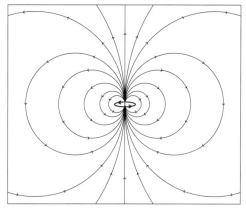

図 10.17　磁気双極子（磁気モーメント）（左）と微小円電流（右）
周囲に作られる磁場分布は両者とも同じ模様になっている。

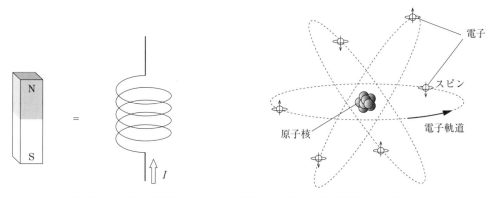

図 10.18　磁石と電磁石（左）と，原子に属する電子の軌道運動とスピン（右）

といった実在ではなく，内部の電荷（主として電子）の小さな円運動であると現在では解釈されている（**図 10.18**(左)）。ただし，N 極や S 極があるものとして取り扱う方がわかりやすいこともあり，古典的に単磁極の存在を仮定した説明がよくなされる。そのような体系は古典磁気学と呼ばれる。

　物質の磁性の起源となる電子の動き（ミクロな円電流）には，原子の中の電子の軌道運動（公転運動）およびスピン（自転のような運動，3.3 節参照）とがある（図 10.18(右)）。前者が磁気モーメントに寄与する成分を**軌道磁気モーメント**，後者が寄与する成分を**スピン磁気モーメント**という。

　電子は，原子核に近い内側の軌道から順番に席を埋める（占有する）。内側から 2 つの s 軌道（1s, 2s）があり，その外側に 1 つの p 軌道が続く。s 軌道は 1 つ，p 軌道は 3 つの電子軌道を持つ。パウリの排他律（3 章参照）により，1 つの軌道には上向きスピンと下向きスピンの 2 つの電子までしか収容されない。主量子数 n が等しく方位量子数 l も等しい幾つかの軌道（例えば $n=3$, $l=2$ の 3d 軌道の中の 5 つの軌道）のエネルギーが等しいとき（すなわち**縮退**しているとき），まず上向きスピンの電子が可能な限りその軌道を埋めていく。上向きスピンで一杯になったら（例えば d 軌道では上向きスピンの電子が 5 個入って半殻となったら）次に下

向きスピンの電子が入っていくこととなる。さらに軌道の状態を規定する磁気量子数 m についても，その合計がプラスかマイナスになるべく偏る電子配置が好まれることが分かっている。このような，電子がどのように軌道を占有していくかを定めたルールは，**フントの規則**として知られている。電子のスピンと軌道の状態が決まれば，それに従い原子の磁気モーメントが決定する。

Ne を例に考えると，$(1s)^2(2s)^2(2p)^6$ の計 10 個の電子をもっており，すべての軌道が電子で占有されている（これを**閉殻**という）。このため，スピン上向きと下向きの数は等しく，磁気モーメントは打ち消し合い，全体として磁気モーメントは無くなる。原子が磁気モーメントをもつためには，電子の磁気モーメントの打ち消されない，つまり**不完全殻**（閉殻でない電子軌道）が必要である。この役割を果たすのが，d 軌道や f 軌道である。外側の軌道に 3d 電子をもつ元素が 3d **遷移金属**元素である。Fe 原子の電子配置は，$(1s)^2(2s)^2(2p)^6(3s)^2(3p)^6(4s)^2(3d)^6$ であり合計 26 個の電子を持っている。s 軌道と p 軌道は閉殻であるので磁気モーメントは打ち消し合っている。3d 軌道は，5 つの軌道からなっており電子は 10 まで収容可能であるが，Fe 原子では 3d 電子の数は 6 個であり，このうち上向きスピンの電子は 5 個，下向きスピンの電子は 1 個となるため，差し引き 4 個分が磁気モーメントとして残り，原子として磁性を持つこととなる。このように多くの磁性体では個々の原子が内部の不完全電子軌道に由来した磁気モーメントを有しており，これを**原子磁石**または**原子の磁気モーメント**という。原子が磁気モーメントを持つ元素は**磁性元素**といわれ，Fe, Co, Ni は代表的な磁性元素である。その他 Mn や Cr などの遷移金属元素や，4f 軌道に不完全殻を有する希土類元素も磁性を有することが多い。

10.4.2 磁性体の分類

磁性体に外部から磁場が印加されると，内部の個々の磁気モーメントが磁場方向を向くため，マクロスコピックには**磁化**（magnetization）として観測されることとなる。物理量としての磁化は，「単位体積当たりの磁気モーメント」として定義される。一般に，どんな物質でも外部から加えられた磁場に対し（内在する電子の動きが変化するため），何らかの磁化が誘起される。磁化の向きは，磁場に対し正の場合もあれば負の場合もある。また一方，外部磁場が存在しなくても磁化（**自発磁化**）を持った物質も存在する。個々の磁気モーメントが平行もしくは反平行に揃いやすいかどうかは，近接する磁気モーメントの間に互いに働く相互作用（**交換相互作用**）により決まるため，物質によって磁気モーメントの配列の状況（**磁気構造**）が異なる。**図 10.19** に代表的な磁気構造を示す。

（a） 強磁性

外部磁場が存在しなくとも磁気モーメントの方向が平行に揃っており，**自発磁化**を持つ。代表的な強磁性体として，Fe, Co, Ni など d 軌道が満たされていない遷移金属が挙げられる。原子の磁気モーメント間で平行になりたがる傾向が強い場合に強磁性となる。

（b） 反強磁性

隣り合う磁性原子サイトの磁気モーメントが反平行（逆向き）に配列しており，全体として

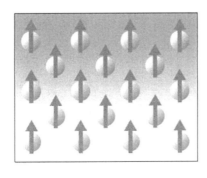
（a）　強磁性

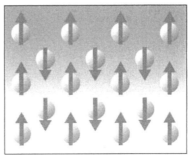
（b）　反強磁性

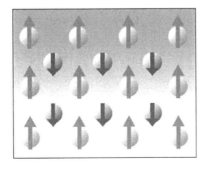
（c）　フェリ磁性

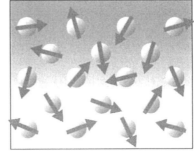
（d）　常磁性

図 10.19　磁性体の分類（代表的な磁気構造）

の磁化はゼロとなっている。Mn 酸化物や Cr 酸化物がよく知られている。

（c）　フェリ磁性

　結晶中の磁性原子サイトが 2 種類以上あり，それぞれで異なる磁気モーメントの大きさをもちそれらが反平行となった配列をしている。強磁性同様，自発磁化を持っている。Fe 酸化物ガーネット（スピネル構造）や希土類元素と遷移金属との合金がよく知られている。

（d）　常磁性

　自発磁化を持たず，個々の原子の磁気モーメントの向きがばらばらにランダムな方向を向いている状態。外部磁場の印加により向きが揃い（磁気モーメントのベクトルの磁場方向への射影成分が有限値をもつようになり），マクロな磁化が発生する。

　（a）〜（c）は磁気モーメントの配列の規則性があるため秩序磁性とも呼ばれ，対する（d）の常磁性では不規則となっており無秩序磁性と呼ばれる。すべての秩序磁性はある温度以上において常磁性へ転位（遷移）する。この転位温度を**キュリー温度**という。

10.4.3　磁気ヒステリシス曲線

　強磁性体やフェリ磁性体に外部から磁場 H を印加すると，大きな磁化 M を生じる。その磁場依存性は，**図 10.20** のような磁場に対する履歴特性をもつ，これを**磁気ヒステリシス性**といい，図のような曲線を**磁気ヒステリシス曲線（磁気ヒステリシスループ）**という。これは強誘

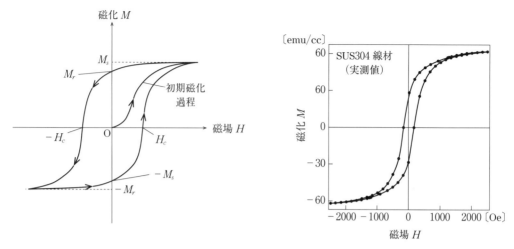

図 10.20　強磁性体の磁気ヒステリシス曲線（左）とステンレス線における実験結果（右）

電体における電場 E と分極 P の関係によく似ている。

　強磁性体の磁化は，十分強い磁場に対して一定の値 M_s に飽和する（**飽和磁化**）という。この状態から外部磁場を取り去っても物質内部で強い磁化 M_r が残る（**残留磁化**）。残留磁化の向きと逆向きの負の磁場を印加していくと，ある磁場にて磁場と平行方向に磁化の向きが反転する。この磁場 H_c を保磁力という（この名称は「磁石が磁化の方向を保っていられる力」の意味である）。強磁性体の結晶は**磁区**と呼ばれる多数の小さい領域に分かれており，最初の外部磁場がない状態（原点 O）では，それぞれの磁区がばらばらの向きを向いているため，全体として磁化を持たない。この状態から磁場を印加することで磁化が開始することとなる。この過程を**初期磁化過程**という。

10.4.4　磁性体の応用

　強磁性体について，磁気ヒステリシス曲線に囲まれる面積（**BH 積**）が比較的小さい場合を「軟らかい（軟質，**軟磁性**）」といい，逆に BH 積が比較的大きい場合は「硬い（硬質，**硬磁性**）」という。軟質磁性体は，外部磁場に応じて柔軟に磁化方向を変え，その方向への磁束密度を増加させる働きがある。一方，硬質磁性体はその保磁力 H_C が大きく，外部磁場の向きにかかわらず磁化方向を保持しようとする性質を持っている。

10.4.4.1　硬磁性材料（硬質強磁性体材料）

　いわゆる永久磁石のことであり，モーターなど様々な場所で利用されている。代表的なものとして，フェライト（BaO と Fe_2O_3 を焼結して作られる代表的な永久磁石）やアルニコ（Fe と Al, Ni, Co の合金），1984 年に日本の住友特殊金属（現：日立金属）の佐川眞人らによって発明されたネオジム磁石（$Nd_2Fe_{14}B$：世界最強の永久磁石）などがある（**図 10.21**）。

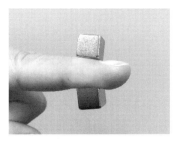

図 10.21　世界最強のネオジム磁石

10.4.4.2　軟磁性材料（軟質強磁性体材料）

　磁区と磁区の間の**磁壁**が動きやすい材料であり，外部磁場の大きさと向きに応じ速い応答特性を有すため，主に電磁石コイルの中に挿入することで磁束密度を増加させる**磁心**（磁芯，鉄心ともいう）や，磁気遮蔽に用いられる。低周波数用トランス（変圧器）などには**ケイ素鋼板**（Fe–3Si）が用いられることが多い（電磁鋼板とも呼ばれる）。一方，高周波用のトランス磁心やハードディスク内部（**図 10.22**）の磁気ヘッド（磁気信号の読み取り素子）には鉄，シリコン，アルミニウムの合金が用いられている。特に Fe–5.5Al–9.5Si（85%Fe, 5.5%Al, 9.5%Si）の**センダスト**や Ni と Fe の合金である**パーマロイ**がよく用いられる。

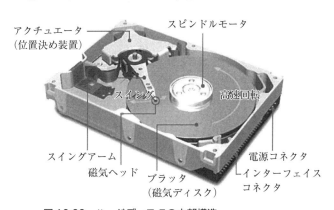

図 10.22　ハードディスクの内部構造
（引用：情報機器と情報社会のしくみ
http://www.sugilab.net/jk/joho-kiki/）

10章　章末問題

10.1

オームの法則について，下図のような長さ $L = 18\,\text{cm}$，半径 $r = 3.0\,\text{cm}$ の円筒の物体の抵抗を測定する。電圧 $V = 9.0\,\text{V}$ をかけたところ電流 $I = 3.0\,\text{A}$ が流れた。

（1）　この物体の抵抗 $R\,[\Omega]$ を求めよ。

（2）　この物体の抵抗率 $\rho\,[\Omega\text{m}]$ を求めよ。

（3）　この時の物体中の電流密度の大きさ $J\,[\text{A/m}^2]$ と，
　　　電場の大きさ $E\,[\text{V/m}]$ を求めよ。

10.2

導体材料として求められる特性と，主に使用される銅の種類，純度について説明せよ。

10.3

（1）　ローレンツモデルにおける誘電率の周波数依存性を求めよ。

（2）　デバイ緩和過程における誘電率の周波数依存性を求めよ。

10.4

硬磁性材料と軟磁性材料の違いとそれぞれの用途を説明し，主な物質を挙げよ。

材料の電磁気的性質と機能（2）半導体

2章にて説明したように，物質をその電気の流れやすさ（電気伝導率 σ）もしくは流れにくさ（抵抗率 ρ）で分類した場合に，絶縁体（およそ $\rho > 10^{10}\,\Omega\mathrm{m}$）と導体金属（およそ $\rho < 10^{-5}\,\Omega\mathrm{m}$）の中間に位置するのが半導体である。半導体の英語の semiconductor は，導体（conductor）の半分（semi＝半ば，幾分）が語源である。ただ単に，抵抗率（もしくは伝導率）が絶縁体と導体の半ばにあるだけでなく，不純物の添加（**ドーピング**）によって人為的にその抵抗率を幅広く制御できる一連の物質を指すことが多い。また単結晶作製技術がある程度確立されていることから，抵抗率に限らず物性の細かな制御が可能であり，キャリアの種類の異なる N 型（キャリアが電子）と P 型（キャリアがホール）の2種類の半導体を1つの結晶（単結晶）内に作り込むことで種々の機能を持った電子デバイスが実現されている。さらに，電気特性に加え光特性や熱電特性を有しており，それらを組み合わせることで発現する多種多様な機能がデバイス化され利用されている。

11.1 半導体の種類

11.1.1 真性半導体（固有半導体）

不純物や欠陥を全く含まない半導体は，温度による熱エネルギーによって励起されたキャリア（電子もしくはホール）のみしか存在しない（これを**熱キャリア**という）。このような半導体を**真性半導体**（もしくは**固有半導体**，intrinsic semiconductor）という。真性半導体のバンド模式図を**図 11.1**（a）に示す。図 11.1 には，ほかに不純物半導体や種類の異なる半導体を組み合わせたバンド模式図を載せてある。この図の縦軸は電子のエネルギーであり，横軸は（通常）位置を表している。図 11.1（a）では，エネルギーが3つの領域に分かれており，下の方から，**価電子帯**（V. B.＝Valence Band，もしくは**充満帯** Filled Band），**禁制帯**（もしくは**エネルギーギャップ**，E_g＝Energy Gap），**伝導帯**（C. B.＝Conduction Band）となっている。価電子帯は，比較的原子に局在し，原子間の結合に寄与する電子が持つエネルギーを表している。伝導帯は，原子の束縛から逃れ，つぎつぎに隣の原子へと徘徊することのできる状態，すなわち電気伝導に寄与する電子が持つエネルギーを表している。両者の間にあるエネルギーギャップは，電子が持ちえないエネルギーを表している。エネルギーギャップができる理由は，電子の波動性に起因しており，結晶中を漂う波がある特定のエネルギーの時にはその波長がちょうど原子配列（すなわち結晶の周期性）と合致し共鳴反射が起こるため，安定して進行できなくなる（言い換えればそのエネルギーの波が存在できない）ためと解釈できる。このエネルギーギャップ E_g は物質に依存し，通常 1～4 eV 程度である。**表 11.1** に主要な半導体のエネルギー

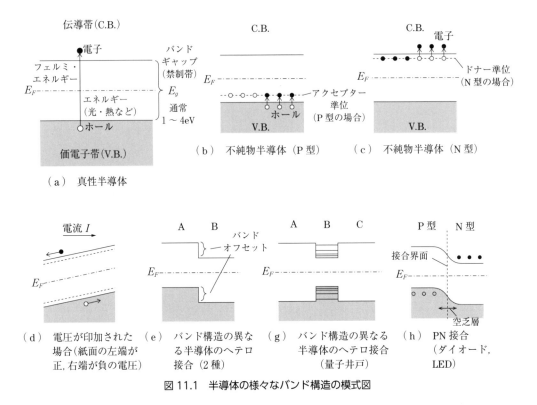

図 11.1　半導体の様々なバンド構造の模式図

ギャップ E_g を示す．特に，エネルギーギャップが概ね 3 eV 以上のものは**ワイドギャップ半導体**と呼ばれており，青色・白色の LED やパワーデバイスに使用される．

　熱や光によって電子が伝導帯に励起されると，逆に価電子帯には電子の穴，すなわち**ホール**（hole，**正孔**）が生成される．これら電子とホールは総じて**キャリア**（Carrier）と呼ばれ，原子からの束縛が小さく（これを，非局在化している，遍歴性があるなどとも表現する），空間を動くことができるため，電圧が印加された場合の電流となる．

　実際に電流に寄与するキャリアの数はどのくらいであろうか．エネルギーギャップが数 eV あるのに対し，温度による格子振動のエネルギーは，ボルツマン定数 k_B と温度 T との積で与えられ，室温（300 K）では 1.38065×10^{-23} J/K $\times$ 300 K $\fallingdotseq 4.14195 \times 10^{-21}$ J $\fallingdotseq 0.02585$ eV $\fallingdotseq$ 26 meV と小さく，この熱エネルギーによってエネルギーギャップ Eg を乗り越えられる確率は $\exp\{-(E_g/k_BT)\}$ で与えられ，例えばシリコン（Si）の $E_g = 1.11$ eV の場合の確率は 2.25×10^{-19} となる．このような小さい確率ではあるものの，半導体内の電子数は，（例えば Si の格子定数を 5.43 Å とし，sp^3 混成軌道の 4 つの電子を考えれば，）単位体積中に

$$N = （単位格子中の原子数 \times 1 原子辺りの電子数）/（単位格子の体積）$$

$$= \frac{8 \times 4}{(5.43 \text{ Å})^3}$$

$$= \frac{32}{160 \times 10^{-30} \text{ m}^3} = 2.0 \times 10^{29} \text{ m}^{-3}$$

表 11.1　主な半導体のエネルギーギャップ，電子移動度とホール移動度，主な用途

種族	元素・化学式 （結晶構造）	移動度 [cm²/Vs]※		バンドギャップ E_g [eV]		主な応用例
		μ_e（電子）	μ_h（ホール）	0 K	300 K	
IV族	Si（diamond）	1880	450	1.20	1.11	IC チップ，ダイオード， 受光素子，CCD
	Ge（diamond）	4000	1500	0.74	0.66	ダイオード，X 線検出器， 赤外線センサ
	C（diamond）	1800	1200	5.4		
	C（Graphite）⊥ 　　　　　　//	～1 10000～20000				
III-V族	AlAs（z.b.=zinc blende）	180	—	2.52	2.45	赤外線発光・受光
	GaAs（z.b.）	8500	420	1.52	1.43	赤外線発光・受光， 高速論理素子（HEMT）
	InAs（z.b.）	33000	460	0.41	0.36	LED（赤）
	GaP（z.b.）	200	120	2.34	2.26	LED（緑）
	InP（z.b.）	6460	150	1.42	1.35	レーザー
	AlN（w.=wurtzite）	—	14	—	5.9	耐熱絶縁体，高熱伝導材
	GaN（w.）	380	—	3.48	3.39	LED（青，紫外）
II-VI族	CdSe（w.）	1200	100			光センサ，蛍光体
	CdS（w.）					
	ZnO（w.）					白色顔料，透明電極
その他	有機半導体	—	—	—	—	有機 EL ディスプレイ
	アモルファス Si	0.1～1	—	—	1.2 ～ 1.4	太陽電池，トランジスタ
	アモルファス SiO2	20	～10⁻⁸			絶縁膜
	SiN（z.b.～w.）	100	—	—	—	絶縁膜，タービンブレード
	SiC（z.b.～w.）	500～1000		3.0	2.9	絶縁膜，ヒータ， 研磨剤・耐火材
	BN（hex, cubic, w.）	—	—	—	8.0	高融点材料，坩堝
	BC（rhombohedral）	—	—	—	—	高融点材料，研磨剤

※ 移動度は室温（300 K）での値

もの価電子（＝結合に関与する電子）がいるため，このうちの幾つかは室温において伝導帯へ励起し熱キャリアとなっている。正確には，フェルミ粒子である電子の持つ熱統計（フェルミ・ディラック統計）に従い，フェルミ分布関数を伝導帯領域にて積分することでキャリア数を求めることができる。このキャリア密度 n と移動度 μ の積にて伝導度 σ は $\sigma = ne\mu$（e は素電荷）で計算することができる(10.1 節参照)。半導体では電子とホールの両方が伝導に寄与するため，

$$\sigma = e(n\mu_e + p\mu_p)$$

となる（ここで n, p はそれぞれ電子，ホールのキャリア密度であり，μ_e, μ_p はそれぞれ電子，ホールの移動度である）。実際に真性半導体 Si の室温におけるキャリア密度は，電子とホールそれぞれ 10^{10}～10^{11} 個/cm³ 程度となり，抵抗率は $\rho = 1/\sigma = 10^6$ Ωcm 程度となる。室温における真性半導体はほぼ絶縁状態ということができる。実際は，格子欠陥によって生じたキャリアが存在するし，光照射によってキャリア数が増加すればその分抵抗率も下がることとなる。

11.1.2　不純物半導体

　不純物を含まない真性半導体に，意図的に価数の異なる原子を混ぜること（**ドーピング，ドープ**）を行えばキャリア数を制御できる。このような半導体を**不純物半導体**という。代表的な半導体である Si を例にとって説明しよう。**図11.2** に示すように，4価である Si は4つの結合手を四方に伸ばし，隣接する Si と共有結合している（詳しくは下記「sp^3 混成と sp^2 混成」を参照）。1つの結合は，片側の原子から供給された価電子（1つ）と，もう一方の原子からの価電子（1つ）の計2個の電子によって形成されている。このような完全結晶の状態では，全ての電子が結合に使われているため，結晶中を動き回ることのできるキャリア（電子やホール）は存在しない。ここに温度上昇によって熱エネルギー加わり，格子の振動が激しくなると，ボルツマン統計に従った割合にて幾つかの結合が分断され，熱キャリアが生まれることとなる。他方で，そのような熱による結合分断がなくても，例えば5価の P（リン）が Si に置換固溶すると，4価である Si が4つの電子を結合に使うのに対し，5価の P は5つの電子を結合（配位）に使えるため（つまり 2p 軌道の電子数が Si より1つ多いため），1つの電子が余ることとなりこれがキャリアとなる。また，3価の Al や2価の Mg が Si サイトに置換固溶すれば，P の場合とは逆に，電子の不足（欠損）が生じることとなる。これがホール（正孔）であり，キャリアとなる。周期律表のⅣ族元素である C, Si, Ge は全て同様の仕組みによりキャリア生成が可能であり，**Ⅳ族半導体**と呼ばれる。これに対し周期律表にてⅣ族の隣に位置するⅢ族とⅤ族の組み合わせから成る**Ⅲ-Ⅴ族半導体**やさらに隣のⅡ族とⅥ族の組み合わせから成る**Ⅱ-Ⅵ族半導体**についても同様のドーピング機構が成り立ち，これらは**化合物半導体**と呼ばれている。**図11.3** にⅢ-Ⅴ族半導体である GaAs におけるドーピング機構の模式図を示してある。完全結晶の状態においては，3価の Ga からは3つの，そして5価の As からは5つの価電子が供給さ

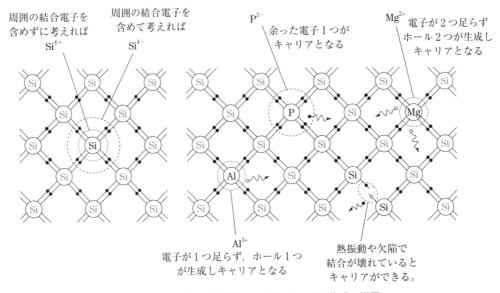

図 11.2　Si（Ⅳ族半導体）におけるキャリア生成の様子

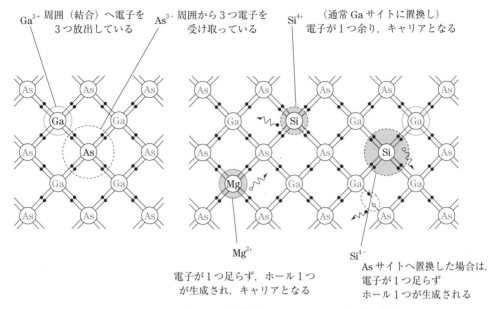

図 11.3　GaAs（Ⅲ-Ⅴ族半導体）におけるキャリア生成の様子

れる結果，1つの原子の周りに計8個の価電子が存在することとなり共有結合4本が形成されている。Ga サイトに4価である Si が置換固溶すれば電子が1個余るし，Ga サイトに2価の Mg が置換固溶すれば電子が欠如しホールが1つ生成する。

　ドーピングによれば，不純物半導体のキャリアの種類（電子かホールか）と，その濃度（**キャリア濃度**）を任意に制御することができる。キャリアが電子の場合を **N 型**（電荷が負 = negative），キャリアがホールの場合を **P 型**（電荷が正 = positive）という。また，ドーピングにより加えられる不純物元素を**ドーパント**（dopant）という。ドーパントとなる元素について，電子を供給（生成）するものを**ドナー**（donor = 電子を提供するもの），逆に電子を受領してホールを生成するものを**アクセプター**（accepter = 電子を受け入れるもの）という。GaAs への Si ドーピングでは，Si は通常 Ga サイトに入ることで N 型となることがわかっているが，一部の Si は As サイトに入りホールが形成されることがある。このようにドナーにもアクセプターにも成り得るドーパントを**両性不純物**といい，電子とホールが共存する半導体は**両性半導体**と呼ばれることがある。

◇sp³ 混成と sp² 混成

　半導体は周期律表のⅣ族の元素やその周囲の元素からなることが多い。それらの元素は最外殻に s 軌道と p 軌道を持っており，それらが原子間の結合に強く関与している。s 軌道は1つの軌道からなり，電子を2つ収容できる。p 軌道は3つの軌道からなり，電子を6つ収容できる。周囲からの影響が全くない孤立原子の状態では，この s 軌道と p 軌道が独立な状態として存在しているが，結晶中では（周囲からの影響，すなわち配位状況に応じて）実はこの s と p が混ざり合い sp³ 混成軌道もしくは sp² 混成軌道と呼ばれる状態をとっていることが多い。

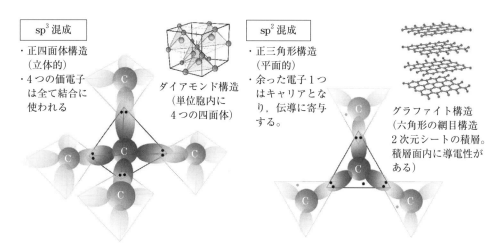

sp³ 混成

・正四面体構造
（立体的）
・4つの価電子
は全て結合に
使われる

ダイアモンド構造
（単位胞内に
4つの四面体）

sp² 混成

・正三角形構造
（平面的）
・余った電子1つ
はキャリアとな
り，伝導に寄与
する。

グラファイト構造
（六角形の網目構造
2次元シートの積層。
積層面内に導電性が
ある）

図 11.4　ダイヤモンドにおける sp³ 混成軌道（左）とグラファイト
における sp² 混成軌道（右）の共有結合の様子

sp³ 混成軌道は，球対称の s 軌道に，3つの p 軌道，p_x, p_y, p_z が混成しており，結果として**図11.4**の（左）のように正四面体を形成する4つの頂点方向に伸びた軌道となる。これを結晶方位で表せば $\langle 1\,1\,1 \rangle$ に等価な8つの方位のうちの4つ，$[1\,1\,1][1\,\bar{1}\,\bar{1}][\bar{1}\,1\,\bar{1}][\bar{1}\,\bar{1}\,1]$ に相当しており，結果として結晶構造がダイヤモンド構造になる。C（炭素）の孤立原子状態での電子構造は $(1s)^2(2s)^2(2p)^2$ であり，C がダイヤモンド結晶となっているときは，外殻（L 殻）の $(2s)^2(2p)^2$ が混成し，

$$(s)^2(p)^2 \rightarrow (sp^3)^4$$

となり，sp³ 混成軌道に電子が4つ存在することとなる。隣接する C 原子同士で電子を共有し合うことで電子数のつじつまが合っている（電子数は結合の数の2倍）。

　一方，sp² 混成軌道では，球対称の s 軌道と，p_x, p_y, p_z のうちのいずれか2つの軌道が混成している。例えば s, p_x, p_y を使えば $[1\,1\,0][\bar{1}\,1\,0][1\,\bar{1}\,0]$ の3つの方向に伸びた軌道となる。結果として図 11.4（b）に示すような2次元的なグラファイト構造となる。C からなるグラファイト構造の2次元シート1枚をグラフェン（graphen）と呼ぶ。この外殻（L 殻）は，

$$(s)^2(p)^2 \rightarrow (sp^2)^3 + e$$

となっており，sp² 混成軌道に存在する3つの電子が，隣接する C との共有結合を形成し，余った1つの電子は自由電子となっている。つまりグラフェンシートは高い導電性を有し，シートの変形の自由度もあることから，近年応用研究が盛んになされている。

11.1.3　元素半導体（Ⅳ族半導体）

　Si, Ge（ゲルマニウム），C の単体からなる半導体であり，周期律表のⅣA 族の元素から成るものを**Ⅳ族半導体**という。このうち，Si は高い共有結合性，温度安定性，伝導度の制御性，資源の豊富さ，低コストなどの面から，あらゆる半導体のなかで最も広く使用されている。Si,

Ge の結晶構造はダイヤモンド構造をとり，ドーピングがなされなければ絶縁性が高い。C の場合はダイヤモンド構造に加えグラファイト構造をとることもあり，後者の場合は導電性が高い。このような，1 つの元素から成る，すなわち単体の半導体を広く**元素半導体**と呼ぶことがあり，Te（テルル）や Se（セレン）などもこれに加わる。

11.1.4　Ⅲ-Ⅴ族（化合物）半導体

周期律表のⅢA 族（B, Al, Ga, In）とⅤA 族（N, P, As, Sb, Bi）とを組み合わせた化合物半導体を**Ⅲ-Ⅴ族半導体**（もしくは**Ⅲ-Ⅴ族化合物半導体**）という。結晶構造はセン亜鉛鉱型（ZnS 型）もしくはウルツ鉱型となる。3 価と 5 価の組み合わせにより，形成される sp^3 混成軌道には原子 1 つあたり 4 個の電子（1 つの結合には 2 原子が関与するので 2 個ずつ）が含まれることとなり，結果として共有結合性の結晶が形成されている。一方で，Ⅲ族の原子は 3 価の正イオン，Ⅴ族の原子は 3 価の負イオンになることでイオン結晶が形成されている側面もある。つまり共有結合性とイオン結合性が共存することとなる。これは，Ⅲ族とⅤ族のそれぞれのサイトに電子がどの程度吸引されているか，電子分布に偏りがあるかどうか（その度合い）によって共有結合性とイオン結合性のどちらが高いかが決まると解釈すればよい。例えば GaAs の場合は，Ga サイトより As サイト側に電子は吸引されていることなる。これが GaN となると（N の電気陰性度は As より強いため）N サイト側にさらに電子は偏る，つまりイオン結合性は高くなることとなる。これに対し上述のⅣ族半導体である Si では，1 つの結合手内での電子分布に偏りはないので，イオン結合性はない，すなわち完全な共有結合状態と解釈できる。Ⅲ-Ⅴ族半導体は概して移動度が高く，バンド間遷移によって発光するものが多い。代表的なものとして，赤外線の発光・吸収デバイスや HEMT（High Electron Mobility Transistor；高電子移動度トランジスタ）として使われる GaAs や，紫外・青色発光ダイオードとして使われる GaN, GaInN，レーザー素子となる InP などがある。

11.1.5　Ⅱ-Ⅵ族（化合物）半導体

周期律表のⅡB 族（Zn, Cd, Hg）とⅥA 族（S, Se, Te）とを組み合せた化合物半導体を**Ⅱ-Ⅵ族半導体**（もしくは**Ⅱ-Ⅵ族化合物半導体**）という。Ⅲ-Ⅴ族よりも，イオン結合性は増す。光吸収を起こしやすく，またバンド間遷移により発光するため光デバイスとして利用される。特に CdS は，光依存抵抗（LDR；Light Dependent Resistance）として光センサに広く使われている。また ZnSe や ZnS の量子ドットによる発光制御やスピン制御の研究も盛んである。

11.1.6　アモルファス半導体

半導体は結晶とは限らず，非晶質からなる場合もありこれを**アモルファス半導体**という。結晶の場合には明確なバンド端（価電子帯の上端ならびに伝導帯の下端）が，アモルファス半導体の場合には明確でなくなり，また共有結合が壊れた 1 個の不対電子となってしまった結合（これを**ダングリングボンド**という）に起因する不純物準位が多数バンド端近くに存在するため，バンド端が支配的となる電気特性と，小さな準位間でも起こり得る光吸収とが異なる挙動を示

す。通常，ダングリングボンドの不対電子がキャリアとなり動くことでＮ型となるが，成膜時にチャンバー内にてＨ（水素）プラズマを発生させることでダングリングボンドを水素終端して電子をトラッピングし，さらにアクセプター不純物をドープすることでＰ型とすることもできる。特にアモルファスSi（a-Si）は，太陽光を広いエネルギー領域にて吸収することができるため，太陽電池の受光パネルや液晶ディスプレイの内部のTFT素子（薄膜トランジスタ素子，次節参照）として応用されている。

11.2　電子デバイス

　半導体は，その電気伝導をきめ細やかに制御することができ，また完全性の高い結晶の作製が可能であるため再現性が良く，高い機能の**電子デバイス**（電子素子）の開発が可能である。半導体が組み込まれた電子部品は，パソコンや携帯電話をはじめ，自動車のような乗り物や，洗濯機や冷蔵庫といった電気製品，工場における各種ロボット制御，システム制御など，ありとあらゆる場所に使われている。ここでは主要な半導体による電子デバイスについて説明する。デバイス（device）という単語には，「工夫，計画」という意味や，（ある目的に沿って機能する）「装置，端末，素子」という意味があり，電子デバイスといったときは電気回路に接続して用いられるような数cmオーダーあるいはそれ以下の小型で電気的な（すなわち電流もしくは電圧を制御する）機能部品のうち，特に半導体（や古くは真空管等）により電子の動きを制御しているものを指す。

11.2.1　ホール素子

　磁場中に置かれた半導体に電流を流すと，内部の運動するキャリアは磁場から（正確には磁束密度から）**ローレンツ力**として

$$f = qv \times B = (\pm e)v \times B \tag{11.2.1}$$

を受ける。ここで，v [m/s] はキャリアの速度，q [C] はキャリアの持つ電荷であり，その大きさは素電荷eであるが，キャリアがホールの場合は符号が正，電子の場合は負となる。B[T] は磁束密度ベクトルであるが，磁場ベクトルH [A/m^2] と透磁率μ [H/m] によって，$B = \mu H$の関係がある。つまりキャリアは電流方向と磁場方向の両者に垂直な方向に力を受ける。この様子を**図 11.5** に示す。ローレンツ力の方向は，図中の「**フレミングの左手の法則**」のように，左手を使って中指を電流，人差し指を磁場，親指を力の方向とすることで求めることもできるし，別の方法としては「**右ネジの法則**」として右手を用い，図のように親指を立てた際の４本指が回転する方向に順に電流 → 磁場の方向をとり，親指の指す方向が力の向きとなるとしても求めることができる。結果として，キャリアは半導体試料の片側に（図では手前の面に）蓄積する。平衡状態においては，この図の奥行方向に電圧 V_H [V] が発生し，その電圧による電場（つまり V_H を奥行方向の長さ a [m] で割った V_H/a [V/m]）から受ける力とローレンツ力との大きさが釣り合うこととなる。

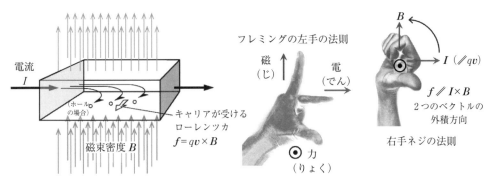

図 11.5　ホール効果の模式図（左）と，ローレンツ力の向きを表す
フレミングの左手の法則と右手ネジの法則（右）

$$|(\pm e)V_H/a| = |(\pm e)\boldsymbol{v} \times \boldsymbol{B}| \tag{11.2.2}$$

この電圧 V_H をホール電圧といい，この効果を**ホール効果**（Hall effect）という。ここで，V_H の検出を電流，磁場それぞれに垂直に行えば式（11.2.2）のベクトルの向きを考慮する必要がなくなり，また，電流 I [A] とキャリア密度 n [m^{-3}]，試料断面積 S [m^2] の関係 $I=nevS$ を用い，

$$V_H = vB = \frac{1}{ne}\frac{IB}{S}a = \frac{1}{ne}\frac{IB}{d}$$

と変形できる。ここで v, B, I はキャリアの速度，磁束密度，電流それぞれの大きさであり，$d = S/a$ は試料の厚みである。つまり，試料形状がわかっている半導体試料についてホール電圧 V_H を測定すればキャリア密度 n を求めることができ，さらに抵抗測定を別に行い抵抗率 ρ がわかれば，式（10.1.9）の関係により，キャリア移動度 μ も求まる。このようにホール効果の測定は，半導体の基本的な物理量であるキャリア密度，キャリア移動度を知ることができるため，基礎研究としても大変重要である。逆にキャリア濃度，キャリア密度が既知の半導体を使い，ホール効果によって磁場検出（磁気プローブ）できるようにした素子が**ホール素子**であり，センサーとして応用されている。比較的安価な Si や Ge のほか，高精度の検出には移動度の大きい InSb, InAs, GaAs などが主に使われる。また，ホール素子と増幅機構，出力機構を組み込んだ IC（集積回路）チップがホール IC として製品化されており，これを電気回路基板に組み込むことで，精密制御機器での動き（モーション）センサや位置（ポジション）センサ，角速度可変なモータ（ホールモータ）として DVD などの回転機構などに使われている。

11.2.2　PN 接合（ダイオード）

P 型と N 型の半導体を組み合わせた **PN 接合**は電流の向きと量を制御する性能（これを**整流特性**という）があり広く応用されている。単に 2 種類の相があるだけでなく，両者の結晶周期と方位について一定の関係性があり，界面において原子配列の連続性が保たれていることが重要であり，これを**格子整合**という。また異種物質間で格子整合した接合を**ヘテロ接合**という（hetero とは「異種の」という意味である）。PN 接合によって整流機能を持たせた電気素子は，「2 つの接点を持つ」という意味で**ダイオード**（diode = di（2 つ）の node（極点，接点））と

呼ばれる。**図 11.6** に PN 接合の模式図を示す。また対応するバンド構造を**図 11.7** に示す。PN 接合の界面付近では，P 型内のホールと N 型内の電子とが相互拡散し互いに対消滅を起こす結果，キャリアの存在しない領域（これを**空乏層**もしくは**拡散領域**という）が生まれる。空乏層の P 型領域はホールの消滅により負に帯電し，N 型領域は電子の消滅により正に帯電することとなる。このため境界付近において N 型領域から P 形領域への電位勾配(すなわち電場)が生じ，この電場によってキャリアの拡散が抑制されて平衡状態となっている。この PN 接合に P 極側の電位を N 極側より高くすると，電流が流れる（この電圧を**順方向電圧**もしくは**順方向バイアス**といい，流れる電流を**順方向電流**という）。逆に N 側の電位を P 側より高くしても電流は流れない（**逆方向電圧**もしくは**逆方向バイアス**，**逆方向電流**）。

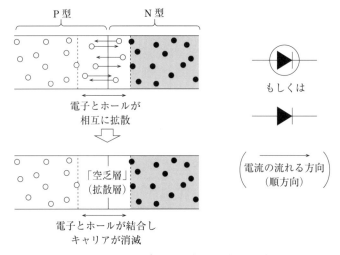

図 11.6　PN 接合（ダイオード）の模式図と電気記号

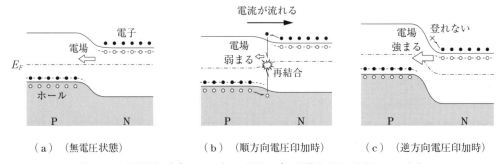

（a）（無電圧状態）　　　　　（b）（順方向電圧印加時）　　　　（c）（逆方向電圧印加時）

図 11.7　PN 接合（ダイオード）におけるバンド構造の電圧印加による変化

　この PN 接合の整流特性をバンド構造で考えてみよう。まず電子を主体とすると，電子はバンド構造の図の下に行くほどエネルギーは低く安定状態であるから，無電場の状態で電子が N 側から P 側へ移動するためには，図 11.7(a)のように，空乏層に乗り越えなければならない障壁がある。より正確には，空間電位 φ についてのラプラスの式

$$\Delta\varphi = 0$$

を，空乏層両端のフェルミ・エネルギー E_F のオフセット（すなわち P 型と N 型との差）を境界条件として解くことで得られ，電子を主体とした際の P 型領域に向けた障壁の立ち上がりが図 11.7（a）のような 2 つの 2 次曲線を組み合わせたものとなることがわかる。この障壁は順方向電圧の印加によって低くなるためこの場合，電流が流れることとなる（図 11.7（b））。逆方向電圧の場合には，障壁は高くなるため電流は流れない（図 11.7（c））。次に，ホールを主体として考えてみても，全く逆のことが言えるため，結局は順方向電圧の印加時にのみ電流が流れることとなる。またその時，電子とホールは境界において（正確には空乏層において）対消滅する（これを**再結合**ということもある）。

　一般的な PN 接合（ダイオード）における電流–電圧特性（IV 特性）を**図 11.8**（a）に示す。また，逆方向電圧が P, N のバンドのずれ（**バンド・オフセット**）程度に大きく，空乏層の厚みが波動関数の広がりより小さければ，P 側のホールと N 型の電子とが空乏層をトンネルして直接結合し，結果，逆方向電流が流れることとなる。この現象を**ツェナー降伏**といい，これを応用した素子を**ツェナーダイオード**という。ツェナー降伏を起こすためには，高濃度のドーピングによって空乏層の厚みを狭くする必要がある。図 11.8（b）に示すようにツェナー降伏による逆方向電流の立ち上がりは，熱励起を必要とする順方向電流の立ち上がりより急峻であるため，定電流電源や保護回路に主に用いられている。さらに高濃度のドーピングを行うと，P 型の価電子帯および N 型の伝導帯それぞれの中にフェルミ・エネルギーが位置することとなる（これを**縮退**するといい，このような半導体を**縮退半導体**と呼ぶ）。この場合，図 11.8（c）に示すように，印加電圧（バイアス）が 0 V 近傍においては順方向・逆方向のどちらの電圧印加によってもトンネルが生じ急激な電流増加が起こる。その後の順方向バイアスの上昇においては一旦トンネル電流が流れにくくなり抵抗値が上がり，さらなるバイアスの増加によって通常の整流特性を示す。通常見られるような電圧に対する電流の単調増加ではなく，ある順方向バイアスの領域においてグラフが負の傾きとなるような**負性抵抗**を示すこととなる。これを利用したダイオードは，**トンネルダイオード**もしくは，その発見者である江崎玲於奈（1957 年発見）の名前をとり**エサキダイオード**と呼ばれており，極短い時間で電流方向を切り替える高速動作を利用した周波数ロッキング回路やマイクロ波回路等に応用される。ツェナー・ダイオー

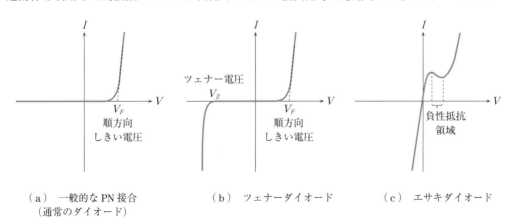

（a）　一般的な PN 接合　　　（b）　ツェナーダイオード　　　（c）　エサキダイオード
　　　（通常のダイオード）

図 11.8　種々の PN 接合（ダイオード）の整流特性

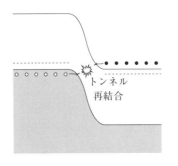 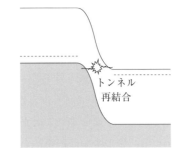

（a）ツェナー降伏　　　　　　　　　　　（b）エサキダイオードのバンド構造
　　　（ツェナー電圧印加時）　　　　　　　　　　（低電圧状態による電流）

図 11.9　高濃度ドーピングした PN 接合のエネルギーバンド図

ドにおけるツェナー降伏とエサキダイオードにおける低電圧印加状態について，そのバンド図を**図 11.9** に示した。

◇LED（発光ダイオード）

　ダイオードでは順方向電圧印加によって電子とホールが再結合する際に，バンドギャップに相当するエネルギーが，熱もしくは光として放出される。特に光として放出されるとき，そのエネルギーが 1〜4 eV 程度であれば，我々の目に感じる光（可視光）の波長近傍となるため応用上重要であり，LED（Light Emitting Diode ＝**発光ダイオード**）と呼ばれている。**表 11.2** に LED に主に使用される化合物半導体の発光波長と開発年代を示す。この表を見ると，長波長である赤色 LED から研究開発が始まり，年代とともに波長が短く（エネルギーは高く）なっていった経緯があることがわかる。最近では，蛍光灯に比べ，耐久性，省電力性が極めて高い白色 LED が安価に製造され利用されるようになっている。この白色 LED では，中心部で発光する青色もしくは紫や紫外線の LED の外側を，緑や黄や赤の蛍光材料によって塗り重ねることで白色を実現しており連続的な波長スペクトルではないことから疑似白色と呼ばれている。

表 11.2　化合物半導体の開発の歴史

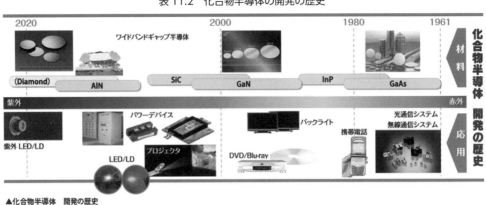

▲化合物半導体　開発の歴史

（出展：住友電工グループニュースレター『SEI WORLD』，vol. 417, 2012 年 6 月号，p. 4）

11.2.3　トランジスタ

　3種類の半導体をヘテロ接合させた**トランジスタ**はダイオードに並び重要な電子デバイスである。トランジスタには大別して，**図 11.10** に示すような PNP もしくは NPN の 3 つの半導体をヘテロ接合させた 3 層構造の**バイポーラ・トランジスタ**と，**図 11.11** に示すように PN の

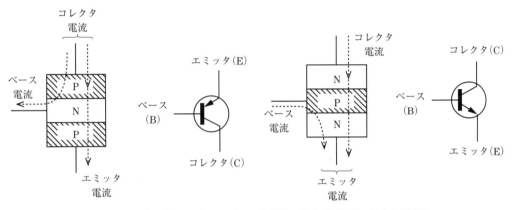

図 11.10　バイポーラ・トランジスタの構造。（左）PNP 型，（右）NPN 型

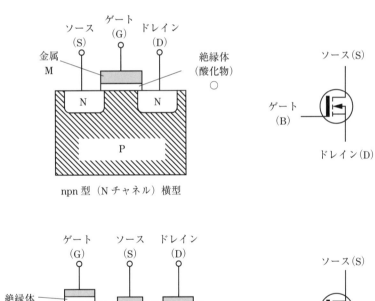

npn 型（N チャネル）横型

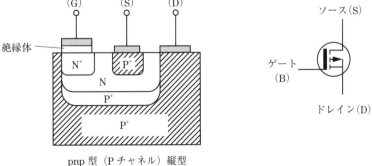

pnp 型（P チャネル）縦型

図 11.11　MOSFET の構造

組み合わせの間を真性半導体で接合させ金属ゲートを設けた FET（**電界効果トランジスタ**，Field Effect Transistor，ユニポーラ・トランジスタともいう）とがある。FET では，ゲート部に金属（metal）と酸化物（oxide）の組み合わせ使う場合が多く，MOSFET（MOS；Metal, Oxide, Semiconductor）と呼ばれている。バイポーラ・トランジスタでは，微弱なベース電流に比例したエミッタ電流を得ることができ（この比率を**増幅率**といい h_{FE} で表す），オーディオ・アンプをはじめとして，さまざまな電気信号の増幅回路に用いられる。一方 MOSFET は，ゲートに印加する電圧によってソース－ドレイン間の導通のオン/オフが可能となるため，スイッチング回路としてモータードライバや各種リレー，IC チップ内の論理演算素子やメモリ素子として利用されている。また，バイポーラ・トランジスタと MOSFET を組み合わせた**絶縁ゲートトランジスタ**（IGBT；Insulator Gate Bipolar Transistor）は，大電流を制御できバイポーラ・トランジスタより速い動作が可能で，パワーデバイスとして用いられるが，パワー MOSFET ほどの高速動作はしない。

　異種の半導体を組み合わせた素子としては，**図 11.12** のように NPNP もしくは PNPN というように 4 つの半導体をヘテロ接合させた**サイリスタ**や，さらに**図 11.13** のようにサイリスタを対にして組み合わせた**トライアック**などがあり，整流特性による AC/DC（交流/直流）変換や PWM（Pulse Width Modulation, パルス幅変調）による消費電力制御などに使われている。

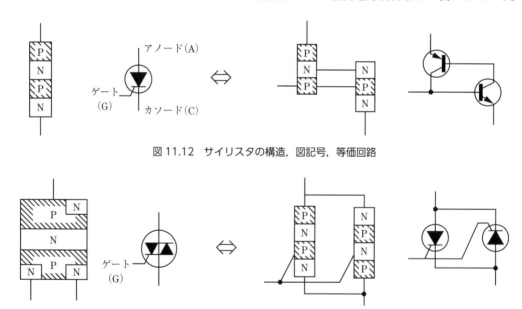

図 11.12　サイリスタの構造，図記号，等価回路

図 11.13　トライアックの構造，図記号，等価回路

◇ディスプレイ方式の動向と材料

　有機色素でできた液晶膜上に，μm オーダーの小さな MOSFET を縦横に 2 次元配列させそれぞれに結線することで，直下の色素の配向をスイッチングすれば透過する光の偏光度を変えることができる。これと偏光板と組み合わせることで光の透過性を制御すればディスプレイパネルの画素ピクセル（ドット）として機能させることができる。このような液晶ディスプレイ

パネル（LCD；Liquid Crystal Display）の方式を **TFT**（Thin Film Transistor）**方式**といい，携帯電話や TV，PC に使用されるディスプレイの 7 割以上がこの TFT 方式である（**図11.14**）。ゲート膜としては主に**アモルファス Si**（a-Si）が使われているが，省電力性を重視する携帯電話等には IGZO（In-Ga-Zn 酸化物）が使われることもある。IGZO は，高い電子移動度を持つため，低消費電力かつ速いスイッチング動作が可能である。また，TFT にはその液晶分子の配向のしくみによって，VA（Vertical Alignment），TN（Twisted Nematic），IPS（In-Plane Switching）の 3 つの型がある。最近ではトランジスタの微細化技術が進み，1 つの画面上の長辺に約 8000 個もの画素を並べた TFT が開発され，2018 年には BS 放送が開始している（8 K ディスプレイ）。8 K により画面の実質的な解像度は人間の視認限界に到達したと考えられており，今後はより滑らかな画面表示のために，フレームレート（fps 値＝frame per second）すなわち単位時間当たりの表示画面数の向上に向け，μs オーダーで高速動作する方式が必要となっている。

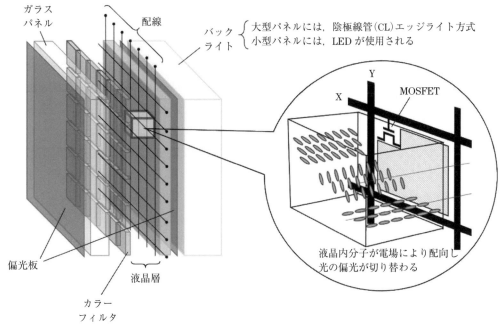

図 11.14　TFT 液晶パネルの構造

　TFT 方式がバックライトの光を液晶によって遮断することで実現するのに対し，素子自体の発光を利用するものとして**プラズマ・ディスプレイ**や**有機 EL**（Electroluminescence＝電気発光）がある。それぞれ，画素に流す電流によって発生するプラズマや有機物の発光を利用している。プラズマ発光は高輝度が得られるものの真空状態のための厚みが必要となり，また省電力性が悪いという欠点がある。一方，有機 EL では厚みを TFT より薄くでき高輝度で視認性が良く，また有機物を使用するため屈曲性のあるディスプレイとして応用性が高いが，低コスト化の問題が残されている。また近年，LED を微細化して配列させた**マイクロ LED** も高輝度かつ省電力性が高いとして期待されているが，赤（R）緑（G）青（B）の発光を同一の半

導体にて行うことが難しいことや，結晶成長に係わるコストがネックであり，量子ドットのサイズ効果による波長変調を利用するなど新しい方式が提案されている。

11.2.4 集積回路（IC）

微細な半導体素子を1つの基板面上に多数並べることで電気回路を集積化したものがIC（**集積回路**，Integrated Circuit）である。1つ1つの素子はミクロン以下と大変小さく，その集積度はトランジスタ数にして1チップ当たり数10億個にも達する。消費電力や発熱の低減により，電気製品の小型化，省電力化，高速化に貢献するほか，パッケージ化することで信頼性，保守性の向上，そして回路の秘匿性（気密性）の向上にも役立っている。ICの作製には，**フォト・リソグラフィー**と呼ばれる，光と有機物の感光体（**レジスト**と呼ばれる）を用いた2次元パタンの微細加工技術によってなされる。最近では，短波長の紫外光を用いて極力微細な加工を行い，さらに回路パタンを3次元的に積み重ねる方式により集積度の向上が図られている。例えば，**図11.15**に示した**オペアンプ**（**OPアンプ**，Operation Amplifier）は信号の増幅回路として，小型ICとしてパッケージ化されたものが製品として広く利用されている。その内部は図11.15(中)に示すように複数のトランジスタから構成されている。OPアンプのようなICには定電圧（3.3 V, 5 V, 12 V, 20 V など）の供給が必要なことも特徴である。大容量の素子数により複雑な電気回路を含有したICを特にLSI（Large Scale Integration，大容量集積）とか，VLSI（Very Large Scale Integration），ULSI（Ultra-large Scale Integration）などという。大容量化によって1つのチップ内に，計算を行うCPU（Central Processing Unit，中央演算処理装置），情報を記憶するメモリ（Memory），定期的な電圧振動を発生するクロック部（clock），周辺機器とのやり取りを行うI/O（Input/Output，入出力）インターフェースを搭載させたものを**マイコン**（micro-computer）といい，I/Oとして各種センサーやタッチパネルなどの入出力デバイス等を接続することで，環境条件やユーザーからの要求など，状況に応じた動作をプログラム制御することが可能となっている（**図11.16**参照）。マイコンは携帯電話やテレビに始まり，冷蔵庫や洗濯機など多くの電気機器に搭載され現代の情報化社会を支えて

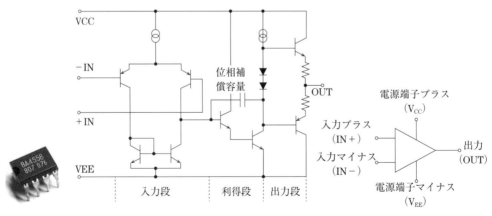

図11.15　オペアンプIC（ローム社のBA4558, https://www.rohm.co.jp）。
（左）パッケージ外観，（中）内部電気回路（差動入力等価回路）（右）電気記号

図 11.16　（左）Atmel 社のマイコン IC パッケージ AVR ATmega8（https://www.microchip.com/）。
　　　　　（右）Arduino として製品化されているキット（https://www.arduino.cc/）

図 11.17　（左）英国ラズベリー財団が開発するシングルボード小型 PC である Raspberry PI の起動画面。
　　　　　（右）内部に ARM 社の VLSI チップが使われている（https://www.raspberrypi.org/）

いる。さらに，1 つのマイコンチップ上にて，OS（Operating System）を含む小型パソコン（つ
まり OS 上にてアプリを走らせることができる）として機能するものも安価に製造され利用さ
れている（**図 11.17**）。

11.3　熱電材料

　熱電材料とは，熱エネルギーと電気エネルギーを相互に直接変換できる材料のことである。
電気を熱に変換する技術は，精密機器の局部的な温度制御や電子温冷機の加熱・冷却の分野等
で利用されている。一方，熱を電気に変換する技術は，宇宙分野の特殊な用途以外ではまだ実
用化はされていないものの，無駄に捨てられている排熱を電気エネルギーとして再生利用でき
ることから，環境負荷が小さい発電技術のひとつとして期待されている。この節では，熱電変
換の基本原理と性能評価方法について理解を深めることを目標とする。

11.3.1　熱電変換の基本原理

　2 種類の異なる物質 a, b で閉回路を作り，その両端接合部を異なる温度 T_h と T_c に加熱ま
たは冷却した場合，$T_h - T_c$ の温度差に応じて熱起電力が生じる。この現象を**ゼーベック効果**（図

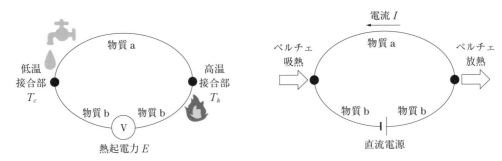

図 11.18　(左) ゼーベック効果，(右) ペルチェ効果

11.18(左)) という。熱電対で温度を測定する際に応用される現象としてよく知られている。ゼーベック効果により生じる熱起電力 E は次式で示される。

$$E = \int_{T_c}^{T_h} \alpha_{ab} dT$$

ここで，α_{ab} は物質 a, b 間のゼーベック係数であり，物質 a, b それぞれの絶対ゼーベック係数を α_a, α_b とすれば，$\alpha_{ab} = \alpha_a - \alpha_b$ で示される。

　熱電素子では，2 つの物質として p 型および n 型半導体を用いる。例えば，電子が電気伝導に寄与する n 型半導体と鉛や白金などの基準物質を接合した場合，高温側では不純物準位（ドナー準位）の電子の多くは外部から熱エネルギーを得ることで伝導帯に熱励起される。同時に不純物原子はイオン化され，正に帯電する。一方，低温側では高温側に比べて熱エネルギーが小さいため伝導帯に熱励起される電子は少ない。そのため，温度差を与えた初期には，伝導帯では高温側は電子が多く，低温側は電子が少ない電子濃度勾配が生じる。この濃度勾配を打ち消すように，伝導電子は高温側から低温側に向かって熱拡散移動する。その結果，低温側には伝導電子が集まり，高温側には正に帯電した不純物イオンが存在することから，半導体中には高温側が正，低温側が負の電界が生じることになり，伝導電子には熱拡散移動方向とは逆向きの電界が加えられる。伝導電子を高温側から低温側に向かわせる熱拡散と，その逆に低温側から高温側に向かわせる電界との兼ね合いによって電荷分布の平衡状態が定まり，最終的には高温側が正極，低温側が負極に帯電する。一方，電子の抜け殻である正孔（ホール）が電気伝導に寄与する p 型半導体の場合，温度差を与えた初期には，高温側では価電子帯の電子が熱励起されて不純物準位（アクセプター準位）の正孔を占有するため，価電子帯中に正孔の濃度勾配が生じる。その後は n 型の場合と同様の考え方により，最終的には高温側が負極，低温側が正極に帯電する。これがゼーベック効果で得られる熱起電力である。

　2 種類の異なる物質 a, b で閉回路を作って直流電流を流すと，一方の接合部では熱を吸収し，他方では熱を放出する。電流の流れる向きを変えると，接合部の吸熱・放熱も入れ替わる。この現象を**ペルチェ効果**（図 11.18(右)）という。接合部の温度を T_j に保ち，その温度におけるゼーベック係数を α_{ab}，電流を I とすると，単位時間内に接合部が吸収または放出する熱量 q は次式で示される。

$$q = \alpha_{ab} T_j I = \pi I$$

ここで，$\pi = \alpha_{ab} T_j$ はペルチェ係数である。

　実際の熱電素子は金属電極を介して p 型および n 型半導体を電琉方向には直列に，温度勾配方向には並列に複数個配置する。p-n 一対の基本構造を**図 11.19** に示す。p 型半導体のゼーベック係数 α_p は正値，n 型半導体の α_n は負値であるため，p-n 熱電素子のゼーベック係数 α_{pn} は $\alpha_{pn} = \alpha_p - \alpha_n = \alpha_p + |\alpha_n|$ となり，大きな熱起電力が得られることになる。この閉回路に負荷抵抗を接続すると，温度差を与えることで生じた熱起電力によって電流が流れて電気出力が得られる。これが熱電変換の基本原理である。

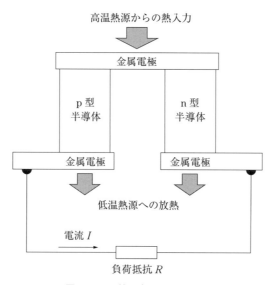

図 11.19　熱電素子の基本構造

11.3.2　熱電変換の効率と性能指数

　熱電素子で熱エネルギーを電気エネルギーに変換する際のエネルギー収支について考える。**図 11.20** に示す熱電素子の高温部温度を T_h，低温部温度を T_c，温度差を $\Delta T = T_h - T_c$，熱電素子のゼーベック係数を α，電気抵抗を r，熱コンダクタンスを K とすると，熱電素子への単位時間の熱入力 q_1 および放熱量 q_2 は次式で示される。なお，熱コンダクタンスとは温度勾配

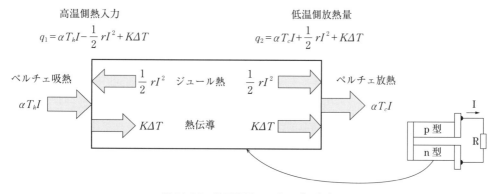

図 11.20　熱電素子のエネルギー収支

のある方向に流れる温度差 1 [K] あたりの単位時間の熱量である。

$$熱入力 \quad q_1 = \alpha T_h I - \frac{1}{2} r I^2 + K \Delta T$$

$$放熱量 \quad q_2 = \alpha T_c I + \frac{1}{2} r I^2 + K \Delta T$$

ここで，右辺の第一項はペルチェ熱，第二項はジュール熱，第三項は熱伝導による移動熱である。ゼーベック効果により熱起電力が生じている閉回路に外部負荷抵抗 R を接続すると電流 I が流れる。電流が流れるとペルチェ効果により高温部で $\alpha T_h I$ の熱量が吸収され，低温部で $\alpha T_c I$ の熱量が放出される。その結果，素子の中には $\alpha (T_h - T_c) I = \alpha \Delta T I$ の熱量が吸収され，この熱量とジュール熱 $r I^2$ の差が電気エネルギー（発電出力）として取り出される。第三項の熱伝導による移動熱は高温部から低温部に貫流するだけであり，発電には寄与しない。

$$P = q_1 - q_2 = \alpha \Delta T I - r I^2 = (\alpha \Delta T - r I) I$$

熱電素子で得られる電気エネルギー（発電出力）P は $q_1 - q_2$ で示され，これは外部負荷抵抗 R 側の出力 $R I^2$ と等しい。閉回路の端子電圧 $\alpha \Delta T - r I$ は，ゼーベック効果による熱起電力 $\alpha \Delta T$ から内部抵抗によって生じる電圧損失 $r I$ を減じた値であることがわかる。

熱電素子の内部抵抗 r と外部負荷抵抗 R の比を $m = \dfrac{R}{r}$ とすると，電気エネルギー（発電出力）P は次式で示される。

$$P = R I^2 = \frac{m}{(1 + m)^2} \frac{(\alpha \Delta T)^2}{r}$$

また，P は $m = 1$ の時に最大となり，この時の最大出力 P_{max} は次式で示される。

$$P_{max} = \frac{1}{4} \frac{(\alpha \Delta T)^2}{r}$$

熱電素子の変換効率 η は電気エネルギー（発電出力）P と熱入力 q_1 の比で与えられ，$Z = \dfrac{\alpha^2}{rK}$ と定義して整理すると次式で示される。

$$\eta = \frac{P}{q_1} = \frac{\Delta T}{T_h} \frac{\dfrac{m}{1+m}}{1 + \dfrac{1+m}{Z T_h} - \dfrac{\Delta T}{2 T_h (1+m)}}$$

変換効率はカルノー効率 $\eta_c = \dfrac{\Delta T}{T_h}$ と熱電素子の物性効率の積であることがわかる。また，変換効率は $m = \sqrt{1 + \dfrac{T_h + T_c}{2} Z} = M$ で最大となり，この時の最大変換効率 η_{max} は次式で示される。

$$\eta_{max} = \frac{\Delta T}{T_h} \frac{M - 1}{M + \dfrac{T_c}{T_h}}$$

上式から，動作温度 T_h および T_c が定まれば，変換効率を高めるには Z を大きくすることが有効であるといえる。電気抵抗 r および熱コンダクタンス K には熱電素子の形状が加味され

ているので，熱電変換性能を左右する重要な因子である $Z = \dfrac{\alpha^2}{rK}$ を**熱電素子の性能指数**という。

断面積 A，長さ L の熱電素子材料の電気抵抗率を ρ とすると，熱電素子の電気抵抗は $r = \dfrac{L}{A}\rho$ で求められる。また，熱伝導率を κ とすると，熱コンダクタンスは $K = \dfrac{A}{L}\kappa$ で求められる。したがって，熱電素子材料の形状が定まれば，電気抵抗率 ρ および熱伝導率 κ を小さくすることで $Z = \dfrac{\alpha^2}{rK}$ を大きくすることが可能になる。p 型および n 型熱電半導体の固有物性値である $Z_p = \dfrac{\alpha_p{}^2}{\rho_p \kappa_p}$ および $Z_n = \dfrac{\alpha_n{}^2}{\rho_n \kappa_n}$ を**熱電材料の性能指数**という。一般的な熱電材料の性能指数は $10^{-3}\,[1/\mathrm{K}]$ のオーダーであり，熱電変換技術の実用化の観点からはこの値を更に向上させる必要がある。代表的な熱電材料の性能指数を**図 11.21** に示す。性能指数には温度依存性があり，低温域（300～400 K）では $\mathrm{Bi_2Te_3}$，中温域（400～800 K）では $\mathrm{Mg_2Si}$, PbTe, $\mathrm{CoSb_3}$, MnSi_x，高温域（800 K 以上）では SiGe が大きな値を示すことが知られている。また，性能指数 Z に平均動作温度 T を乗じて単位を無次元化した $ZT = \dfrac{\alpha^2}{\rho\kappa}T$ を**無次元性能指数**といい，先に示した性能指数と共に熱電材料の性能評価因子として用いられる。

　すでに述べた通り，熱電変換性能を向上させるには熱電材料のゼーベック係数 α を大きく，電気抵抗率 ρ と熱伝導率 κ を小さくすることが有効である。ただし，これらの物性値はいずれもキャリア濃度に依存していることに注意する必要がある。これは，単にキャリア濃度を低下させただけでは，α は大きくなるものの同時に ρ も増大するため，結果として性能指数 Z の大きな向上にはつながらないことを意味している。

　熱伝導率 κ はキャリア（電子や正孔）の熱伝導率 κ_{el} と格子振動の熱伝導率 κ_{ph} の和で示される。このうち，κ_{el} はウィーデマン・フランツの法則（$\rho\kappa = LT$）として知られているとおり，電気抵抗率 ρ と連動している。ここで，L はローレンツ数である。一方，κ_{ph} はキャリア濃度には依存しないため，例えば，結晶粒の微細化等により κ_{ph} を抑制することができれば，α と ρ は不変のまま κ_{ph} だけが小さくなるので，性能指数 Z の向上につながることが期待できる。このように，熱電材料の高性能化を目指すにはキャリア濃度の最適化に加えて，例えば上記のような工夫が必要となる。

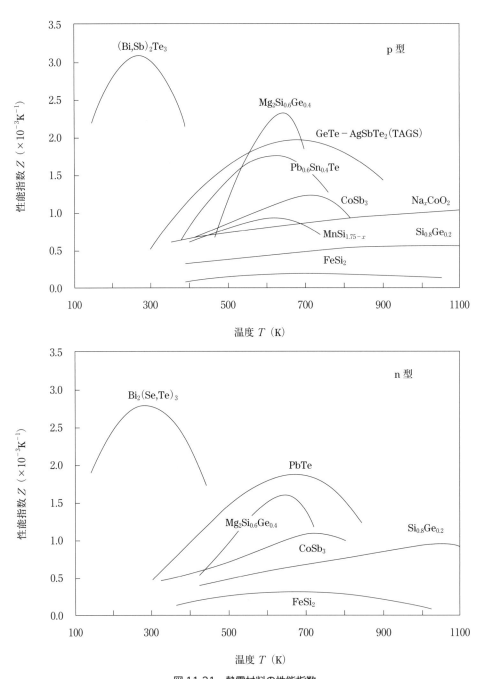

図 11.21 熱電材料の性能指数
(出典：坂田 亮 編，『熱電変換―基礎と応用―』，裳華房 (2005))

11章　章末問題

11.1

PN 接合におけるエネルギー構造について，境界を位置 $x=0$ とし，x に対するポテンシャル $V(x)$ を，ポアソンの式

$$\frac{d^2V(x)}{dx^2} = -\frac{\rho}{\varepsilon}$$

を用いて導出せよ。

11.2

エサキダイオードが負性抵抗を示す理由について考察せよ。

11.3

動作温度範囲での平均物性値がゼーベック係数 $\alpha = 160\,[\mu\mathrm{V/K}]$，電気抵抗率 $\rho = 4\,[\mu\Omega\mathrm{m}]$，熱伝導率 $\kappa = 2.5\,[\mathrm{W/Km}]$ であれば，この材料を用いた熱電素子の最大変換効率 $\eta_{\max}$ はいくらになるか求めよ。ただし，高温側の動作温度は $T_h = 500\,[\mathrm{K}]$，低温側は $T_c = 300\,[\mathrm{K}]$ とする。

材料の光学的性質と機能

　最近の光科学技術の進展は目覚ましい。これまでも様々な光技術が実現されており，我々はその恩恵を受けている。インターネットなどの情報通信，CD や DVD のような情報記録，ディスプレイや照明，太陽電池に代表される光エネルギーの利用，光を用いた加工，観測・計測技術などをはじめ，ありとあらゆる分野で光は利用されており，今や光技術なしでは我々の生活は成り立たなくなっている。この章では，光の性質や光と物質の相互作用を概観し，そこで使われている様々な光学材料の性質や機能を学ぶ。

12.1　光とは何か

　人類にとって光は古来より最も身近な存在であった。黎明期の人類は闇を恐れ，光を求めた。光に関する研究は，幾何学の始祖であるユークリッドや，天動説で有名なプトレマイオスが活躍した古代ギリシャ時代に遡る。この時代に光の直進や反射の法則が発見され，屈折を取り入れたいわゆる幾何光学の研究が始まった。その後，ルネッサンス以降，屈折の法則の発見，回折や分散の発見などがなされた。17 世紀半ばにニュートンにより光の本性が粒子であるという粒子説が唱えられる一方，ホイヘンスにより光の波動説が提唱された。その後，粒子説が優勢であったが，19 世紀の初めのヤングの干渉実験により光の波動説が主流となり，偏光の発見もなされた。その一方で，光の研究とは独立に電気現象や磁気現象の研究が進み，19 世紀半ばに古典電磁気学の基礎方程式であるマクスウェル方程式が発表され，このマクスウェルにより電場と磁場が波として伝わる電磁波が予言された。そして，その後のヘルツの電磁波の電磁波放射の実験を経て，光とはまさにこの電磁波であると考えられるようになった。

　20 世紀に入ると真空中や媒質中を光はどのように伝搬するのか？また物質による光の吸収や放出はどのように起こるのか？という疑問に対する答えが徐々にわかってくるようになる。まず，アインシュタインによる相対性理論により，電磁波を伝える特定の媒質は不要であり，空間そのものがその役割を果たすことが分かった。さらにプランクによる黒体輻射，アインシュタインによる光電効果の説明などを通じ，光の粒子説は復活する。その後の量子力学の発展と共に最終的には光は「光子（Photon）」と呼ばれるようになり，吸収や放出は物質が持つエネルギー状態間の遷移であると考えられるようになった。このように光は粒子性と波動性を併せ持つものであり，その他の物質波ともども「量子」の一種として考えられるようになった。アインシュタインは光の吸収と自然放出の考察をさらに進めて，誘導放出という新しいプロセスを予言した。これは光の増幅の可能性を示唆するものであり，その後レーザーという現代の光科学技術にとって最も重要な発明として結実する。このレーザーは様々な帯域で極めて正弦波に近い光波を生成することができる理想的な古典的光源であるとともに，人類が最も短い時間

を測定するために必要なアト秒にも達する超短パルス光を発生することもできる。さらには量子的光源である単一光子源や量子もつれ光子対光源への応用も可能であり，そのバラエティは極めて豊かである。

12.2　光の伝搬

光の本性には立ち入らず，光の進む経路を幾何学的な線として扱うのが幾何光学と呼ばれる分野である。高等学校までに習った光伝搬の基本的な性質としては以下が挙げられる。

（1）　一様な媒質中において光は直進する。

（2）　二つの媒質の境界では反射と屈折が起こる（図 12.1）。

ここで，反射の法則は $\theta_1 = \theta_r$，屈折の法則（スネルの法則）は $n_1 \sin \theta_1 = n_2 \sin \theta_2$ と表わされる。また，ここで屈折率 n は真空中の光速 c と媒質中の光速 v の比で定義され，$n = c/v$ のように表される。すなわち，光の速度が変化するような境界において反射と屈折が生じるのである。

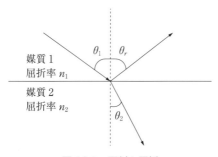

図 12.1　反射と屈折

この現象をもっと一般化したものが**フェルマーの原理**（最小時間の原理）である。フェルマーの原理とは，「**光の経路はその近傍の経路と比較して時間を極小とする経路をたどる**」というものである。ここで，時間とは媒質の屈折率と実際の距離をかけたものである**光学距離**に比例しているので，光学距離が最小となる経路と言い換えることもできる。このフェルマーの原理は屈折率が場所によって連続的に変化するような場合にも適用できるものであり，幾何光学の基本的な原理となっている。この原理を用いて反射や屈折の法則を導くこともできるし，多数のレンズやミラーからなる複雑な光学系の解析も可能となる。

屈折率が大きい媒質から小さい媒質に光を入射した場合，スネルの法則より入射角より屈折角が大きくなる。よって，入射角を大きくしていくと，屈折角が先に 90 度に到達し，すべての光が反射するようになる。これを全反射と呼ぶ。この現象を利用したものに光ファイバーや光導波路がある。ガラスやプラスチックを材料とし，屈折率の小さいクラッドで屈折率の大きいコアを覆うような構造となっているため，コア中を伝搬する光が全反射を繰り返し長距離伝搬できるというものである。この光ファイバーは現在，インターネット通信などにも利用され

ている重要な光の伝搬素子である。

この節に関して詳しく勉強したい人は例えば，櫛田孝司（1983），『光物理学』，共立出版.，E. Hecht（2018），『ヘクト光学 I 』，丸善. などを参考にしていただきたい。

12.3 干渉と回折

前節では幾何光学に関して述べたが，光は電磁波であり，波動としての性質を取り入れた波動光学と呼ばれる分野を考慮しないと，光の伝搬を正確に記述することはできない。この分野では光の干渉や回折，偏光といった性質が重要となる。

光を含めた波動において干渉という現象は一般的に起こる。**干渉とは，異なる波が重なり合い，波が強め合ったり弱めあったりする現象である。**一般に古典的（量子的ではないという意味）な波のふるまいを表す基礎方程式である波動方程式は 1 次元波動の場合，$\dfrac{\partial^2 u}{\partial z^2} = \dfrac{1}{v^2}\dfrac{\partial^2 u}{\partial t^2}$ のように書くことができる。ここで，u は波の変位であり，光の場合は電場や磁場に相当する。また，z は進行方向の座標，t は時間，v は波の（位相）速度である。

この波動方程式の解が，具体的な波の "ふるまい" を表す。現実には様々な解があり得るが，その中の一つとして単色平面波がある。$u(z, t) = A \cos\left\{2\pi\left(\dfrac{z}{\lambda} - \dfrac{t}{T}\right) + \varphi\right\}$ のように表すことができる。ここで，A は波の振幅，λ は波長，T は周期，φ は初期位相と呼ばれる。また $\cos$ の $\{\ \}$ の中身をまとめて位相と呼ぶ。ここで，角振動数 $\omega\ (= 2\pi/T)$，波数 $k\ (= 2\pi/\lambda)$ を用いて書き直すと

$$u(z, t) = A \cos(kz - \omega t + \varphi) \tag{12.1}$$

と書くことができる。また，のちの計算を簡単にするためにこの解を複素数の形で

$$u(z, t) = A \exp\{i(kz - \omega t + \varphi)\} \tag{12.2}$$

としておき，オイラーの公式 $e^{i\theta} = \cos\theta + i\sin\theta$ を用いて，その実部を取るとしておけば，式 (12.2) は式 (12.1) と同じになる。これを波動の複素表示という。

複数の光波が同時にやってきた場合の変位は，各々の波の変位の和で表すことができる。これを重ね合わせの原理という。例として 2 つの振幅，角振動数および波数が等しい波の加算について考える。それぞれの波を $u_1(z, t) = A\cos(kz - \omega t + \varphi_1)$，$u_2(z, t) = A\cos(kz - \omega t + \varphi_2)$ とすると，その和は

$$u(z, t) = u_1(z, t) + u_2(z, t) \tag{12.3}$$

で表される。ここで，それぞれの初期位相 φ_1，φ_2 が等しく，例えば共に 0 の場合は，式 (12.3) は $u(z, t) = 2A\cos(kz - \omega t)$ となり，元の波が 2 倍に強め合うことがわかる。このような場合を同位相という。一般的には初期位相の差を $\delta_{12} = \varphi_1 - \varphi_2$ とすると，$\delta_{12} = 2m\cdot\pi$ の場合に同位相となる。一方で，初期位相 φ_1，φ_2 がそれぞれ 0，π のように差が π の場合，式 (12.3) は $u(z, t)$

$=A \cos(kz - \omega t) + A \cos(kz - \omega t + \pi) = 0$ となり，弱めあって消えていることがわかる。このような場合を逆位相という。一般的には $\delta_{12} = (2m - 1) \cdot \pi$ の場合に逆位相となる。

　このように波の重ね合わせの結果，強め合ったり弱めあったりすることで光の強度が周期的に変化することを干渉という。シャボン玉の色合いが見る方向によってさまざまに変化する現象は，薄膜における光の干渉効果によって説明できる。これはシャボン玉を構成する水の膜に光が入ったときに，膜の表面と裏面でそれぞれ反射した光が重なり合うが，これらの光の位相が異なることで，波長により強め合ったり弱めあったりすることで特定の色が際立つものである。この薄膜における干渉現象は，反射防止膜や誘電体多層膜鏡という光学素子に利用されている。反射防止膜とはレンズや光学機器の表面に屈折率の異なる誘電体薄膜を製膜し，反射光を干渉により打ち消しあうものである。誘電体多層膜鏡は屈折率の異なる薄膜を交互に多層積層させることで，逆に界面での反射光を強め合い，金属鏡では得られない高反射率を得たり，反射率に大きな波長依存性を持たせたりするものである。

　このような干渉を利用した装置に，**図 12.2** に示すようなマイケルソン干渉計やファブリーペロー干渉計，マッハツェンダー干渉計などがあり，現在も様々な先端的な技術に応用されている。例えばマイケルソン干渉計は最近では重力波の観測に用いられたし，ファブリーペロー干渉計はレーザーの共振器として用いられている。マッハツェンダー干渉計は将来の量子情報通信で利用されることが期待されている。ここでは例としてマイケルソン干渉計について述べる。

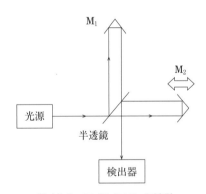

図 12.2　マイケルソン干渉計

　マイケルソン干渉計は光源からの光を半透鏡により二つに分け，それぞれ反射鏡 M_1, M_2 によって反射させた後，もう一度半透鏡にて重ね合わせ，検出器にて光強度を検出するものである。このとき，M_2 が光路に平行に動くことができ，M_1 との光路差をつけることができる。M_1 側と M_2 側の光路長が完全に一致しているならば，光は同位相となり強めあうが，M_2 が動くにつれて位相差が生じ，検出される光強度が干渉により強くなったり弱くなったりする。光源からの光がレーザー光のように単色平面波とみなせる場合，M_2 を長い距離移動させても干渉効果が確認できる（このような光をコヒーレント光という）。その一方で，白色光源のように様々な波長の光が無秩序に放射されているような場合（インコヒーレント光という）は，ほんのわずか（数ミクロン程度以下）移動させるだけで干渉効果が消えてしまう。このようにマ

イケルソン干渉計は光源からの光の干渉のしやすさ（コヒーレンスという）を測定することもできる。また片側の光路に何か物質を挿入した場合，光学距離が変化するため位相がずれ，強度情報に影響を与える。これを利用して物質の屈折率などを調べることもできる。さらにマイケルソン干渉計は赤外領域の吸収測定などにも利用されており，これはフーリエ変換赤外分光計（FT-IR）という名前でよく知られている。

　干渉という場合は，一般には2つの光の重なり合いにおける現象のことを指すが，多数の光の重ね合わせによる現象として回折というものがある。**回折とは波が障害物を回り込み，その後方にまで伝わっていく現象**である。これは光波が進む前方において，波面上の各点が源となり，無数の二次球面波が放出され，それらの包絡線が次の波面となるというホイヘンスの原理に，フレネルが干渉の効果を取り入れたホイヘンス–フレネルの原理により説明される。より具体的には一つの小さな開口に対し光波を入射したときに，その後方にあるスクリーンに投影される光のパターンが縞模様を伴うことで確認できる。開口の幅を d，開口とスクリーンの間の距離を R，入射した光の波長を λ としたときに $R_L = d^2/\lambda$ で定義されるレーリーの距離に対して，$R < R_L$ の場合をフレネル回折，$R > R_L$ の場合をフラウンホーファー回折と呼ぶ。ガラスや金属板に周期的に溝を切ったようなパターンにおける回折現象を利用したものを回折格子（グレーティング）と呼ぶ。これは多数の開口が等間隔に並んでいるものと考えることができる。開口間隔を a とし，そこに波長 λ の光を垂直に入射すると $a \sin\theta = m\lambda$ を満たす方向に光が強く回折される。ここで，θ は回折角であり，これはすべての開口からの回折光が強め合うためである。これは $m = 0$ 以外の場合，特定の波長の光は特定の角度の方向に回折することを意味しており，光の分光などに利用される。

　この節に関して詳しく勉強したい人は，例えば櫛田孝司（1983），『光物理学』，共立出版．，E. Hecht（2019），『ヘクト光学II』，丸善．などを参考にしていただきたい。

12.4　偏光

　光は電磁波であり，直交する電場と磁場が振動しながら伝搬しているものだが，その**電場および磁場の振動方向が規則的な光を偏光**と呼ぶ。一方，無規則に電場が振動している光は，非偏光あるいは自然光と呼ばれる。以下では電場についてのみ述べる。ここでは真空中を伝搬する光に関して述べるが，進行方向を $+z$ 方向とした場合，電場の振動方向は x-y 平面内にあり，x 方向，y 方向の単位ベクトルを $\mathrm{e}_x, \mathrm{e}_y$ とすると，電場ベクトルは $E(z, t) = E_x(z, t)\mathrm{e}_x + E_y(z, t)\mathrm{e}_y$ と表わされる。電場を正弦波で表すと x 成分，y 成分はそれぞれ $E_x(z, t) = A_x \cos(kz - \omega t + \varphi_x)$，$E_y(z, t) = A_y \cos(kz - \omega t + \varphi_y)$ と表わされる。

　ここで，簡単のため，電場の x 成分と y 成分のそれぞれの振幅が等しく，$A_x = A_y$ であるとし，初期位相の差を $\delta_{xy} = \varphi_x - \varphi_y$ とする。$\delta_{xy} = 2m \cdot \dfrac{\pi}{2} = m\pi$ の場合，電場ベクトルの先端は x-y 平面内で直線に振動する。これは**図 12.3（a）**のように伝搬し，直線偏光と呼ばれる。一方で，$\delta_{xy} = (2m - 1) \cdot \dfrac{\pi}{2}$ の場合，電場ベクトルの先端は x-y 平面内で円を描く。これは図 12.3（b）の

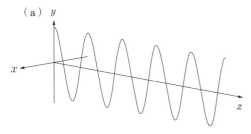
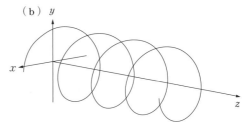

図 12.3　偏光の伝搬（ａ）直線偏光，（ｂ）円偏光

ように伝搬し，円偏光と呼ばれる。一般的にはそれぞれの振幅成分が等しいとは限らず，初期位相の差も様々な値をとるため，電場ベクトルの先端は x-y 平面内で楕円を描く。

　向きの異なる直線偏光や回転方向の異なる円偏光を物質に照射した場合，それらに対する応答は異なるため，様々な材料の評価に偏光は利用される。例えば，旋光性（直線偏光方向が変化する性質）や円二色性（回転方向の異なる円偏光間で吸収に差が出る性質）を調べることで鏡像異性体などの評価が可能となる。また，物質に電場や磁場を印加することで，伝搬光の偏光方向を変化させることができるので，この現象を利用して光のスイッチなどの制御などを行うこともできる。また，現在よく用いられている液晶ディスプレイは有機液晶分子の回転に伴う偏光状態の変化を利用したものであり，偏光技術は広く応用されている。

　この節に関して詳しく勉強したい人は，例えば，櫛田孝司（1983），『光物理学』，共立出版.，E. Hecht（2019），『ヘクト光学 II』，丸善. などを参考にしていただきたい。

12.5　光の吸収

　光の吸収とは，光と物質の相互作用の結果，光のエネルギーが物質に移る現象である。光は波動（電磁波）と粒子（光子）の両方の性質を持つ。光の波の振動数を $\nu\,[\mathrm{s}^{-1}]$ とすると，光子一つが持つエネルギー E は $E = h\nu\,[\mathrm{J}]$ のように書ける。このとき，h（$= 6.26 \times 10^{-34}\,[\mathrm{Js}]$）はプランク定数（Planck's constant）と呼ばれ，光子の持つエネルギー E と電磁波の振動数 ν の関係における比例定数であり，量子論的世界を特徴づける物理定数である。今，ある物質の中に電子が取りうる二つのエネルギー準位 E_0 と E_1（$E_0 < E_1$）があるとする。そこに，$h\nu = \Delta E = E_1 - E_0$ に相当するエネルギーをもつ光が入射した場合を考える。その場合，**図 12.4** のように，低い E_0 のエネルギー準位にいる電子は，入射光と相互作用し，このエネルギーを受け取り，E_1 のエネルギー準位に遷移することができる。これが，一般的な**光の吸収**（Absorption）と呼ばれる過程のメカニズムである。

　光吸収は古典的には電磁波である光が，電子などの電荷をもつ粒子に作用し，仕事を与えることで物質側にエネルギー

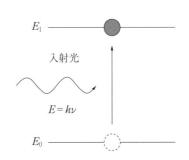

図 12.4　光吸収の模式図

が移ると考えられ，以下で示すローレンツモデルやドルーデモデルにおいてはそのような考え方が基本となっている。一方で量子論的に扱わないと理解できない現象が数多くある。

12.5.1 ベールの法則

固体や液体に光が入射した際，一般的に光は大きく3つの経路を通る。それは，表面での反射，物質内での吸収（熱や発光（次節で述べる）），そして，吸収されなかった光が物質を通り抜ける透過である。本節ではこのうち，吸収に焦点をあてて議論する。

物質の中に光が侵入・進行する際，直感的に，光強度が減衰していく様子が想像される。このことを立式しよう。図 12.5 のように，進行方向を z 軸とし，物質表面での光強度を I_0，位置 z での光強度を $I(z)$ とする。このとき，光強度の減衰の程度を吸収係数 $\alpha\,[\mathrm{cm}^{-1}]$ という比例係数を使って表すと，その強度の減衰は，$\dfrac{dI(z)}{dz} = -\alpha \times I(z)$ のように立式できる。さらにこの式を積分して整理すると，$I(z) = I_0 e^{-\alpha z}$ と書き表せる。これをベールの法則（Beer's law）という。この式を別の形で表すと $I(z) = I_0 10^{-A}$ となる。ここで，A は吸光度（Absorbance）あるいは光学濃度（Optical density：OD）と呼ばれる。ここで吸収係数 α と吸光度 A の関係は $e^{-\alpha z} = 10^{-A}$ から $A = 0.34\alpha z$ で表される。

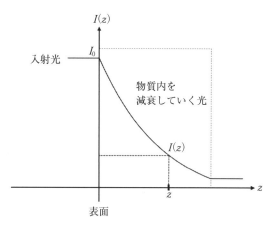

図 12.5　物質内を進む光の様子

12.5.2 複素屈折率と吸収スペクトル

物質中を進行する光の挙動は，屈折率（Refractive index）を用いて記述される。すなわち，12.2 節でも述べたように真空中の光速度 c（$2.998 \times 10^8\,[\mathrm{m/s}]$）と，物質中での光速度 $v\,[\mathrm{m/s}]$ を用いて，その変化の比率を，$n = \dfrac{c}{v}$ のように書き表す。これは変形すると $v = \dfrac{c}{n}$ となり，通常，物質中で光の速度 v は c に比べて遅くなる。これは，障害物のない状況（真空中）と障害物のある状況（物質中）を通ることを想像すると理解しやすい。すなわち，一般には屈折率 n は 1 以上の値をとる。また屈折率が大きいほど，物質中を進行する光の速度が遅くなったと解釈できる。真空中の光の波長を λ，物質中の光の波長を λ' とし，同じ周期 $T\,[\mathrm{s}]$ では，$n = \dfrac{c}{v} = \dfrac{\lambda/T}{\lambda'/T} = \dfrac{\lambda}{\lambda'}$ のようにかける。この式は $\lambda' = \dfrac{\lambda}{n}$ とも書ける。すなわち屈折率は，光の波長がどれ

だけ縮められたか，という度合いを示していることになる。光の速度，すなわち単位時間あた
りに進める距離が短くなることを考えると，それも納得できる。この場合の光の速度は位相速
度と呼ばれる。

12.5.1 項で述べたように，物質中を進行する光の強度は一般的に減衰する。これはつまり，
光吸収の成分項があることを示す。そこでこの事実に基づき，屈折率 n に，吸収の成分の項
を表す成分を含めて考えて，$\tilde{n} = n + i\kappa$ のように複素数で考えよう。実部である n は上式で定
義した屈折率 n であり，虚部である κ は消衰係数（extinction coefficient）と名付ける。

進行する光電場の一般式は，式（12.3）と同様に $E(z, t) = E_0 \exp\{i(kz - \omega t)\}$ のように書き
表せる。ただし，簡単のため初期位相は 0 としている。このとき，E_0 は $z = 0$ のときの振幅を
表す。この進行する波の一般式は大変よく用いられるので，この機会に慣れてほしい。

さて，物質中の光の波数 k を詳細に考えると，$k = \dfrac{2\pi}{\lambda'} = \dfrac{2\pi}{\lambda/n} = \dfrac{2\pi}{\lambda} \times n$ となる。ここで，$\dfrac{\omega}{c} =$
$\dfrac{2\pi}{T} \times \dfrac{T}{\lambda} = \dfrac{2\pi}{\lambda}$ であることを考えあわせると，$k = \dfrac{n\omega}{c}$ と書ける。この波数の式に，吸収の項を考
えあわせた複素屈折率の式を合わせると，$k = \dfrac{\tilde{n}\omega}{c} = (n + i\kappa)\dfrac{\omega}{c}$ となり，この k の式を電場の式に
代入すると，

$$E(z, t) = E_0 e^{i(kx - \omega t)} = E_0 e^{i\left((n + i\kappa)\frac{\omega}{c}x - \omega t\right)}$$

となる。実部と虚部に分けて整理すると，

$$E(z, t) = E_0 e^{i\left((n + i\kappa)\frac{\omega}{c}x - \omega t\right)} = E_0 \left\{ e^{-\frac{\kappa\omega}{c}x} \times e^{i\left(\frac{n\omega x}{c} - \omega t\right)} \right\}$$

となる。この式は，吸収の成分 κ のために，物質中の光が指数関数的に減衰していくことを示
す。同時に，もしも κ が 0 ならば，電場の式は元の式のままとなる。つまり，物質中を真空中
と全く同じように伝搬することを示している。また同時に，屈折率実部の n が大きくなるこ
とは波数が大きくなること，すなわち，波長が短くなることを示していて，波の伝搬速度が遅
くなることをやはり示していることにも注目しよう。

さて，一般的に光の強度 I は，電場の二乗に比例し，$I \propto EE^*$ のように表される。そこで，
導いた電場の式を二乗すると

$$|E(z, t)|^2 = E_0{}^2 \left\{ e^{-\frac{2\kappa\omega}{c}x} \times e^{i\left(\frac{2n\omega x}{c} - 2\omega t\right)} \right\}$$

となる。この式の κ を含む実部の項に注目して，12.5.1 項で導いた式 $I(x) = I_0 e^{-\alpha x}$ と比較すると，
吸収係数 α と消衰係数 κ の間には，

$$\alpha = \frac{2\kappa\omega}{c} = \frac{4\pi\kappa}{\lambda}$$

という関係が成立する。この式によって，κ は直接的に吸収係数 α に比例することがわかる。
これらより，例えば溶液の場合，一般的な吸光度計で溶液の吸光度を測定すると，吸収係数か
ら消衰係数を算出できることになる。

電磁気学によると，屈折率 n は，$n = \sqrt{\varepsilon_r}$ のように記述される。ただし，光領域では透磁率

を1と見なせるため，これは近似式である。ここで，ε_r は比誘電率（relative dielectric constant）であり，$\varepsilon_r = \dfrac{\varepsilon}{\varepsilon_0}$ で定義される。ε は物質の誘電率，ε_0 は真空の誘電率を示している。ここで屈折率が複素屈折率 $\tilde{n}$ で表されることを踏まえて考えると，比誘電率も同様に複素数となる。すなわち，複素屈折率の時と同様に，実部と虚部の成分に分けて，$\tilde{\varepsilon}_r = \varepsilon_1 + i\varepsilon_2$ と表せる。そうすると，これまでの式を組み合わせて $\varepsilon_1 = n^2 - \kappa^2$, $\varepsilon_2 = 2n\kappa$ が導ける。この式を解くと，屈折率と消衰係数は

$$n = \frac{1}{\sqrt{2}}(\varepsilon_1 + (\varepsilon_1{}^2 + \varepsilon_2{}^2)^{1/2})^{1/2}, \ \kappa = \frac{1}{\sqrt{2}}(-\varepsilon_1 + (\varepsilon_1{}^2 + \varepsilon_2{}^2)^{1/2})^{1/2}$$

とそれぞれ表せる。

　これらの式は，複素屈折率（n, κ）と複素誘電率（$\varepsilon_1, \varepsilon_2$）が結びついていることを示している。つまり，実験的にどちらかの値を計測することができたら，もう片方の未知の情報を算出することができる。さらに，もしも物質の吸収が弱い時には，上記の式を簡略化して考えられる。すなわち，複素屈折率の虚部が十分小さい $n \gg \kappa$ のときは $n = \sqrt{\varepsilon_1}$, $\kappa = \dfrac{\varepsilon_2}{2n}$ と近似できることになる。これらの式より，いわゆる光の屈折率は主に誘電率の実部によって決定され，光の吸収は誘電率の虚部によって主に決定されることがわかる。

　ここまでは，屈折率あるいは誘電率を定数として扱ってきたが，実際の物質においては，これらは入射する光の振動数もしくはエネルギーによって異なる値を取る。そこで，誘電率を角振動数 ω の関数である誘電関数として考える。この誘電関数は物質によってさまざまな形をとるが，よく用いられるモデルとしてはローレンツモデルとドルーデモデルが挙げられる。

　ローレンツモデルは原子，分子，誘電体などのような原子核に束縛された電子に対して適用できる。これは 10.3.1 項でも扱ったもので，正負の電荷がばねで結びついたような固有振動数 ω_0 の調和振動子（電気双極子）に振動電場を与えた場合の電荷の振動に起因しており，これが集団として振る舞うときに物質の分極となる。ここで電子の運動方程式は

$$m\ddot{x} + m\gamma\dot{x} + m\omega_0{}^2 x = -eE$$

であるが，m は電子の質量，e は電子の電荷，γ は減衰に関する定数，E は振動電場である。これを解くと複素誘電関数は

$$\tilde{\varepsilon}_r(\omega) = 1 + \frac{Ne^2/\varepsilon_0 m}{\omega_0{}^2 - \omega^2 - i\omega\gamma}$$

のように表される。ここから複素屈折率を導出し，実部である屈折率と虚部である消衰係数をそれぞれ角振動数の関数でプロットすると図 12.6 のように模式的に表すことができる。これより吸収はある固有振動数で最大となることがわかる。また，それに伴い屈折率も角振動数とともに変化しているがこれを分散という。吸収がない透明な領域では角振動数が大きくなると屈折率も大きくなることがわかる。ガラスのような材料では振動数の低い赤色の光より振動数の高い青色の光の方が屈折率は大きくなるので，プリズムのような形状のガラスに白色光を斜めから入射するとそれぞれの波長で屈折角が異なり，分光することができる。同様の事が大気中の水滴で起こった場合，それが虹の原因となる。

　一方，ドルーデモデルは 金属や半導体中不純物における自由電子に対して適用できるモデルであり，ローレンツモデルのばねがない場合に対応している。その場合の電子の運動方程式は $m\ddot{x} + m\gamma\dot{x} = -eE$ で表され，これを解くと複素誘電関数は

$$\tilde{\varepsilon}_r(\omega) = 1 - \frac{Ne^2/\varepsilon_0 m}{\omega^2 + i\omega\gamma} = 1 - \frac{\omega_\mathrm{p}^2}{\omega^2 + i\omega\gamma}$$

のように表される。ここで，ω_p はプラズマ振動数と呼ばれる。物質の反射率は複素誘電関数より得た複素屈折率を用いて $R = |\tilde{n} - 1|^2 / |\tilde{n} + 1|^2$ で与えられるが，これを角振動数の関数で模式的にプロットしたものが**図 12.7** となる。プラズマ振動数より低い振動数において反射がほぼ 100% となっているが，これが金属光沢の原因となる。

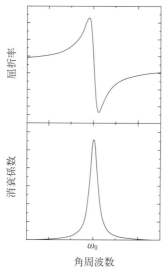

図 12.6　屈折率と消衰係数のスペクトル
（ローレンツモデル）

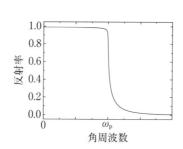

図 12.7　反射率スペクトル
（ドルーデモデル）

12.5.3　光吸収の応用

　物質が光を吸収するということは，光と物質の相互作用の中でも非常に基本的な過程であり，様々な自然現象を説明出来るし，数多くの応用が存在する。太陽の光の一部が物質に吸収され，残りの光が目に入った場合，我々はその物質を特定の色を持ったものとして認識する。地球上の生物の生命活動にとって重要な植物における光合成もその現象の出発点は葉緑体による光の吸収である。

　また，光検出器（フォトダイオードやイメージセンサ）や太陽電池も半導体中の光の吸収を利用したものである。半導体の場合は，原子の場合とは異なりそのエネルギー状態がバンド構造をとるが，一般に価電子帯と伝導体の間での光吸収に伴う電子遷移がこれらの応用の基礎となっている。光検出器としては可視光域の場合 Si の pn 接合が利用されている。赤外域では Ge や InGaAs，PbS なども利用される。

この節に関して詳しく勉強したい人は，例えば，櫛田孝司（2010），『光物性物理学』，朝倉書店., M. Fox (2010), "Optical Properties of Solids", Oxford. などを参考にしていただきたい。

12.6 光の放出

前節では，光と物質の相互作用に強く注目し，その挙動を屈折率，および光吸収に注目して議論した。本節では，その吸収した光エネルギーがどこに向かうかについて議論する。結論からいうと，大きく二つの経路に散逸する。具体的には，熱緩和と発光にそのエネルギーを散逸する。本節では，後者の光の放出である発光について注目して議論する。

12.6.1 自然放出

物質中の電子が外部から光を吸収するなどして，高いエネルギー準位 E_1 に存在しているとする。図 12.8 に示すように，E_0 の準位が空いていると，電子はある決まった寿命時間で自発的に E_0 準位に遷移する。このとき，その電子はちょうど，準位のエネルギー差，すなわち $\Delta E = E_1 - E_0$ 分の光を放出する。すなわち，その光のエネルギーは $h\nu = \Delta E = E_1 - E_0$ という式で記述される。これを**自然放出**（spontaneous emission）と呼ぶ。このような二準位間の遷移を考える場合，高いエネルギー準位 E_1 からの自然放出に伴う発光強度は $I(t) = I_0 \exp(-t/\tau)$ のように時間と共に変化する。ここで，

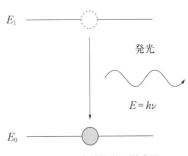

図 12.8 自然放出の模式図

τ を発光寿命という。現実には発光と共に高いエネルギー準位 E_1 から緩和する経路と発光せずに熱的に緩和するものがあり，それぞれ輻射寿命を τ_R，無輻射寿命を τ_{NR} とおくと発光寿命は

$$\tau = \left(\frac{1}{\tau_R} + \frac{1}{\tau_{NR}}\right)^{-1}$$

と書くことができる。温度が低くなると熱的な緩和の割合は減っていき，$\tau \cong \tau_R$ となる。

発光の仕方は物質の種類によって様々だが，有機分子の場合と半導体の場合について簡単に述べる。有機分子は複数の原子が結合したものであり，そのエネルギー状態は電子遷移によるものに加えて，分子の振動や回転によるものが重なり合うため複雑になる。図 12.9 に分子における吸収と発光の模式図を示す。吸収，発光における遷移は電子基底状態および電子励起状態それぞれの最低振動準位からスタートするため，一般に発光は吸収と比べて低エネルギー側，

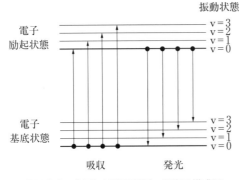

図 12.9 分子における吸収・発光の模式図

すなわち長波長側で起こり，吸収スペクトルと発光スペクトルは鏡像の関係をとるようになる。他にも分子内の原子平衡位置の変化が発光波長に影響を与える。また分子からの発光は寿命が短く強度の高い蛍光や寿命が長く強度の低い燐光に分けられる。近年，注目を集めている有機 EL（electro-luminescence）素子などはこのような有機分子における発光を利用しており，そのメカニズムの理解は重要である。

　一方，固体の場合は伝導帯から価電子帯へのバンド間遷移がその発光の主たる起源ではあるが，励起子と呼ばれるものや不純物からの発光も存在し，そのメカニズムは複雑である。それに加えて半導体の場合，バンド構造の違いから直線遷移型と間接遷移型に分けられ，よく発光するのは直接遷移型である。その代表例が GaAs や GaN などの化合物半導体であり，多くの発光ダイオードなどに利用されている。一方，代表的な半導体である Si は間接遷移型のため発光素子としては不向きである。

12.6.2　誘導放出

　発光には自然放出に加えて，1917 年にアインシュタインによって提唱された**誘導放出**（stimulated emission）と呼ばれる過程がある。高いエネルギー準位 E_1 に存在する電子が自然に緩和する前，すなわち緩和時間の前に外部からちょうど $h\nu = \Delta E = E_1 - E_0$ に相当する光が入射されたときのことを考える。このとき，E_1 に存在する電子は，ちょうどこの入射光に誘導されるように

入射光と同じ位相，振動数，偏光，方向の光を放出し，低いエネルギー準位 E_0 に緩和する。このとき放出された光は入射光と重なるように放出され，光増幅が起こる。これを誘導放出という。**図 12.10** に誘導放出の模式図を示した。この誘導放出を利用することで，光を位相や波長を揃えて（コヒーレントに）増幅することができ，現代社会で広く普及しているレーザーに応用されている。

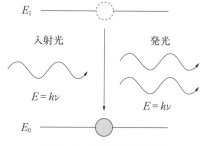

図 12.10　誘導放出の模式図

12.6.3　レーザー

　レーザー（LASER）とは Light Amplification by Stimulated Emission of Radiation の各頭文字から作られた言葉であり，誘導放出を利用したコヒーレントな（可干渉性を有する）光を発する光源である。その特徴として，単色性が良い，指向性が良い，集光性が良い，干渉性が良い，空間的および時間的なエネルギー密度が高いなどが挙げられる。現在，レーザーポインターや CD などの光ディスクの読み書きのための光源，様々な測定器や加工などにも応用され，将来的には光量子コンピュータなどへの応用も期待されている。

　レーザーは一般に励起源，発光体，光共振器の 3 つから構成されている。励起源とは発光体にエネルギーを与えるものであり，その励起方法にはフラッシュランプや別のレーザーなどによる光励起や電流注入のような電気励起が挙げられる。大きなエネルギーを貰った発光体において励起状態の数が基底状態の数より多くなる反転分布と呼ばれる状態になると，吸収に対し

て誘導放出が打ち勝ち，光増幅が可能となる。光共振器とは通常，2枚の鏡を向かい合わせた構造となっており，ある特定の波長の光がその中を何度も往復し，増幅が一方向に有効に行われるようになる。その結果，コヒーレンスの高い単色で指向性の高い光が得られる。

レーザーに用いられる材料は多岐にわたる。固体，液体，気体などによる様々なレーザーが発明され，その用途によって使い分けられている。以下にそれを簡単にまとめる。

①固体レーザー（半導体は除く）

固体レーザーのほとんどは，遷移金属や希土類元素がセラミックスやガラスのような固体マトリックスに添加されたものである。歴史的には 1960 年にメイマンらによって初めて光領域において誘導放出による増幅が実現されたが，この時用いられたのはルビー（Cr^{3+}：Al_2O_3），すなわち宝石であった。また，Nd^{3+} イオンを様々な固体マトリックスに添加した Nd：YAG（Yttrium Aluminum Garnet：$Y_3Al_5O_{12}$），Nd：YLF（$LiYF_4$），Nd：YVO_4，Nd：ガラス（SiO_2 他）などが実用化されている。また，フェムト秒領域の超短パルスレーザーを実現した Ti：サファイア（Ti^{3+}：Al_2O_3）レーザーも非常に有名である。近年はレーザー媒質としてロッド上ではなく，光ファイバーの形で用いられるファイバーレーザーが安価で安定性の優れたレーザーとして脚光を浴びている。これはガラスファイバー中に Er，Yb などの希土類元素を添加したものである。

②半導体レーザー

電気励起が可能で小型な半導体レーザーは，現在，光ディスクの読み書き光源などとして最も日常生活に貢献しているレーザーと言ってよい。これはⅢ−Ⅴ族化合物半導体の三元混晶や四元混晶などが主に利用されている。また波長によって元素の種類や成分比が異なり，近赤外である 780 nm-850 nm においては AlGaAs 系，赤色である 635-680 nm においては AlGaInP 系，青色である 400-530 nm においては GaInN 系が用いられている。一方，黄緑色や紫外域の半導体レーザーはまだ研究開発途上であり，他の固体レーザーなどで代用されることが多い。また近年，無機系ではなく有機半導体の研究開発も盛んにおこなわれている。

③液体レーザー

有機系の蛍光色素分子を溶液としたものを短波長の他のレーザー光源を用いて励起する色素レーザーが有名である。発振可能媒質としては，ローダミンやクマリンなど 500 種類以上が確認されており，様々な波長域でのレーザー発振が可能である。また，Ti：サファイアレーザーの登場までは超短パルスレーザー発振のための主役であった。

④気体レーザー

はじめに He と Ne の混合ガスによる He-Ne レーザー（波長：632.8 nm），続いて Ar イオンレーザー（波長：488 nm，514.5 nm）が発明されるなどレーザー研究の初期から活躍してきたレーザーである。出力強度などの問題から近年は固体レーザーや半導体レーザーに取って代わられている部分も多いが，紫外におけるエキシマレーザー（波長：ArF 193 nm，KrF 248 nm，XeCl 308 nm，XeF 351 nm）や中赤外における炭酸ガス（CO_2）レーザー（波長：10.6 μm）などは現在もよく用いられている。

この節に関して詳しく勉強したい人は，例えば，霜田光一（2020），『レーザー物理入門』，岩波書店．，M. Fox（2010），"Optical Properties of Solids", Oxford. などを参考にしていただきたい。

12.7 光触媒

本節では，光機能材料としてよく知られている光触媒について述べる。近年，環境問題への関心の高まりからも非常に注目されているこの分野は従来の物理学的分野や化学的分野だけで理解できるものではなく，極めて分野横断的・分野融合的なものであり，その理解のためには幅広い基礎的，応用的な知識を要する。今後，そのような観点での光機能材料開発が重要となることを鑑みて，この光触媒について詳しく見てみよう。

12.7.1 光触媒の原理

最近，光触媒という言葉をよく耳にするが，いったい何だろうか。一般に触媒材料とは，それ自身の変化がなく化学反応を促進する物質をいう。一方，光触媒材料とは，それ自身が光を吸収することにより光化学反応するものをいう。決して，光化学反応を促進する触媒ではないことに注意するする必要がある。代表的な材料として酸化チタン（TiO_2）がある。

1950 年代に酸化亜鉛や酸化チタンにおいて光酸化反応を起こすことが発見され，光触媒に関する研究が始まった。1972 年に藤嶋，本多（A. Fujishima, K. Honda（1972），Nature, **238**, pp. 37-38.）によって Nature に発表された酸化チタンを用いた水の光分解に関する論文が世界的に注目を浴びるようになった。白金と TiO_2（単結晶）を電極として用いて紫外線を照射したところ，両電極から気泡が発生しているのが分かった。これらの気泡は，水素ガスおよび酸素ガスであり，水が分解したのである。これが本多-藤嶋効果である。これ以降光触媒材料の研究がさらに盛んになり，実用化に至っている。

光触媒反応は，半導体材料で起こる。図 12.11 は第 11 章でも見たとおり，一般的な半導体材料のエネルギーバンド構造の模式図である。注目するバンドは価電子帯および伝導帯である。価電子帯と伝導帯の間は禁制帯といい，電子が存在できないエネルギー準位であり，その幅をバンドギャップと呼ぶ。半導体がバンドギャップ以上のエネルギーを得ると，価電子帯の電子が伝導帯に励起し，価電子帯には正孔（ホール）が生成する。伝導帯に励起した電子は還元反

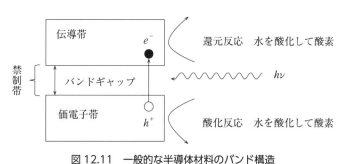

図 12.11　一般的な半導体材料のバンド構造

応に，価電子帯の正孔は酸化反応に寄与する。

　TiO_2 は，主に Rutile 型（正方晶），Anatase 型（正方晶）および Brookaite 型（斜方晶）の3つの結晶構造が知られている。これらのうち，Rutile 型は白色顔料として工業的に広く用いられている。一方，Anatase 型は近年光触媒材料として利用されている。しかし，Brookaite 型は工業的な応用例はほとんどないが，近年光触媒材料として学術的に注目されている。TiO_2 は半導体である。**図 12.12** に代表的な半導体のバンドギャップエネルギーと水の分解電位との関係を示す（日本化学会編，藤嶋昭編集，『光触媒』，p.66，丸善（2005）.）。

　図中の TiO_2 のバンドギャップは，Rutile 型のものであり 3.0 eV である。Anatase 型は 3.2 eV である。Anatase 型と Rutile 型のバンドギャップの差（0.2 eV）が光触媒材料としての大きな違いを示している。どちらも価電子帯の上端位置はほぼ同じでかなり深い（O_2/H_2O の酸化還元電位よりもかなり正側）ため強い酸化力を示す。一方，伝導帯の下端位置は Anatase 型の方が 0.2 eV 上方（H^+/H_2 の酸化還元電位よりも負側）にあるため Rutile 型に比べ強い還元力を示す。これが，Anatase 型 TiO_2 が光触媒材料として利用されている理由である。因みに Brookaite 型のバンドギャップは約 3.2 eV である。

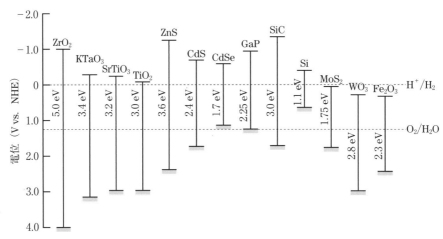

図 12.12　半導体のバンドギャップエネルギーと水の分解電位との関係
（日本化学会編，藤嶋昭編集『光触媒』，p.66，丸善（2005）.）

12.7.2　光触媒の反応

　紫外線を吸収した TiO_2 表面では 2 つの現象が起こる。1 つは光触媒分解であり，もう 1 つは超親水化である。光触媒分解とは，光触媒材料がバンドギャップ以上のエネルギーを吸収することにより起こる酸化分解反応であり，材料表面の有機物を CO_2 や H_2O に分解する現象である。超親水化とは，紫外線を吸収した TiO_2 表面が完全に濡れる状態になることである。

　光触媒反応について TiO_2 を例に考えてみる。TiO_2 は紫外線（そのエネルギーを $h\nu$ とする）を吸収し，図 12.11 に示したように電子 e^- および正孔 h^+ を生成する。

$$TiO_2 + h\nu \;\rightarrow\; e^- + h^+ \tag{①}$$

①の反応により伝導帯側に励起した電子と O_2（吸着酸素）の反応によりスーパーオキサイドアニオン（O_2^-）が生成する。

$$O_2 + e^- \rightarrow O_2^- \qquad ②$$

このスーパーオキサイドアニオンはさらに反応して過酸化水素と酸素を生成する。

$$2O_2^- + 2H^+ \rightarrow 2HO_2^- \rightarrow H_2O_2 + O_2 \qquad ③$$

一方，価電子帯側では①の反応により生成した正孔と H_2O（吸着水）の反応によりヒドロキシラジカル（$\cdot OH$）が生成する。

$$H_2O + h^+ \rightarrow \cdot OH + H^+ \qquad ④$$

ヒドロキシラジカルは高い酸化力を持つといわれているこのことから，ヒドロキシルラジカルは酸化反応に寄与していると考えられているが，近年では，ヒドロキシラジカルが酸化反応の主要な活性種であるという説に異論も出ている。光触媒反応については，未知な点が多くさらなる研究が必要である。

　光触媒での水の分解反応式は

$$伝導帯側では，4H^+ + 4e^- \rightarrow 2H_2 \qquad ⑤$$
$$価電子側では，2H_2O + 4h^+ \rightarrow O_2 + 4H^+ \qquad ⑥$$

となり，全体反応は，

$$2H_2O + 4e^- + 4h^+ \rightarrow 2H_2 + O_2 \qquad ⑦$$

となる。

12.7.3　光触媒材料の実用化

　光触媒材料が最初に応用されたのが，道路のトンネル内照明である。トンネル内は車の排気ガスで汚れがひどくなるが，頻繁に清掃することが困難であるため光触媒材料を使用し清掃の頻度を少なくしたのである。それ以降，清掃が困難な場所へ応用されるようになった。例えば，ビル等の外壁材（タイル），高層ビルの窓ガラス（セルフクリーニングガラス），大型テントの表面などである。

　近年，地球温暖化対策として CO_2 排出削減が叫ばれている。CO_2 の排出なしでエネルギーを得る手段として水素エネルギー（水素ガス）が注目されている。現在，水素ガスを得る方法としては，電気分解，化石燃料改質，バイオマスによる方法がある。化石燃料改質方法は副生成物として CO, CO_2 などが生成し CO_2 の排出が生じる。また，電気分解は電力が必要であり，化石燃料による発電が約 75%（2019 年）の日本の発電状況では CO_2 の排出は避けられない。バイオマスは高温で分解し発生したガスから水素ガスを得る方法であるが，ガスの分離が必要となり安価で得ることは困難である。CO_2 排出なしで水素エネルギーを得る方法として再生可

能エネルギーを使用する方法が考えられるが，現状では高価である。もう1つの方法としては，光触媒材料を用いて水を分解して水素エネルギーを得ることである。この方法は，実用化のために乗り越えないといけない壁が沢山あるが，本多－藤嶋効果により光触媒材料により水の分解原理が分かっていることから，今後の材料開発の進展に期待したいものである。

12.7.4　光触媒材料の設計

◇酸化チタンの設計

　現在，実用化されている光触媒材料は Anatase 型 TiO_2 のみである。この材料で効果的に光触媒活性を得るには，太陽光の約12％しか含まれていない紫外線を有効に利用する必要がある。光触媒活性は，光触媒材料の結晶性（格子欠陥），不純物，表面積などに影響される。例えば，原料の純度を上げ高温にして焼結すると結晶性が向上し，格子欠陥が少ない材料を作製することが可能である。格子欠陥や不純物が少ないということは，電子と正孔との再結合が少なくなり半導体としての特性を向上させられるが，TiO_2 は高温になると Anatase 型から Rutile 型へと結晶構造が変化し光触媒活性が低下するので注意が必要である。また，光触媒材料の表面積を大きくすると，光触媒活性の向上に繋がるが，粒径を微細化（＜10 nm）するとバンドギャップが広くなり（量子サイズ効果），太陽光に含まれる紫外線を有効に利用できなくなる。また，結晶性も悪くなることが考えられる。したがって，適度な粒径で結晶性が良い材料を設計する必要がある。

◇複合効果

　1978年に A. J. Bard らによって，TiO_2 粉末に白金を担持させた光触媒材料を用いる酢酸の分解について報告した。これは，半導体に金属を担持させることにより，光触媒活性を向上させた例である。金属は電子を捕獲しやすい性質を持っていることから，紫外線照射により TiO_2 内で伝導帯に生成した電子が金属に蓄積され，この電子が還元反応に使われるのである。その様子を**図 12.13** に示した。また，白金を担持することで電子と正孔の再結合を抑制する効

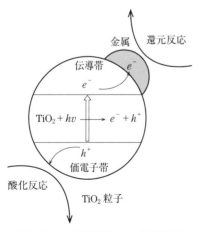

図 12.13　金属担持による複合効果

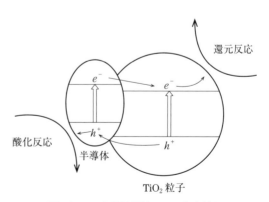

図 12.14　半導体担持による複合効果

果も考えられる。同様な考え方により，半導体に異なるバンド構造を持つ半導体を接合させる方法もある。バンド構造が違うために伝導帯の電子や価電子帯の正孔が別の半導体に移動する。このことにより，再結合を防ぐことができ光触媒活性が向上する。その様子を図12.14に示した。担持した半導体がエネルギーを吸収し生成した電子は，TiO_2に移動しTiO_2自身が生成した電子とともに還元反応する。一方，TiO_2で生成した正孔が担持した半導体に移動し半導体より生成した正孔とともに酸化反応する。このような方法を用いると高い光触媒活性材料を作製することが可能であるが，担持する量や作製条件を間違えると，逆に光触媒活性の低下を招くので注意が必要である。

◇可視光吸収光触媒材料設計

前項で述べたように将来は水素エネルギーが必須となってくるだろう。水素エネルギーを得るための光触媒材料の設計を考えると，価電子帯の上端エネルギーの位置がO_2/H_2O酸化還元電位（1.23 V）より下側（正側），価電子帯の下端エネルギー位置がH^+/H_2酸化還元電位（0 V）より上側（負側）にあり，可視光吸収を考えるとバンドギャップが3.1 eV以下であることが望ましい。

TiO_2は紫外線を照射する必要がある。しかし，前述のように紫外線は太陽光に約12%しか含まれていないことから，太陽光を有効に利用するためには，可視光を利用することが考えられる。可視光を利用するためには，バンドギャップが狭い材料を利用すれば良いのであるが，CdSは表面へのSの析出やCdSeは自己溶解反応が起こるといわれている。TiO_2では酸素の一部を窒素（$TiO_{2-x}N_x$）や炭素（$TiO_{2-x}C_x$）で置換した材料が検討されている。太陽光を有効に利用するためには，例えば禁制帯内に新しいエネルギー準位が発現するような新しい半導体材料および光触媒反応に対して安定な材料の開発が必要となる。

最後に，光触媒材料を用いて水素エネルギーを得るためには，これまで述べてきた材料設計は必須であるが，量子効率の向上，電子や正孔の反応速度の向上や再結合抑制も必要不可欠である。少なくとも，太陽電池以上の量子効率が必要であろう。将来の材料開発に期待したいものである。

12.8　光学測定技術

本節では，様々な光学材料の評価に用いるための測定技術について述べる。

12.8.1　分光測定

様々な材料における電子のエネルギー状態や分子の振動状態などを知るためには，吸収や反射，発光などのスペクトルを得る必要がある。これは分光測定と呼ばれ，材料の評価で最も重要でかつ不可欠な基本的な測定である。分光測定を行うための装置は一般に光源，分光器，検出器の主に3つの要素で構成されるが，測定の種類や用途によってその配置をその都度吟味する必要がある。いろいろな配置があり得るが代表的なものを紹介しておくと，吸収や反射の場合，

$$\boxed{\text{白色光源}} \!-\! \boxed{\text{分光器}} \!-\! \boxed{\textbf{試料}} \!-\! \boxed{\text{検出器}}$$

のような配置がある。白色光源からの光を分光器により単色化し，試料に照射した後に吸収の場合は透過光，反射の場合は反射光の光強度を検出器により取得し，波長ごとに試料がない場合との比をとることで，それぞれのスペクトルが得られる。

また，発光測定の場合の基本配置は以下の通りとなる。

$$\boxed{\text{励起光源}} \!-\! \boxed{\textbf{試料}} \!-\! \boxed{\text{分光器}} \!-\! \boxed{\text{検出器}}$$

レーザーなどの単色性の高い光源からの光を試料に照射し，出てきた発光を分光器に入れて，波長ごとに強度を測定することでスペクトルを取得する。この場合，あらかじめ吸収もしくは反射測定をすることでその材料のエネルギー状態に対する知見を得たのちに，励起波長を決める必要がある。また，ここで励起光源を波長可変にして，分光器により決まった波長の発光のみを検出することで励起スペクトルというものも取得できる。これは吸収スペクトルと同様の情報を取得することが可能な場合がある。また、フーリエ変換赤外分光のように装置内に分光器が顕にはない場合もあるが，この場合も分光機能は当然有している。また，光反射の際の偏光の変化を読み取り，試料の膜厚や屈折率のような光学定数を取得する分光エリプソメトリー法というものがある。

この項に関して詳しく勉強したい人は，例えば，菅滋正，国府田隆夫（1999），『分光測定』，丸善. などを参考にしていただきたい。

12.8.2　非線形光学測定

物質に光を入射したときに 12.5 節でも述べたように物質中には振動する分極が生じる。この分極は $P(\omega) = \varepsilon_0 \chi(\omega) E(\omega)$ と書ける。ただし，ω は入射光の角周波数，$\chi(\omega)$ は電気感受率である。この式より入射電場と物質内に生成される分極は比例関係（線形）になっている。しかしながら，現実の物質中の電子はその置かれている環境により複雑なポテンシャルの影響を受ける．そのため，レーザー光のような強い光電場を照射した場合は，電子の変位が大きくなりローレンツモデルにも出てきた調和振動から外れた振動をするようになる。すなわち，電場には比例しない非線形な成分が現れる。この時，物質中の分極は

$$P = \varepsilon_0 [\chi^{(1)} E + \chi^{(2)} E^2 + \chi^{(3)} E^3 + \cdots]$$

のように電場 E のべき関数に展開できる。この電場の 2 乗に比例する項以降を非線形項と呼ぶ。この非線形項が多彩な現象を引き起こす。電場の n 乗に比例する項を n 次の非線形光学効果と呼ぶが，特に 2 次と 3 次は実用上も重要な項となる。以下の**表 12.1** に主要な非線形光学効果を示す。

これらの非線形光学効果は波長変換や光変調，光制御，最近ではテラヘルツ電磁波発生や量子もつれ光子対発生にも応用されている。この現象を用いて通常の線形分光では得られない位相緩和時間の測定などが可能となるし，次項で説明する超高速緩和現象の測定にも利用されて

表12.1　様々な非線形光学効果

	光学過程	概要
2次	和周波発生	2つの角周波数 ω_1 と ω_2 を足した角周波数の光を発生
	第二高調波発生（SHG）	角周波数 ω の光の2倍の角周波数 2ω の光を発生（和周波発生の特殊な場合）
	差周波発生	2つの角周波数 ω_1 と ω_2 の差の角周波数の光を発生
	光整流	2つの角周波数 ω の光から直流成分（周波数0）を生成（差周波発生の特殊な場合）
	パラメトリック変換	1つの角周波数 ω の光から2つの角周波数 ω_1 と ω_2 の光を発生
3次	四光波混合	3つの角周波数 $\omega_1, \omega_2, \omega_3$ の光が物質中で相互作用し，新しい角周波数 ω_4 の光を発生。±の組み合わせで様々な ω_4 の光が得られる。
	第三高調波発生（THG）	角周波数 ω の光の3倍の角周波数 3ω の光を発生（四光波混合の特殊な場合）
	光カー効果	光強度により物質の屈折率が変化する現象
	吸収飽和	強い光を入射した場合に，吸収率が減少する現象
	二光子吸収	角周波数 ω_1 と ω_2 の光を入射したとき，2つの光子を同時に吸収する現象

いる。

　この項に関して詳しく勉強したい人は，例えば，服部利明（2009，『非線形光学入門』，裳華房．などを参考にしていただきたい。

12.8.3　時間分解測定

　物質を光励起すると，電子が基底状態から励起状態に遷移するが，いずれ基底状態に緩和する。その際に，その物質の特徴や環境に応じて様々な過程を経るが，そのダイナミクスを調べる方法が時間分解測定である。特に最近ではピコ秒やフェムト秒の緩和時間を持つ超高速緩和現象の測定も盛んに行われている。この時間分解測定には吸収や反射の時間変化を測定する場合と発光の時間経過を測定する場合とがある。吸収や反射の場合によく用いられる方法としてポンプ-プローブ過渡分光というものがある。これはパルス幅の短いレーザー光を2つに分けて，それらに時間遅延をつけて物質に逐次入射するという方法である。先に物質に入射する強い光をポンプ光，あとから入射する弱い光をプローブ光と呼び，ポンプ光により状態が変化した物質の吸収や反射をプローブ光により測定する。その際に，ポンプ光とプローブ光の遅延時間を徐々に変化させることでダイナミクスを得る。

　発光の場合は，主にパルス幅の短いレーザー光を物質に照射し，そこからの発光を様々な手法で時間分解し，12.6.1項で述べたような発光寿命を得るものである。特にピコ秒，フェムト秒オーダーの超高速緩和現象の場合は，主にストリークカメラを利用したストリーク法と非線形光学効果を利用したアップコンバージョン分光や光カーゲート法などが挙げられる。

　この項に関して詳しく勉強したい人は，例えば，日本学術振興会光エレクトロニクス第130委員会 編（2011），『光エレクトロニクスとその応用』，オーム社．などを参考にしていただきたい。

12.8.4　光電子分光

　光電子分光のルーツをたどると，19世紀の終わり頃に光電効果が見出され，理論的な解明
がA. Einsteinによってなされたのが始まりで，それからすでに百年以上経過している。（彼は
この光量子仮説によりノーベル賞を受賞している。）ところがこの発見を実用化するには実に
多くの時間と努力が必要であった。何をおいても超高真空状態を作る技術が不可欠で，またエ
レクトロニクス無しでは複雑な分析装置は動かすことはできなかった。20世紀も終わり頃に
なってようやく，技術革新により光電効果を使った光電子分光が次第に物性研究の表舞台に立
ち，材料評価に利用されるようになってきた。

　そもそも光電子とは，真空中でエネルギーの高い光（例えばX線）を物質表面に当てると
表面から飛び出してくる電子のことである。光がある程度物質の中まで透過するのは，広く使
われている医療用のレントゲン写真を思い出すならば容易に想像できるであろう。光が届いた
ところでは電子が励起されるのだが，いっぽう電子はというと物質中を長距離移動できない。
電子のエネルギーにもよるが，移動できるのは典型的には数nm〜10 nm程度である。言い換
えると，表面から深く入った場所からの電子は外に出られず，ごく表面近くからの電子が観測
にかかってくる。つまり，光電子分光とは原理的には表面近傍の電子情報を得る実験手法とい
うことである。

　飛び出してきた電子は，運動エネルギーの分析により物質特有の電子の結合エネルギーの情
報を持っていることがわかる。これを横軸に，電子の個数を反映する強度を縦軸にプロットす
ると例えば**図12.15**のようになり，試料の電子状態，組成比等を直接測定できる。

　測定方法の発展も著しく，角度分解測定によってバンド構造のマッピングをしたりスピン情
報をも同時に測定したりすることにより，多くの情報を得ることができるようになった。光源
は，実験室ベースのX線が一般にはよく使用されるが，全国に広がった放射光施設において
も様々な用途に応じた種類性質の異なる光源を利用することができる。これらの詳細は他書（い
くつかの良い解説書があるが，例えば髙桑祐二編著，『X線光電子分光法』（分光法シリーズ第
6巻），講談社（2018））に譲るが，非破壊で電子状態を知ることのできる光電子分光は今や材
料の有力な評価手法となっている。

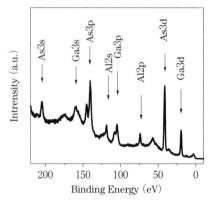

図12.15　光電子スペクトルの例

12章　章末問題

12.1

現代における光の粒子性と波動性はどのように考えられているかについて説明せよ。

12.2

全反射を起こす条件を求めよ。

12.3

（1）　オイラーの公式 $e^{i\theta} = \cos\theta + i\sin\theta$ より，$\cos\theta$ および $\sin\theta$ は指数関数を用いてそれぞれどのように求められるか答えよ。

（2）　2つの波 $u_1(z, t) = 2\cos(kz - \omega t + 0.5\pi)$，$u_2(z, t) = \cos(kz - \omega t - 0.5\pi)$ を重ね合わせた場合，合成波はどのように表されるか求めよ。

12.4

直線偏光を円偏光に変換するための方法について説明せよ。

12.5

ゲルマニウムの $\lambda = 400\,\mathrm{nm}$ における複素屈折率は，$\tilde{n} = 4.141 + i2.215$ で与えられる。

（a）　400 nm における，ゲルマニウム内の光の位相速度を求めよ。

（b）　吸収係数 α を求めよ。

（c）　800 nm のとき，$\tilde{n} = 4.71 + i0.322$ である。これを $n \gg \kappa$ とするとき，複素誘電率 ε_1 と ε_2 を求めよ。

12.6

自然放出と誘導放出の違いについて説明せよ。

12.7

（1）　ZrO_2 および TiO_2（anatase）の電子励起のために必要な波長を求めよ。

（2）　光触媒による水分解を実用化するために必要な要件をまとめよ。

12.8

吸収スペクトルを測定する際に，紫外域・可視域・赤外域のそれぞれにおける光源や検出器はどのようなものを用いるのか説明せよ。

13.1 酸化と還元

　物質の物理的，化学的性質は，すべてその物質が有する電子状態によって引き起こされる。例えば電気が流れる伝導性や，金属などを引きつける磁性，さらに光を吸収したり放出したりする現象も全て物質が有する電子構造によって決定される。このことは，物質同士が化学反応を引き起こす過程においても例外ではない。物質の化学反応性や化学結合性，化学安定性もまた，その物質が有する電子の状態によって左右される。特に化学反応においては2つの物質が互いに電子を受け渡すことによって引き起こされている。例えば水素ガスの燃焼反応（$2H_2 + O_2 \rightarrow 2H_2O$）の例で説明すると，この化学反応は電子の授受を伴う2つの化学反応（これを半反応と呼ぶ）から構成されていることがわかる。

$$\text{酸化半反応} \quad 2H_2 \rightarrow 4H^+ + 4e^-$$
$$\text{還元半反応} \quad O_2 + 4H^+ + 4e^- \rightarrow 2H_2O$$

この2つの半反応を例にとると，右辺である生成物側で電子を失っている状態を酸化と呼び，一方，左辺である反応物側で電子と結びついている状態を還元と呼ぶ。すなわち水素ガスの燃焼反応では，酸化半反応と還元半反応が対となって全反応である酸化還元反応（レドックス反応）を形成していることがわかる。このような酸化還元反応が顕著に引き起こされている身近な例の一つとして電池が挙げられる。例えばダニエル電池では硫酸銅水溶液の中に銅電極を挿し，一方，硫酸亜鉛水溶液の中に亜鉛電極を挿し，両水溶液の間を塩橋でつなげることによって出来上がる。このとき全体の化学反応としては

$$Zn + Cu^{2+} \rightarrow Zn^{2+} + Cu$$

という反応が起こっている。それぞれの電極側で詳しく見てみると

$$\text{負極（酸化半反応）} \quad Zn \rightarrow Zn^{2+} + 2e^-$$
$$\text{正極（還元半反応）} \quad Cu^{2+} + 2e^- \rightarrow Cu$$

という2つの酸化・還元半反応が生じていることがわかる。同様のことは，近年の携帯電話やノートパソコンなどに用いられているリチウムイオンバッテリーや，電気自動車に用いられている燃料電池などでも見られる。リチウムイオン電池の例を下式に示す。

$$\text{負極} \quad Li_xC_6 \rightarrow xLi^+ + xe^- + 6C$$

$$正極 \quad Li_{1-x}CoO_2 + xLi^+ + xe^- \rightarrow LiCoO_2$$

13.2　酸化剤と還元剤

化学反応では，反応される物質同士で必ず電子の授受が引き起こされることから，この電子の引き抜きと受け取りをよりスムーズにさせることができれば，化学反応自体をスムーズに引き起こすことができるようになる。また，電子を失うことと受け取ることは必ず対となって引き起こされるため，電子を失いやすい物質は，同時に相手に電子を与える能力が高いことを意味する。すなわち，酸化をされやすい物質は，反応する相手の物質を還元する能力が高いということになる。このような物質は還元剤と呼ばれる。逆に，還元されやすい物質は酸化剤と呼ばれ，反応する相手を酸化させる能力が高い。酸化剤（例えばCl_2）と還元剤（例えばI^-）を反応させると，当然酸化還元反応が引き起こされる。

$$還元剤 \quad 2I^- \rightarrow I_2 + 2e^-$$
$$酸化剤 \quad Cl_2 + 2e^- \rightarrow 2Cl^-$$
$$酸化還元反応 \quad 2KI + Cl_2 \rightarrow I_2 + 2KCl$$

表 13.1　代表的な酸化剤と還元剤およびその反応式

オゾン	$O_3 + 2H^+ + 2e^- \rightarrow O_2 + H_2O$
過酸化水素	$H_2O_2 + 2H^+ + 2e^- \rightarrow 2H_2O$
過マンガン酸カリウム	$MnO_4^- + 8H^+ + 5e^- \rightarrow Mn^{2+} + 4H_2O$
過マンガン酸カリウム	$MnO_4^- + 4H^+ + 3e^- \rightarrow MnO_2 + 2H_2O$
過マンガン酸カリウム	$MnO_4^- + 2H_2O + 3e^- \rightarrow MnO_2 + 4OH^-$
二クロム酸カリウム	$Cr_2O_7^{2-} + 14H^+ + 6e^- \rightarrow 2Cr_3^+ + 7H_2O$
硝酸	$HNO_3 + 3H^+ + 3e^- \rightarrow NO + 2H_2O$
硝酸	$HNO_3 + H^+ + e^- \rightarrow NO_2 + H_2O$
熱濃硫酸	$H_2SO_4 + 2H^+ + 2e^- \rightarrow SO_2 + 2H_2O$
塩素	$Cl_2 + 2e^- \rightarrow 2Cl^-$
二酸化硫黄	$SO_2 + 4H^+ + 4e^- \rightarrow S + 2H_2O$
酸素	$O_2 + 4H^+ + 4e^- \rightarrow 2H_2O$
ナトリウム	$Na \rightarrow Na^+ + e^-$
過酸化水素	$H_2O_2 \rightarrow O_2 + 2H^+ + 2e^-$
シュウ酸	$H_2C_2O_4 \rightarrow 2CO_2 + 2H^+ + 2e^-$
硫化水素	$H_2S \rightarrow S + 2H^+ + 2e^-$
二酸化硫黄	$SO_2 + 2H_2O \rightarrow SO_4^{2-} + 4H^+ + 2e^-$
チオ硫酸ナトリウム	$2S_2O_3^{2-} \rightarrow S_4O_6^{2-} + 2e^-$
塩化スズ	$Sn^{2+} \rightarrow Sn^{4+} + 2e^-$
ヨウ化カリウム	$2I^- \rightarrow I_2 + 2e^-$
硫酸鉄	$Fe^{2+} \rightarrow Fe^{3+} + e^-$

次の**表 13.1** に，代表的な酸化剤と還元剤の例，およびその反応式をまとめる。

13.3 化学反応と触媒

　化学反応では，反応の前後において全く同じ電子構造を有することは絶対にありえない。なぜなら，化学反応では反応に関わるすべての物質の間で多かれ少なかれ必ず電子の授受（あるいは電子の移動や偏り，電荷密度の空間分布の変化など）が行われ，それに伴い原子間の結合距離や結合角等の変化が生じ，その物質の構造がたとえほんの僅かであっても反応前に比べて変化するためである。物質が有する電子状態はエネルギーの尺度を用いることで比較することができる。ここでエネルギーの基準の値をどのように定義するのかについては様々な考え方があるが，例えば，全ての中性の孤立原子が十分な距離を保って離れている状態を基準のエネルギー（ゼロ）と考え，それに対して複数の原子同士が互いに結合することで分子やクラスターなどの物質を構成することにより物質全体として様々な相互作用を全て取り入れたエネルギー（全エネルギー）を比較するという方法も考えられる。この場合，全エネルギーを縦軸にとり，横軸に反応が進行していく方向を取ったグラフが**図 13.1** に示すとおり反応座標である。ここでは，反応物が化学反応によって生成物を得るまでの過程のエネルギー変化を示している。ここで，生成物のエネルギーが反応物のエネルギーよりも大きな場合（図 13.1 左），エネルギーの保存の法則を考えると，外部から何らかのエネルギーを余分に与えないと反応が進行しないことが理解できる。このような化学反応では一般に熱を必要とすることから，このような反応を吸熱反応と呼ぶ。一方，生成物のエネルギーが反応物のエネルギーよりも低い場合には化学反応が進行することにより，反応物が有していたエネルギーを外部に放出することが必要である。この余分なエネルギーは例えば熱となって放出される。このような化学反応を発熱反応と呼ぶ（図 13.1 右）。これら 2 つの反応において，どちらの場合においても，図 13.1 に示したとおり，反応物と生成物との途中には高いエネルギーの山が見られる。これは，反応物や生成物の状態は，反応過程において最安定状態を取るのに対して，反応物から生成物へ変化する化学反応の過程においては，反応中間状態という不安定な状態を一時的に経過するためである。この反応中間状態は反応物や生成物のときよりもエネルギーが高く，そこから生成物が合成され

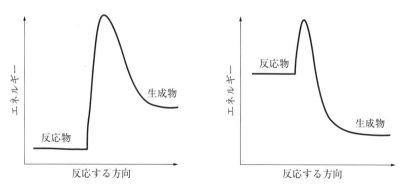

図 13.1　反応物から生成物が合成される過程におけるエネルギーの反応座標依存性。
　　　　吸熱反応過程（左）および発熱反応過程（右）

る化学反応へと進行していく。したがって，仮に発熱反応であっても吸熱反応であっても，反応物には一旦熱などのエネルギーを外部から与えなければ，これらの化学反応は進行しない。この様に反応物を化学反応させる際に，反応中間状態を経過させるために最低限のエネルギーが必要であり，これは活性化エネルギーと呼ばれている。活性化エネルギーの大きさは触媒と呼ばれる化学反応促進物質を用いることによりその大きさを低下させることができ（図13.2），それによって化学反応をより早く進行させることができる。ただし，触媒を用いる場合においても，もともとの反応物におけるエネルギー状態と生成物におけるエネルギー状態のエネルギー値に変化は見られない。

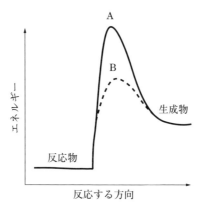

図13.2　反応物から生成物を合成する化学反応の過程において，反応中間状態のエネルギーを
触媒によって低下させた例。触媒を用いない場合（A），触媒を用いた場合（B）

13.3.1　自然界における触媒反応

　植物が成長するためには，一般に植物栄養素としての窒素やリン酸，カリウムなどを大量に必要とする。中でも窒素は葉や茎を大きく成長させるためには欠かせない元素であり，根から吸収される必須栄養素の中でも特に大量に必要とされている。そのため，植物の生育にとって必要な肥料として利用するために，空気中に大量に存在している窒素を効率よく窒素化物として固体に変換する研究が古くから行われてきた。しかし，空気中の窒素ガスからアンモニアを合成する反応は，窒素分子の強固な三重結合を切断して窒素化合物を作るという点で非常に難しい。例えば，ハーバー・ボッシュの方法は化学的に窒素ガスからアンモニアを合成する方法として有名であるが，

$$N_2 + 3H_2 \rightarrow 2NH_3$$

の化学反応は一般的には室温では起こらず，化学反応を進めるためには高温・高圧下という過酷な条件が必要である。それに対して，ニトロゲナーゼと呼ばれる酵素は生物による窒素固定化反応を起こすことで広く知られており，常温・常圧状態という穏やかな条件下で化学反応が進行することが特徴的である。

$$N_2 + 6H^+ + 6e^- + 12ATP + 12H_2O \;\rightarrow\; 2NH_3 + 12ADP + 12Pi$$

（ATP：アデノシン三リン酸，ADP：アデノシン二リン酸，Pi：リン酸イオン）

　例えばレンゲソウなどマメ科の植物の根にはニトロゲナーゼ酵素が存在し，空気中の窒素ガスを固定化してアンモニアを合成していることが分かっている。この窒素固定化に携わる酵素は複数種類が存在するが，モリブデンを含む酵素では活性部位に［Mo-7Fe-6S］という金属錯体クラスター構造が見られる。ニトロゲナーゼによって固定化されたアンモニアは，更に別の酵素によってグルタミン酸や硝酸に変換され，植物の生育に利用される。ニトロゲナーゼ以外にも自然界には数多くの化学反応を促進させる触媒としての機能を有する酵素が数多く存在し，それらの反応活性部位は金属錯体で構成されていることが多い。例えば，D-タガトース-3-エピメラーゼ（DTE）と呼ばれる酵素は，六単糖ケトースであるD-フルクトース（果糖）の3位のOH基の向きを異性化し，D-プシコースと呼ばれる希少糖分子に変換させることがよく知られている。D-フルクトースが高血糖・高血圧の原因となるのに対して，D-プシコースでは血管中の血糖値を下げ，血圧低下に働くことが報告されている。このDTEという酵素の中にも，単糖を異性化させる反応活性部位にはMn金属錯体が存在していることがわかっている。

13.3.2　均一系触媒と不均一系触媒

　触媒は，触媒の形態と反応条件の違いによって，**均一系触媒**（homogeneous catalyst）と**不均一系触媒**（heterogeneous catalyst）に大別される。触媒と反応物のいずれもが，液相中，もしくは気相中に孤立分散し，両者が同一相中にあり，相界面が存在しない反応条件の下で用いられる触媒を均一系触媒と呼ぶ。エステル化反応における硫酸のような酸触媒やピリジンのような塩基触媒は均一系触媒に分類される。一方，反応物は気相中あるいは液相中にあり，触媒は固体であって，両者の間に相界面が存在し，触媒表面で反応が進行するような反応系で用いられる触媒が不均一系触媒である。ナフサの接触改質や自動車の排ガス浄化における金属系固体触媒は不均一系触媒の代表例である。均一系触媒と不均一系触媒のそれぞれの特徴を**表13.2**に示す。

表13.2　均一系触媒と不均一系触媒の特徴比較

	均一系触媒	不均一系触媒
反応系	液相（溶液）反応，気相反応 （触媒は反応系中に分散）	気相反応，液相反応 （触媒は固相であり，二相系）
触媒形態	分子触媒（可溶性）	固体触媒，担持触媒（不溶性）
反応温度	200℃以下 （溶液反応：溶媒の沸点以下）	触媒の耐熱温度以下の高温 （室温〜500℃程度）
触媒活性	低い	高い （反応温度を高温にできるため）
反応選択性	高い	低い
生成物との分離	困難	容易
触媒回収・再生	困難	容易

　均一系触媒は，溶液中に分散し，反応遷移状態において，反応基質と相互作用し，反応を促進する。金属錯体触媒の場合には，配位結合の組み換えを繰り返し，反応中間状態で活性種を生じるものは，反応サイクルの中で触媒活性種の再生を繰り返す。均一系触媒は，反応活性種との分子間相互作用や触媒分子の空間的要因が反応の活性や選択性に影響を及ぼし，立体特異的な反応を促進する可能性をもつ。不斉反応を媒介する不斉触媒が好例である。触媒分子自身の立体配座が反応基質の近接条件に制約を加え，生成物の立体配座を（R）もしくは（S）のいずれか一方に偏らせることが可能である。均一系触媒の場合，反応基質と同様に溶媒中に分散させて用いることが大半であるため，生成物からの触媒分離には手間が掛かり，固体状態で扱われる不均一系触媒よりも劣る。また，反応や精製過程で失活することも多く，触媒の回収，再生は容易ではない。一方の不均一系触媒は，金属単体や金属酸化物，金属硫化物のように耐熱性の高いもので構成されることが多く，高温反応に用いられる。反応温度を高温にできるため，触媒活性は高いが，副反応も競合するため，反応選択性は低い。不均一系触媒は，反応管内に充填され，原料である気体を連続的に通過させるフロー反応で用いられるが多く，生成物との分離や触媒回収は容易である。不均一系触媒は，界面で反応基質と作用し，触媒として機能するため，反応表面積（界面表面積）の広い触媒の方が反応活性は優れる。そのため，活性炭のような多孔質表面に触媒の微粒子を分散させて用いられることが多い。このような手法は，**触媒担持**と呼ばれる。また，触媒を表面に固定するために用いられる多孔性の基材を**触媒担体**という。金属触媒の微粒子を触媒担持することで，金属と触媒担体の間で化学的に相互作用し，金属の電子状態を変化させ，触媒機能が向上する場合もある。

13.3.3　酸触媒と塩基触媒

　エステル化反応，アミド化反応，エポキシドの開環反応，アルケンの水和反応および異性化反応など，酸や塩基が触媒として作用し，進行する反応は多岐にわたる。それらの反応機構や酸・塩基触媒の働きを理解する上で以下の「酸」や「塩基」の定義をきちんと理解しておく必要がある。ここでは，触媒の分類において重要となる「酸」，「塩基」の定義について説明する。

　ブレンステッド–ローリーの定義では，**プロトン（H^+）を供与する化学種**が「**酸**」（ブレンステッド酸）であり，**H^+ を受容する化学種**が「**塩基**」（ブレンステッド塩基）である。触媒反応の反応中間体生成過程において，H^+ 源として触媒的に機能する化学種が**ブレンステッド酸触媒**に相当する。一方，反応の過程で，反応物，あるいは，反応中間体から，H^+ を奪い，反応の進行を促進する化学種がブレンステッド**塩基触媒**である。エステル化反応や異性化反応において利用される硫酸などの鉱酸やスルホン酸のような有機酸が代表的なブレンステッド酸触媒であり，NaOH や金属アルコキシド，アミン類はブレンステッド塩基触媒とみなすことができる。

　一方，酸と塩基の概念を拡張したルイスの定義では，**電子対を受容する化学種**が「**酸**」（ルイス酸）であり，**電子対を供与する化学種**が「**塩基**」（ルイス塩基）である。フリーデル–クラフツ アルキル化反応における $AlCl_3$ や環状炭酸エステルの開環重合に用いられる有機アルミニウム化合物，ポリイソブチレンの重合に用いられる BF_3 は，反応途中過程において，反応

種や反応中間体の孤立電子対を空の軌道に受け取り，**ルイス酸触媒**として働き，反応の進行を促進する。五員環形成などの付加環化反応や縮合エステル化反応の場合，反応系に添加される4-ジメチルアミノピリジン（DMAP），ジアザビシクロウンデセン（DBU）や有機リン系試薬は**ルイス塩基触媒**として振る舞う（**図13.3**）。これらの反応には，ルイス塩基触媒分子の孤立電子対が反応種に供与される素反応が含まれている。

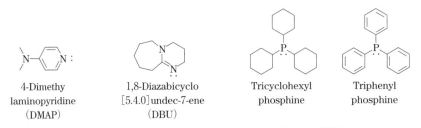

4-Dimethy
laminopyridine
（DMAP）

1,8-Diazabicyclo
［5.4.0］undec-7-ene
（DBU）

Tricyclohexyl
phosphine

Triphenyl
phosphine

図13.3　ルイス塩基触媒として機能する有機分子の化学構造

　石油製造の工程の一つに減圧蒸留から得られる軽油成分をガソリンやナフサへと転換するために接触分解（クラッキング）工程がある。この工程では，軽油成分の熱分解反応が行われており，**固体酸触媒**として，シリカ-アルミナ触媒やゼオライトが用いられている。シリカ-アルミナ触媒およびゼオライトは，SiO_4四面体格子中において，4価のSiサイトの一部が3価のAlに置換された構造をもち，電荷のバランスが崩れることで，Al置換サイトは負電荷を帯びる。Al置換サイト近傍には，電気的に中和するようにNa^+などの対カチオンがトラップされる。この対カチオンをH^+にイオン交換することで固体酸として機能する。一方，固体表面が塩基性を示し，塩基触媒として機能するものは**固体塩基触媒**と呼ばれる。典型的な固体塩基触媒は，MgO, CaOのようなアルカリ土類金属の酸化物や，ヒドロタルサイトと呼ばれる複水酸化物である。これらの場合，固体酸として働くゼオライトなどとは対照的に，正電荷を帯びた主骨格の周りに対アニオンがインターカレートした構造を持ち，対アニオンをOH^-に置換することで固体塩基として振る舞う。固体塩基触媒は，アルデヒドの不均化によるエステル化反応などに適用される。

13.3.4　ハーバー・ボッシュ法によるアンモニア合成

　アンモニア（NH_3）は，硝酸や尿素，硫酸アンモニウムに代表される窒素肥料の原料となり，化学工業における基幹物質の一つに挙げられる。世界のアンモニア生産量の8割ほどは肥料用途である。肥料は食糧や畜産飼料となる農作物の生産に必要不可欠であり，肥料の成分として重要な窒素分の源となるアンモニアの安定供給は非常に重要な課題である。アンモニアの化学合成技術が確立される以前の20世紀初頭には肥料資源の枯渇が叫ばれる状況にあり，空気中に多量に存在する窒素を有効に活用する反応手法の確立が求められていた。このような時代背景のもと，1909年，F.ハーバー（Fritz Haber）によって，水素と空気中の窒素からアンモニアを合成する反応（式（13.3.1））が見出された。

$$N_2 + 3N_2 \rightleftharpoons 2NH_3 \tag{13.3.1}$$

　この合成法は，20世紀の化学工業の発展に大きく寄与し，現代の化学工業においても重要な反応プロセスの一つとして見做すことができる。ハーバーは，高温高圧条件（550℃以上，約200気圧）でオスミウム触媒を用いて，N_2とH_2の混合ガスを反応させることでアンモニアを得た。高圧条件とすることで，式（13.3.1）の化学平衡は右辺の生成系へと偏る。その一方で，高温条件では式（13.3.1）の化学平衡は左辺の反応原系に偏り，反応系は不利となり，反応効率の低下を招く。熱力学的には低温反応の方が有利ではあるが，反応速度が著しく遅くなるため，熱力学的に不利にはなるが，高温での反応が適用された。ハーバーが見出したアンモニア合成反応は，高温高圧の過酷な反応条件に加え，高価なオスミウム触媒を用いるものであったため，実用化には条件改良が必要であった。BASF社のC.ボッシュ（Carl Bosch）は，アンモニア合成の実用化のため，量産用高圧反応容器の開発に取り組み，高温高圧でのアンモニア大量生産を可能とした。実用化に向けた反応条件改良の過程において，ボッシュの同僚であったA.ミタッシュ（Alwin Mittasch）は，酸化鉄を主体とするFe_3O_4-Al_2O_3-K_2Oの組み合わせの複合触媒が優れた触媒作用を示すことを見出し，アンモニアの工業生産を前進させた。Fe_3O_4-Al_2O_3-K_2Oの触媒系は，後年の反応機構解明によって，その作用機序から二重促進鉄触媒と呼ばれている。上述のように，ハーバーやボッシュらによって確立された工業的アンモニア合成プロセスは，**ハーバー・ボッシュ法**と呼ばれている。

　ハーバー・ボッシュ法は，$N_2 : H_2 = 1 : 3$（モル比）の組成の混合ガスを高温高圧条件で，二重促進鉄触媒に代表される鉄酸化物系複合触媒を通じる不均一反応系であり，熱力学的に不利な高温条件での反応のため，反応転化率（原料の消費率）が低いといった反応プロセスそのものの欠点のほか，高温高圧を必要とし，環境負荷が大きいという課題がある。これらの課題に対応するため，現在のアンモニアの工業生産には，当初のハーバー・ボッシュ法に改良を加えたプロセスが用いられている。反応転化率が低く，系内に多量に残る未反応の合成ガスは，有効に反応に利用するために再循環させるプロセスに改良されている。また，生産性の向上のため，圧縮装置など反応装置も改良が加えられている。触媒についても，二重促進鉄触媒よりも性能の優れた触媒系の開発が進められ，従来系と比較して，反応温度，反応圧力を低減させることが可能なRu系触媒が見出され，開発当初のハーバー・ボッシュ法プロセスよりも格段に穏和な反応条件でのアンモニア製造が実現されている。様々な改良がなされてきたが，ハーバー・ボッシュ法は，現在でも工業的アンモニア合成の基盤プロセスであり，重要な工業的窒素固定化手法と言える。

13.3.5　石油化学とエチレンプラント

　現代の有機化学工業において，大元の原料となる資源は天然ガスや石油が主である。n-ヘキサンやエチレンなどの脂肪族炭化水素類，ベンゼン，トルエンなどの芳香族炭化水素類は，石油や天然ガスを出発原料として得ている。油田から汲み上げられる原油は，メタンやエタンといったC_1～C_4の**ガス類**とC_5～C_9の**ナフサ**，C_9～C_{25}の**中質油**，高沸点の**重質油**，**アスファルト類**の混合物であり，成分ごとの沸点の違いを利用して，蒸留によって分離・精製が行われる（**図13.4**）。

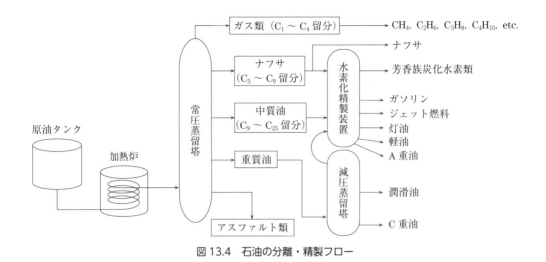

図 13.4　石油の分離・精製フロー

　低沸点成分であるガス類は主に燃料として利用されている。また、メタンの一部は、**水蒸気メタン改質**（式（13.3.2））によって、CO と H_2 に変換されている。水蒸気メタン改質における触媒として、Al_2O_3 担持 Ni 触媒が主に用いられているが、メタンの原料である原油由来の硫黄分が触媒毒として働き、触媒寿命を低下させるため、水蒸気メタン改質の原料メタンは ZnO を触媒として高温で脱硫処理されたものが用いられる。

$$CH_4 + H_2O \longrightarrow CO + 3H_2 \tag{13.3.2}$$

　常圧蒸留によって分離された中質油とナフサの多くと、重質油の減圧蒸留で得られた軽油成分は、水素化精製プロセスに導かれる。不純物として含む硫黄化合物や窒素化合物は、燃焼反応で SO_x や NO_x を生じ大気汚染の原因となるため、水素化精製の過程で除去される。水素化精製では、反応温度 300〜450 ℃、水素圧 10〜150 気圧の条件で、Al_2O_3 に Mo-Ni-Co 系硫化物を担持した触媒が用いられる。燃料用ナフサは、ガソリン性能の一指標であるオクタン価を高めるため、接触改質プロセスを経る。接触改質工程では、様々な反応が併発するため複雑である。中でも、シクロヘキサンのような脂環式炭化水素の脱水素反応、異性化脱水素反応による芳香族化合物への変換反応は、接触改質における重要な反応であり、石油化学原料となる芳香族化合物の製造プロセスという側面をもつ。接触改質における触媒としては、金属触媒と固体酸触媒を組み合わせた Pt-Al_2O_3 二元触媒系や Pt-Re-Al_2O_3 触媒系が用いられている。

　ナフサは、石油化学品の基幹原料でもあり、原油の蒸留で得られたナフサの一部は、エチレンプラントにおいて、分解反応により、エチレンやプロピレン、ブタジエンなどのオレフィンや直鎖アルカンへと変換されている。プラントは、**図 13.5** に示すように、**熱分解炉**、**冷却系**、**分離精製系**の 3 つのパートから構成される。ナフサの熱分解は、無触媒でラジカル的に進行する開裂反応であり、反応温度 750〜900 ℃、反応時間 0.1〜1 秒程度である。原料ナフサは、水蒸気とともに反応管へと導入され、熱分解炉内を高速で通過する。反応管より排出された混合気体は冷却系で急冷され、分解反応が停止する。冷却系を通った熱分解生成物は多段の分離精製塔を経て、成分ごとに分離される。エチレンプラントで製造されたエチレンやプロピレンな

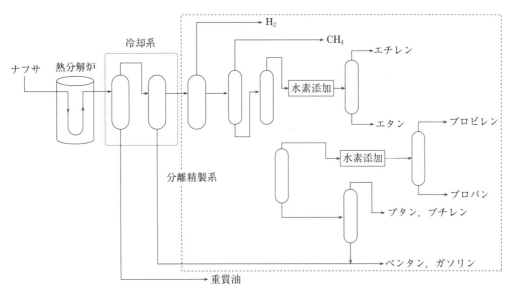

図 13.5 エチレンプラントの構成

どは，重合反応や修飾反応，酸化反応，水和反応など様々な反応の原料として用いられ，溶剤や界面活性剤，ポリマーなどの化学製品へと導かれる。

13.3.6 Ziegler-Natta 触媒による高分子合成

K. Ziegler は，1953 年，$TiCl_4/Al(CH_2CH_3)_3$ を組み合わせた不均一系触媒を用いて，常温，常圧条件でエチレンの重合反応が進行することを見出した。G. Natta は，Ziegler の触媒系を改良し，$TiCl_3/AlCl(CH_2CH_3)$ の組み合わせからなる触媒系を用いてプロピレンの重合を行い，分岐構造の少ない，結晶性プロピレンの合成に成功した。Ziegler, Natta によって開発された**塩化チタン（$TiCl_3$, $TiCl_4$）**と**有機アルミニウム化合物**を組み合わせて調製される触媒系は **Ziegler-Natta 触媒**と呼ばれる。この Ziegler-Natta 触媒を用いて進行する重合は配位重合であり，エチレンをはじめとするオレフィンやスチレン，ブタジエンなどの炭化水素系モノマーを原料として，立体特異的な重合を穏和な条件下で効率よく進行させる。

この重合過程において，重合活性種は空の配位サイトをもつ遷移金属錯体であり，有機アルミニウムによるアルキル化反応が開始反応となる（**図 13.6**(a)）。開始反応で生じたアルキルチタン活性種の中心金属に原料モノマーが配位した後，金属-配位子間結合の組み換えと付随するモノマー末端への付加反応を生じることでポリマー鎖が伸長する（図 13.6(b)）。連鎖移動反応として，水素移動反応などがあり（図 13.6(c)），過還元などによる触媒失活が停止反応となる。

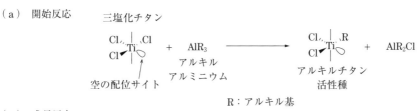

（a） 開始反応

三塩化チタン

空の配位サイト

＋　AlR₃
アルキル
アルミニウム

アルキルチタン
活性種

＋　AlR₂Cl

R：アルキル基

（b） 成長反応

アルキルチタン
活性種

π配位錯体

cis 付加
（ポリマー鎖伸長）

（c） 連鎖移動反応

［モノマーへの水素移動反応］

［中心金属への水素移動反応］

［有機金属種とのアルキル交換反応］

図 13.6　Ziegler–Natta 触媒を用いた配位重合の素反応

13.3.7　カップリング反応による精密有機合成

　カップリング反応は，二分子の反応基質を選択的に結合させる反応である。同一化学種同士のカップリング反応はホモカップリング反応，異種化学種間ではクロスカップリング反応と呼ばれる。カップリング反応は，染料合成，医薬品や農薬の原料中間体合成，液晶や有機 EL 材料などの電子材料合成において利用されている。遷移金属種を触媒として用いるカップリング反応は，芳香族化合物を結びつける炭素 - 炭素結合形成反応として有用である。1972 年，熊田誠，玉尾晧平らによって見出された熊田 - 玉尾カップリング反応（**図 13.7**）は，それまで困難であった芳香族炭素（sp^2 炭素）に対し，求核剤である Grignard 試薬が作用する反応として注目され，その後のクロスカップリング反応開発の呼び水となった。

　Pd(0) を触媒とし，有機亜鉛試薬や有機ジルコニウム試薬を求核剤とする反応が根岸カップリング反応であり，有機スズ試薬を求核剤とする反応が右田–小杉–Stille カップリング反応である。遷移金属種を触媒とするクロスカップリング反応において，工業的にも広く利用されて

$$R_1MgX \quad + \quad R_2X' \quad \xrightarrow{\text{Ni(0) catalyst}} \quad R_1 - R_2 \quad + \quad MgXX'$$

Grignard 試薬　　　　　　芳香族
　　　　　　　　　　ハロゲン化物

R_1：アルキル，アリール（芳香環），アルケニル

R_2：アリール（芳香環），アルケニル

X：ハロゲン

図 13.7　熊田-玉尾カップリング

いる例が鈴木-宮浦カップリング反応である。1979 年，鈴木章，宮浦憲夫らは，有機ホウ素試薬と有機ハロゲン化物を原料に，塩基共存下，Pd(0) を触媒とするカップリング反応を開発した（図 13.8）。有機ホウ素試薬は，有機金属試薬に比べて，容易に合成でき，化学的にも安定であるため，取り扱いやすい。また，鈴木-宮浦カップリング反応は，他のカップリング反応よりも反応性が高く，基質一般性にも優れるといった特長があり，芳香族化合物間の炭素-炭素結合を形成させる反応の優先的選択肢として多用される。

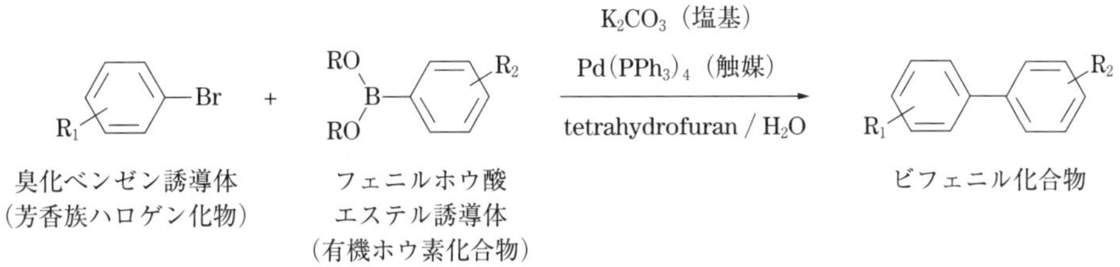

臭化ベンゼン誘導体　　　フェニルホウ酸　　　　　　　　　　　　　　ビフェニル化合物
（芳香族ハロゲン化物）　エステル誘導体
　　　　　　　　　　　（有機ホウ素化合物）

図 13.8　鈴木-宮浦カップリング反応の典型的な反応例

　Pd(0) を触媒とするクロスカップリング反応の一般的な反応機構を図 13.9 に示す。反応は原料である芳香族ハロゲン化物が触媒活性種に付加するところから始まる。この過程で触媒の中心金属 Pd は +2 価へと変化するため，酸化的付加と呼ばれる。その後，反応系内に共存する塩基の作用により，配位子交換が起こる。塩基は，原料の有機ホウ素化合物とも反応し，中

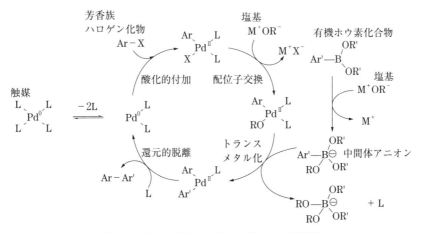

図 13.9　鈴木-宮浦カップリング反応の反応機構

間体アニオンを生じる。生じた中間体アニオンは，配位子交換後の活性種と反応し，Pd に有機ホウ素化合物由来の芳香環（Ar′）が配位する。隣接する芳香環の間で炭素 - 炭素結合が生じ，錯体から脱離し，0 価の Pd が再生する。再生した 0 価の Pd 種に芳香族ハロゲン化物の酸化的付加が起こり，再び触媒サイクルを回す。このようにして，カップリング反応は進行する。反応において，塩基は鍵中間体の生成に作用し必須であるため，塩基によって副反応を生じる反応基質の場合には，官能基保護などの工夫が必要となる。

13.4 電気化学反応

13.1 節で述べた酸化・還元反応を電気的なエネルギーを供給することによって進めたり，あるいは，酸化・還元反応によって生じる電子のやり取りを，電気エネルギーとして外部に取り出したりするのが電気化学反応である。

電気化学反応の代表例として，電気分解と電池がある。電気分解では，電極に電圧をかけて，正極で酸化反応（反応基質から電子を奪う），負極で還元反応（反応基質に電子を与える）を行う。電気分解は水素ガスの製造，塩素ガスの製造，水酸化ナトリウムの製造，電気メッキなどに応用されている。電池では，自発的に進む電気化学反応を利用している。正極で還元反応，負極で酸化反応が起こる結果，生じた電子が負極から外部回路を通って正極に移動する。この電子の流れを利用することによって，電気エネルギーを取り出すことができる。いずれの場合も，電解質溶液に正・負 2 本の電極を挿入した構造をしている。電解質は溶媒中で正・負イオンに解離し，電極付近での電気化学反応を促進する役割を果たす。

13.4.1 標準酸化還元電位

どの程度の電圧で電気分解が起こるのか（電気分解電圧），また，電池にどの程度の電圧が発生するのか（起電力）は，正極で酸化反応を起こす物質と負極で還元反応を起こす物質の電子を押し出そうとする性質の差で決まる。

物質が電子を押し出そうとする性質の指標となるのが酸化還元電位である。酸化・還元反応の半反応式の自由エネルギー変化を電位差で表したものに対応する。正極での電気化学反応と負極での電気化学反応を分離し，各電極での電気化学反応の電位を考える。基準となる電極と注目している電極反応とを組み合わせて電池を作製し，その電位をその電極反応の酸化還元電位とする。基準となる電極として，標準水素電極（Standard hydrogen electrode：SHE）が使用される。標準水素電極は白金電極に 1 M 塩酸水溶液に 1 気圧の水素ガスを吹き込んだものである。白金電極の表面では水素ガスと水素イオンが平衡状態になっている。この反応の酸化還元電位を 0 V とするのである。

$$H_2 \rightarrow 2H^+ + 2e^-$$

塩橋を介して水素電極と測定しようとする電極反応溶液を接続する。**図 13.10** に銅の電極反応の測定例を示した。金属銅を硫酸銅水溶液に浸すと，銅電極付近では下記の電極反応が起こ

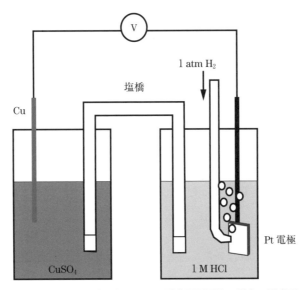

図 13.10　標準水素電極を用いた酸化還元電位の測定の模式図

る。

$$Cu \rightarrow Cu^{2+} + 2e^-$$

銅電極と水素電極の白金電極との電位差が上記電極反応の酸化還元電位となる。酸化還元反応
電位は温度や物質の濃度によって変化する。特に，酸化還元反応に関与する物質の活量（さし
あたっては，濃度に等しいとして差し支えない）・分圧がすべて 1 である場合の電位を標準酸
化還元電位という。

　水素電極は電位の安定性もよくなく，使い勝手がよくないので，電位が安定しており，簡便
な Ag/AgCl 電極やカロメル電極がしばしば用いられる。

表 13.3　主な電極反応の酸化還元電位

主な半反応の標準電極電位（単位：V vs. SHE）					
元素	半反応	電位	元素	半反応	電位
リチウム	$Li^+ + e^- \rightarrow Li$	-3.045	ニッケル	$Ni^{2+} + 2e^- \rightarrow Ni$	-0.257
カリウム	$K^+ + e^- \rightarrow K$	-2.925	鉛	$Pb^{2+} + 2e^- \rightarrow Pb$	-0.1263
ナトリウム	$Na^+ + e^- \rightarrow Na$	-2.714	水	$2H_2O + 2e^- \rightarrow H_2 + 2OH^-$	-0.828
アルミニウム	$Al^{3+} + 3e^- \rightarrow Al$	-1.676	水素	$2H^+ + 2e^- \rightarrow H_2$	0.0000
亜鉛	$Zn^{2+} + 2e^- \rightarrow Zn$	-0.7626	酸素	$O_2 + 2H_2O + 4e^- \rightarrow 4OH^-$	0.401
鉄	$Fe^{2+} + 2e^- \rightarrow Fe$	-0.44	酸素	$O_2 + 4H^+ + 4e^- \rightarrow 2H_2O(l)$	1.229
銅	$Cu^{2+} + 2e^- \rightarrow Cu$	0.340	水銀	$Hg_2^{2+} + 2e^- \rightarrow 2Hg$	0.7960
銀	$Ag^+ + e^- \rightarrow Ag$	0.7991	白金	$Pt^{2+} + 2e^- \rightarrow Pt$	1.188
金	$Au^{3+} + 3e^- \rightarrow Au$	1.52	塩素	$Cl_2(aq) + 2e^- \rightarrow 2Cl^-$	1.396

13.4.2　ネルンストの式

酸化還元電位は，酸化還元に関与する物質の濃度や温度に依存して変化する。電極近傍で下記の酸化還元反応が平衡状態にあるとしよう。

$$pP + qQ + ne^- \rightleftarrows xX + yY$$

このような場合の酸化還元電位 ΔE は，標準電極電位を ΔE^0，授受される電子数を n，物質 P, Q, X, Y の濃度を a_P, a_Q, a_X, a_Y として，下記の式で表される（厳密には活量を用いるが，ここでは，濃度とほぼ等しいとして差し支えない）。

$$\Delta E = \Delta E^0 + \frac{RT}{nF} \ln \frac{a_P{}^p \cdot a_Q{}^q}{a_X{}^x \cdot a_Y{}^y}$$

この式はネルンストの式と呼ばれる。右辺第 2 項が温度と物質の濃度によって変化する部分であり，分母が還元体の濃度，分子が酸化体の濃度である。酸化還元電位に関する式を提案したドイツの物理化学者 Walter Nernst にちなんで名づけられた。

13.5　電池

電池は，電気化学反応の自由エネルギー変化を外部回路に電流として取り出し，化学エネルギーを電気エネルギーに変換することができる。電池は下記の要素から構成される。

・正極活性物質（正極，カソード，還元反応を起こす極）
・負極活性物質（負極，アノード，酸化反応を起こす極）
・電解質（正極と負極の間の電荷の伝達，通常イオン伝導体）
・セパレーター（酸化剤と還元剤が混ざらないようにする膜）
・集電体（電子の供給源，シンク，通常電子伝導体（金属など））
・ケース（容器）

電池の電圧は，正極活性物質と負極活性物質の酸化還元電位で決まる。電圧を上げるには，正，負両極の酸化還元電位の差を大きくする必要がある。電流は電池の内部抵抗で決まり，電力効率を上げるには，電流値を上げる必要があるので，電解質の抵抗を下げる必要がある。

実用的な電池には，安定性と長寿命が必要とされ，これを実現するには，定常的に酸化還元反応が進行しなくてはならない。軽量でエネルギー密度（単位重量あたりに発生できる電力量）が高いことも必要である。また，取り扱いの簡便さも重要である。初期の電池の電解質は溶液状であったため，転倒の危険性や持ち運びの不便性が問題であった。20 世紀に入ってから，電解質を固体化，あるいは，ペースト状にすることにより，持ち運びが容易な乾電池が開発されている。

電池のエネルギー密度は，電池全体の重さあたりの生成されるエネルギーと定義される。電池の活性化物質の重さあたりの生成される電気エネルギーが用いられる事もある。

　例として，ダニエル電池のエネルギー密度を求めてみよう。正極においては，$Cu^{2+}+2e^- \rightarrow$ Cu，負極では，$Zn \rightarrow Zn^{2+}+2e^-$ が起こる。銅イオン 1 モル（64 g），亜鉛 1 モル（65 g）を用いた場合には，反応が完全に進むと，129 g の活性物質から 2 F の電荷が生成する。起電力は 1.1 V なので，1.1 V の電位差を $96500 \times 2 = 1.93 \times 10^5$ C の電荷が流れる事になり，$1.1 \times 1.93 \times 10^5 = 2.13 \times 10^5$ J $= 213$ kJ のエネルギーを放出する事になる。活性物質の重さあたりに換算すると，$213/129 = 1.65$ kJ/g となる。一般には，1 時間あたりの W 数で表すので，

$$213 \times \frac{1000/3600}{0.129} = 458 \text{ Wh/kg}$$

となる。

13.5.1　一次電池と二次電池

　一次電池は充電不可能で，使用は 1 回限りである。電極反応を見る限りは，一見可逆に見えても，ガスの発生，副反応物の生成，活性物質の劣化などのため，正極・負極での電極反応は現実的に不可逆であり，無理に充電すると，ガスが発生したり，発火したりして危険である。二次電池では，副反応物の生成がなく，電極反応が可逆に進行するため，放電と充電を繰り返して使用できる。蓄電池ともいう。長らく鉛蓄電池が使用されていた。近年の情報機器の発達により，小型の二次電池の需要が増大し，リチウムイオン電池が開発された。

13.5.2　マンガン乾電池

　1800 年にボルタによって開発された電池は，希硫酸に銅板と亜鉛版を挿入した単純なものであった。ボルタ電池では，正極の銅板表面で水素ガスが発生するが，その際，銅板が水素に覆われ，出力電流・電圧が急速に低下する（分極）。1866 年にルクランシェにより発明されたマンガン乾電池では，水素ガスが発生しないように工夫がなされている。二酸化マンガン（MnO_2）を正極活性剤に使用するため，H_2 が MnO_2 によって酸化されるので，分極が生じない。

　図 13.11 に示すように，市販のマンガン乾電池では，亜鉛缶の内側に，高分子製セパレーターが内接し，その中に，塩化亜鉛などの電解質と MnO_2 を固めたものが充填され，その中心部に正極である炭素棒（グラファイト）が挿入されている。炭素棒は化学的に安定であり，電極反応には関与しない集電体として働く。出力電圧は 1.5 V である。電気化学反応に関与する亜鉛缶が直接外装容器に覆われている。

$$\text{正極：} MnO_2 + H^+ + e^- \rightarrow MnO(OH)$$
$$\text{負極：} Zn \rightarrow Zn^{2+} + 2e^-$$
$$\text{全体　} (-)Zn \,|\, NH_4Cl, ZnCl_2/H_2O \,|\, MnO_2 \cdot C \,(+)$$

　正極では，MnO_2 が集電体（炭素棒）から電子を受け取り，MnO_2 の $Mn(\text{IV})$ は結晶構造を変えることなく，$Mn(\text{III})$ に変化する。電荷を中和するため，H^+ が侵入し，$MnO(OH)$，あるいは，$MnO_2(H^+)$ が生成する。反応はかなり複雑である。負極では，亜鉛が Zn^{2+} に酸化される。

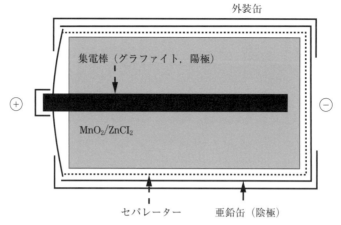

外装缶

集電棒（グラファイト，陽極）

MnO₂/ZnCl₂

セパレーター　　亜鉛缶（陰極）

図 13.11　マンガン乾電池の構造の模式図

電解質として塩化アンモニウムを用いた場合には，負極において下式に従い，

$$Zn^{2+} + 2NH_4Cl \rightarrow Zn(NH_3)_2Cl_2 + 2H^+$$

亜鉛アンミン錯体が生成するため，Zn^{2+} が安定化される。そのため，逆反応が進行しない。

13.5.3　アルカリマンガン乾電池

　マンガン乾電池では，電解質として塩化アンモニウムや塩化亜鉛が使用されているが，アルカリマンガン乾電池では，電解質溶液をアルカリ水溶液にすることにより，活性物質を数倍詰め込む事ができるようになった。アルカリとしては主に水酸化カリウムが用いられている。また，内部抵抗が減少したので，エネルギー効率が向上した。そのため，電池の寿命が大幅に延びた。1998 年には，通常のマンガン乾電池に対して生産量が逆転した。現在は，市場に出回っている乾電池のほとんどがアルカリ乾電池である。

$$正極：MnO_2 + H_2O + e^- \rightarrow MnO(OH) + OH^-$$
$$負極：Zn + 4OH^- \rightarrow Zn(OH)_4^{2-} + 2e^-$$

　図 13.12 に，アルカリマンガン乾電池の構造の模式図を示す。従来のマンガン乾電池と異なり，負極活性物質である亜鉛は水酸化カリウムと混ぜ合わされたペーストである。筒状に固められた亜鉛/アルカリペーストがセパレーターで囲まれ，その外側に正極活性物質である含水 MnO_2 が配置されている。これらの構成物が正極缶の中に封入されている。マンガン乾電池では，集電棒は正極活性物質に挿入されていたが，アルカリ乾電池では，負極活性物質に挿入されており，真鍮棒が使用されている。

　負極で生成した亜鉛酸イオン $Zn(OH)_4^{2-}$ は，やがて電解液中に飽和し，水酸化亜鉛 $Zn(OH)_2$ の沈殿となる。正極で水が消費されると，脱水して，酸化亜鉛 ZnO となり，正極に水が補給される。1990 年代に入ってから大幅に性能が向上した。

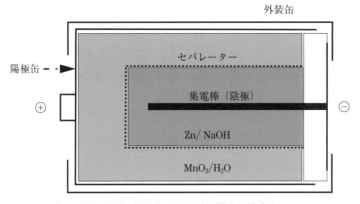

図 13.12　アルカリ乾電池の構造の模式図

13.5.4　鉛蓄電池

　鉛蓄電池は現在でも，様々な用途に使用されている二次電池である。鉛蓄電池に歴史は古く，1859 年にガストン・プランテによって発明された。**図 13.13** に，鉛蓄電池の構造の模式図を示す。構造は単純で，4 M の硫酸に正極と負極を浸しただけである。正極として，鉛板の表面に酸化鉛（PbO_2）を付着させたものを，負極として，鉛板を使用している。放電反応は下記のとおりである。充電反応は放電の逆反応（左向き）になる。

$$正極：PbO_2 + 3H^+ + HSO_4^- + 2e^- \; \rightarrow \; PbSO_4 + 2H_2O, \qquad E_0 = 1.63 \text{ V}$$

$$負極：Pb + HSO_4^- \; \rightarrow \; PbSO_4 + H^+ + 2e^-, \qquad E_0 = -0.30 \text{ V}$$

$$反応全体：PbO_2 + Pb + 2H_2SO_4 \rightleftarrows 2PbSO_4 + 2H_2O \;（右向き放電，左向き充電），$$

$$E_0 = 1.93 \text{ V}（起電力の実測値 2 V）$$

放電時には両極表面に硫酸鉛が析出する。正極では，酸化鉛が硫酸と反応して硫酸鉛となる。この際，鉛は $+4$ 価から $+2$ 価に還元されている。負極では，鉛が硫酸と反応して硫酸鉛とな

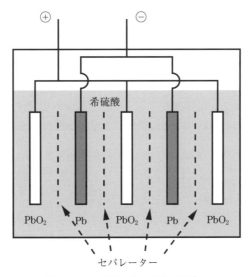

図 13.13　鉛蓄電池の構造の模式図

る。鉛は0価から＋2価に酸化される。充電する事により硫酸鉛を元の金属鉛と酸化鉛に戻す。硫酸鉛も酸化鉛も電解液には不溶なので，電極に付着した状態を保持できる。

　2V程度の起電力が発生し，乾電池よりも高電圧を得ることができる。構造が単純で鉛や硫酸は安価であるため，低コストで生産できる。電極反応も単純であるため，信頼性が高い。そのため，車のバッテリーなど，広範に普及している。ただし，重く，エネルギー密度が低いのが欠点である。毒性の高い鉛化合物と腐食性の硫酸を使用しているため，安全性と環境負荷が問題となる。そのため，現在では，徐々にリチウムイオン電池に置き換わりつつある。

　鉛蓄電池の起電力は2Vで水の電気分解電圧を超えているため，原理的には水の電気分解が起こりうる（自己放電）。しかし，実際には，過電圧が大きいので水の分解はほとんど起こらない。正極で発生した少量のO_2は負極に拡散して，Pbを酸化し，$PbSO_4$になる。

13.5.5　リチウムイオン二次電池

　1980年代より，携帯電話などの携帯機器に使用する軽量・高エネルギー密度の二次電池の必要性が高まってきた。比重が低く，酸化還元電位が高いため，高エネルギー密度を実現できるリチウムに注目が集まったが，化学的不安定性のため，実用的な電池に使用することはできなかった。1970年代より，グラファイトやコバルト酸リチウムなどの層状化合物がリチウムイオンを取り込む性質をもつことが明らかとなり，電池への応用が検討された。

　リチウムイオン二次電池においては，固体電解質を巧みに利用しているのが特徴である。**図13.14**に示すように，グラファイトや酸化コバルト（CoO_2）は層状構造を有し，層間にLi^+を取り込む性質があり，Li^+は層間を容易に移動する事ができる。Li^+を取り込んだ層間化合物を正極・負極に用いると，Li^+が正極と負極を往来する二次電池を作製できる。

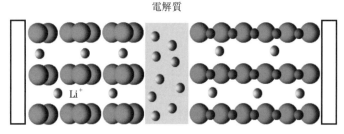

電解質

Li$^+$

グラファイト（陰極）　　　　　　　　　　$LiCoO_2$（陰極）

図13.14　リチウムイオン二次電池の構造の模式図

　正極にはコバルト酸リチウム（$LiCoO_2$），負極にはグラファイト（C_6）が用いられる。電解質としては，$LiPF_6$や$LiBF_4$をエチレンカーボネートに溶解したものが使用されている。充電時には，リチウムイオンは負極側のグラファイト中に蓄積されている。放電時に，リチウムイオンが正極側へ移動する。

$$正極：Li_{1-x}CoO_2 + xLi^+ + xe^- \rightarrow LiCoO_2$$
$$負極：C_6Li_x \rightarrow C_6（グラファイト）+ xLi^+ + xe^-$$

正極と負極の間に電解質溶液（LiPF$_6$/エチレンカーボナート）をはさむ。起電力は約3～4Vである。

Li$^+$が負極から正極へ移動すると放電，正極から負極へ移動すると充電することになる。この際Li$^+$が動くだけで，他の物質は全く変化しないので，安定性に優れる。リチウムイオンを電池に使用するアイデアは，S.ウィッティンガムによって提案された。1980年代にJ.グッドイナフと水島公一がコバルト酸リチウムを正極に使用するアイデアを提案した。同時期に吉野彰が炭素材料を用いた負極を提案し，実用化に成功した。現在，モバイル機器などの電源に普及している。軽量であるため，飛行機にも搭載されている。さらに，電気自動車用の大型電池の開発が進められている。2019年，S.ウィッティンガム，J.グッドイナフ，吉野彰がリチウムイオン電池の開発によりノーベル化学賞を受賞するに至った。

13.5.6 燃料電池

燃焼は酸化還元反応であり，反応に伴う自由エネルギー変化も非常に大きいので，反応の際に酸化体と還元体との間でやり取りされる電子を外部に取り出す事ができれば，非常に有用な電源となる。しかも，発電の際には，水が発生するだけで，非常にクリーンで環境にやさしい電源となる。原理はW. R. Groveによって19世紀の半ばに見出されていたが，実用化されたのは第二次世界大戦後で，アポロ宇宙船の電源に使われた。ちなみに，反応によって生じた水は宇宙飛行士の飲み水に使われた。当初は，燃料電池は大型であったが，その後の検討により小型化が進んだ。二酸化炭素の排出を減少させるため，電気自動車の普及が望まれているが，車載用の燃料電池の開発が盛んにおこなわれている。

図13.15に示すように，NiやPtなどの触媒作用のある多孔質金属板を電極とし，二枚の電極版で電解質をはさむ。正電極に酸素を，負電極に水素を供給する。大気中の酸素と石油改質で得られた水素を使用することが多い。セル一つ当たり1.5 V程度の電圧が発生する。実用には，多数のセルを積層したものが使用される。

$$正極：\frac{1}{2}O_2 + 2e^- \rightarrow O^{2-}$$

$$負極：H_2 + O^{2-} \rightarrow H_2O + 2e^-$$

$$反応全体：2H_2 + O_2 \rightarrow H_2O$$

使用する電解質により，固体高分子型燃料電池，リン酸型燃料電池，溶融炭酸塩型燃料電池，固体型酸化物型燃料電池などに分類される。リン酸型燃料電池，溶融炭酸塩型燃料電池は，600℃以上の高温で運転され，大型の発電機に適している。リン酸型燃料電池は200℃付近で運転され，オフィスビル用の比較的小型の発電機として使用できる。固体高分子型燃料電池は，100℃以下で運転でき小型化が可能であるため，車載用・家庭用発電機への応用が進められている。

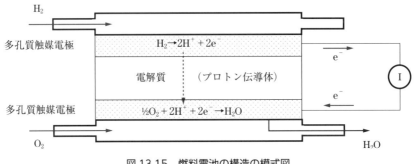

図 13.15　燃料電池の構造の模式図

13章　章末問題

13.1

ヨウ化カリウム水溶液にオゾンを通すと、ヨウ素が生成する。この反応式を、表 13.1 を参考
にして示せ。

13.2

（1）　窒素ガスと水素ガスからアンモニアを合成するハーバー・ボッシュ法において，高温・
　　　高圧を必要とする理由を説明せよ。
（2）　エチレンプラントで使用される触媒について説明せよ。
（3）　均一触媒と不均一触媒の例を挙げ，それらの特徴を説明せよ。

13.3

（1）　代表的な標準電極と電極電位を挙げよ。
（2）　蓄電池のエネルギー密度を計算せよ。
（3）　リチウムイオン電池の特徴を，鉛蓄電池と比較しながら説明せよ。

第14章 材料の生物学的性質と機能

14.1 材料の生体適合性

19世紀後半から今日に至るまで，医学・公衆衛生学の進歩は非常に顕著であり，幼児死亡率は劇的に低下し，かつては死に至る病であった多くの伝染病や内臓疾患が治療可能となった。重度の骨折や火傷に対しても，人工骨や人工皮膚が開発され，治療に使用されている。その結果，先進国での平均寿命は大幅に伸び，多くの人々が長期にわたって健康な生活を享受できる社会が実現された。

そのような社会の実現にあたり，医学・公衆衛生学そのものの進歩は非常に重要であるが，それを支える医用材料の進歩もまた刮目すべきものがある。第二次世界大戦後の技術革新により，様々な工業材料が実用化され，広範に普及するに至った。これらの工業材料のうちのいくつかは医用材料に転用され，医療現場の風景は一変した。特に，第2次世界大戦後の石油化学の発展に並行して，様々な高分子材料が実用化され，医療用途にも使用されるに至った。

通常の工業材料にない医用材料の最も顕著な特徴は，生体適合性である。医用材料は生体に接触させたり，埋め込んだりして使用するため，生体に過度な負担と刺激を与えることなく，その機能を果たす必要がある。特に注意すべきは，異物に対する生体の拒否反応（免疫反応）である。また，血液は異物に接触すると凝固する。これらの生体の材料に対する反応を十分に理解したうえで，医用材料の開発や選択を行う必要がある。

また，安全性の確保のためには，材料としての特性のみならず，装置全体，システム全体の適合性を考える必要がある。例えば，腎不全治療における人工透析では，血液を体外循環させ，透析膜によって血液を濾過する。血液にとって，循環に用いるチューブ，コネクター，透析膜などは全て異物であり，血液凝固を引き起こす。そのため，抗凝固薬を使用する必要がある。また，再生セルロース膜でできた血液透析膜を使用すると免疫機構が活性化され，末梢血での白血球が減少する。

このように，医用材料の取り扱いに際しては，生体適合性に関して様々な配慮が必要である。本章では，医用材料の生体適合性を中心に，医用材料の特徴と必要とされる機能について述べる。

14.1.1 免疫，補体，炎症の役割

目には見えないが，生体は常に，細菌やウィルスなどの微生物の攻撃にさらされている。また，様々な有機・無機物質が体内に入り込む。これらの異物から生体を防御するため，生体には免疫機構という生体防御メカニズムが存在する。

図14.1（a）に抗原-抗体反応の模式図を示す。血液や体液中には，抗体と呼ばれる糖たんぱ

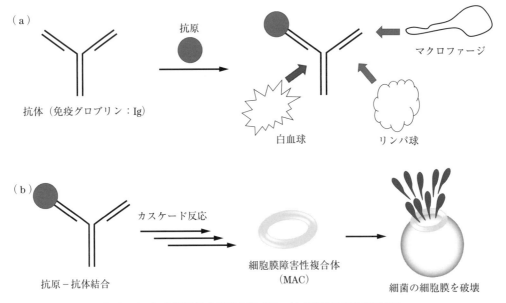

（a）抗体（免疫グロブリン：Ig）

抗原

マクロファージ

白血球　　　　リンパ球

（b）抗原−抗体結合

カスケード反応

細胞膜障害性複合体
（MAC）

細菌の細胞膜を破壊

図 14.1　（a）抗原-抗体反応の模式図　（b）補体の作用の模式図

く質が存在する。実体はリンパ球のうちB細胞の産生する糖たんぱく分子，免疫グロブリン（Ig）である。抗体は，体内に侵入してきた細菌・ウィルスなどの微生物や，微生物に感染した細胞を抗原として認識して結合する。抗体が抗原へ結合すると，その抗原と抗体の複合体を白血球やマクロファージといった食細胞が認識・貪食して体内から除去し，リンパ球などの免疫細胞が結合して免疫反応を引き起こす。

　抗体の外，血液中には補体と呼ばれる防御システムも存在する。補体とは免疫反応を媒介する一連の血中たんぱく質である。図14.1（b）に補体の作用の模式図を示す。抗体が体内に侵入してきた細菌などに結合すると，補体は抗体により活性化される。補体系のたんぱく質が順次活性化され，カスケード反応が進行し，最終的に，侵入した微生物の細胞表面に細胞膜障害性複合体（MAC）が形成され，細胞膜を破壊する。

　生体が損傷を受けると，損傷を修復するため炎症が起こる。炎症が起こると，発熱，発赤，腫脹，疼痛などの症状が生じる。これらの反応は不快なものであるが，血流を増やして必要な栄養分を患部に輸送し，損傷の修復，および，免疫反応の促進を行うものである。肥満細胞が損傷を受けることにより，ヒスタミンが遊離し毛細血管が拡張し，透過性が増大する。これによって血流が増大し，免疫反応に必要な白血球や免疫たんぱく質が患部に輸送される。同時に，血液凝固系や補体も活性化される。

　医用材料とはいえ，基本的には生体にとっては異物であるので，生体に接触，もしくは挿入されると，なんらかの防御反応を引き起こす。生体への刺激を最小限にとどめつつ，材料が適切な機能を発揮するためには，様々な工夫が必要である。例えば，腎不全治療の血液透析において，再生セルロース膜でできた血液透析膜を使用すると補体が活性化され，白血球が肺に集積し，末梢血で減少する。そのため，現在では再生セルロース膜は血液透析膜には使用されず，

代わりに酢酸セルロース膜やその他の合成高分子が使用されている。後述するように，生体に異物が侵入すると，炎症，血液凝固，カプセル化などの生体反応を引き起こす。ある場合には，生体反応を抑制しつつ，材料の機能を発揮させる必要があるが，別の場合には，逆に生体反応を利用した材料設計が有効なこともある。

14.1.2　生体内での酵素と材料への応用

酵素はたんぱく質からできており，生命活動を維持するのに必要な化学反応の触媒として働いている。食物の消化において重要な役割を果たす消化酵素は代表的であるが，それ以外の局面でも酵素は様々な化学反応を促進している。酵素はたんぱく質からできているので，高温下，あるいは酸性・アルカリ性下では変性して機能を失う。

酵素というと，まず思い浮かぶのが消化酵素である。でんぷんをブドウ糖に加水分解するアミラーゼ，たんぱく質を分解するプロテアーゼ，脂肪を加水分解するリパーゼなどが代表的である。

酵素が活躍するのは消化だけではない。解糖系で活躍するヘキソキナーゼ，DNA・RNA を合成するポリメラーゼ，細胞から Na^+ 排出し，代わりに K^+ を取りこむナトリウムカリウムポンプなど，生体内のありとあらゆる局面で酵素が重要な役割を果たしている。

酵素は人工的に作られた触媒に比べて，使用できる環境（温度，pH，溶媒など）は限定されるものの，高い基質選択性をしめす。特に，光学異性体の合成に力を発揮する。この特性を生かして，バイオリアクターやバイオセンサーへの応用が研究されている。

酵素を不溶性の担体に固定した固定酵素を利用すると，固定酵素と反応基質を反応槽で反応させたのち，反応生成物と触媒である固定酵素を濾過などの簡単な方法で分離することができる。固定酵素を触媒とし，反応槽の中で人工的に有用な物質を作る技術をバイオリアクター技術という。1967 年に千畑，土佐らが担体に固定したアミノアシラーゼを用いて N-アシル-DL-アミノ酸の混合物から目的の L-アミノ酸だけを不斉加水分解して光学活性なアミノ酸を得たのが工業化の最初の例である。現在では，セルロースからのブドウ糖の合成や L-アスパラギン酸の合成などでガラスビーズ担体に固定化された酵素が触媒として使用されている。

酵素の基質特異性を利用し，化学物質を検出するセンサーが開発されている（**図 14.2**）。グ

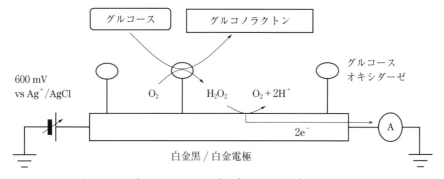

図 14.2　白金電極上にグルコースオキシダーゼを固定したグルコースセンサーの模式図

ルコースオキシダーゼを白金黒/白金上に固定化した電極を用いると，電極上でグルコースが酵素によってグルコノラクトンに分解される際に，酸素が過酸化水素に還元される。白金電極に正電圧（600 mV vs Ag/AgCl電極）を印加しておくと，電極上で過酸化水素が酸素に酸化される際に生じた電子によって電極に電流が流れる。その電流値からグルコースを定量することができる。グルコースセンサーを利用した血糖値測定器が市販されている。電界効果型トランジスターに酵素を固定したセンサーも研究されている。

14.1.3　血液凝固作用と材料

　血管が損傷を受けると損傷部を修復するため，血液が凝固する。また，体内に異物が侵入した場合も血液は凝固する。血液の凝固は，主にプロテアーゼからなる凝固因子が順次活性化されるカスケード機構によって進む。最後に，フィブリノーゲンが重合してフィブリン（高分子）が生成，血液がゲル化して固まる。血液が凝固して生じたかさぶたは，損傷部が修復されたころには再分解される必要がある。また，血管内で血液が凝固すると血栓が生じ，場合によっては，毛細血管を閉塞し甚大な障害の原因となる。そのため，血液凝固系と関連して，線溶系といわれる血栓の再分解・再吸収システムが併存している。

　血管が損傷を受け出血すると，皮下組織のコラーゲンに von Willebrand 因子（たんぱく質の一種）とグリコプロテイン（糖たんぱく質の一種）が付着する。そこに血小板が吸着することにより活性化され，凝集する（一次凝集）。図 14.3 に血液凝固のメカニズムの概要を示す。活性化された血小板から様々な物質が放出される。その中にはカルシウムイオンや血液凝固に関与するプロテアーゼが含まれており，凝固因子（実体はたんぱく質分解酵素であり，第 I から第XIII因子まで存在する）を順次活性化し，プロテアーゼであるトロンビンが活性化される。トロンビンはフィブリノーゲンの重合・架橋を触媒し，その結果，繊維状のたんぱく質フィブリンが生成し，血液をゲル化する（二次凝固）。上記のメカニズムは血液凝固システムのうち，外傷による凝固に関するものであり，外因系と呼ばれる。

　それに対して，異物が血液中に侵入した場合，外傷がなくても血液凝固が起こることがある。これは，内因系と呼ばれる。外因系と同様に，異物の侵入によって血液凝固因子が順次活性化

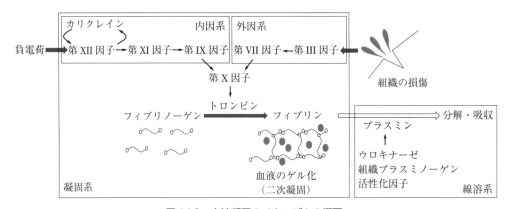

図 14.3　血液凝固のメカニズムの概要

され，最終的にトロンビンが活性化され，フィブリノーゲンの重合が進み，血栓が形成される。異物表面の負電荷が第XII因子を活性化し，増幅作用が働くようになっている。

　医用材料とは言っても，基本的には，血液にとっては異物であり，多くの場合血液凝固を引き起こす。そのため，血液と接触する材料においては，血液凝固を引き起こさないようにする工夫が必要である。血液凝固を阻害するヘパリンなどの抗凝固薬が使用される。人工血管の内壁にヘパリンをコートして血液凝固を抑制することもある。点滴時に針に逆流した血液が凝固して詰まるのを防ぐため，ヘパリンのカートリッジが市販されている。

14.1.4　アレルギー反応と材料

　アレルギーは，外部からの抗原に対し，免疫反応が過剰に起こっている状態である。通常の場合には無害な量の抗原によって，不必要に不快な結果をもたらす免疫応答が起こっているといえる。代表的な疾患としては アトピー性皮膚炎，アレルギー性鼻炎（花粉症），アレルギー性結膜炎，アレルギー性胃腸炎，気管支喘息，小児喘息，食物アレルギー，薬物アレルギー，蕁麻疹などが挙げられる。

　医用材料は人体に接触，挿入，あるいは埋め込まれて使用されるため，通常の使用方法では安全であっても，使用者の体質によって，あるいは，使用条件によっては，過剰な免疫反応，すなわち，アレルギー反応を引き起こす可能性がある。

　医用材料と関連が深いアレルギーはI型，および，IV型アレルギーである。I型アレルギーでは，免疫グロブリンEと白血球，抗原が結合することにより，ヒスタミンなどの生理活性物質が放出され，血管拡張・血流亢進が起こる。アレルギー性鼻炎やアナフィラキシーはI型アレルギーに分類される。IV型アレルギーでは，抗原と感作T細胞が結合することによってマクロファージを活性化する。それによって，周辺の組織障害が引き起こされる。金属製の医用材料でしばしば問題となる金属アレルギーはこのタイプである。

　医用材料でしばしば問題となるアナフィラキシー様ショックと金属アレルギーについて詳しく説明する。アナフィラキシーは，ハチ毒や食物，薬物などの外来性の抗原に対する過剰な免疫反応で，肥満細胞や好塩基球（白血球の一種）表面の免疫グロブリンEが抗原と結合することにより，血小板凝固因子やヒスタミンが放出される。それによって，毛細血管が拡張し急激な血圧低下が起こる。場合によっては生命にかかわるほどの血圧低下が起こり，これをアナフィラキシーショックという。免疫反応以外の原因によってもアナフィラキシーと同様のショック症状が現れることがあり，それをアナフィラキシー様ショックという。

　医用材料によるアナフィラキシー様ショックの例を挙げる。**図 14.4** に ACE 阻害薬によるアナフィラキシー様ショック発生の模式図を示す。高血圧患者に対して血液透析を行う際，ポリアクリロニトリルメタリルスルホン酸コポリマー（AN69）を透析膜として使用すると，透析膜の負電荷により血液凝固因子が活性化される。その際に生成するカリクレインによって，強い発痛物質であるブラジキニンが生成される。ブラジキニンは平滑筋の弛緩，血管透過性の亢進と血管の拡張を引き起こす物質である。通常であれば，ブラジキニンはキニナーゼによって分解されるので，重篤な血圧低下には至らない。しかし，高血圧治療のためにアンジオテン

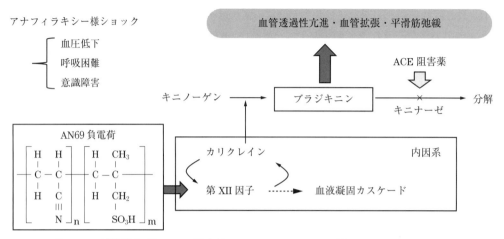

図 14.4　血液透析の際の ACE 阻害薬によるアナフィラキシー様ショック発生の模式図

シン変換酵素（ACE）阻害薬を患者が服用していると，キニナーゼの働きが阻害されるため，ブラジキニンが急速に蓄積されショック状態に陥る。

　金属アレルギーは，金属元素が直接引き起こすものではなく，金属材料から溶出した金属イオンがたんぱく質と結合し，それがアレルゲンとなって発症する。ニッケル，コバルト，クロム，スズ，水銀は金属アレルギーを引き起こしやすい。金や銀はアレルギーを引き起こしにくい。インプラントに使用されるチタンは表面に酸化膜が形成され不働態化するのでアレルギーを起こさない。

14.1.5　材料と生体の接触による生体の変化

　材料は生体にとっては異物なので，材料を生体に接触，挿入，あるいは，埋植すると，生体の側で何らかの反応が起こる。

　組織に刺激が加わると，炎症惹起物質が放出され炎症が起こる。細菌などの小さな異物であれば，白血球により分解・吸収され，肉芽細胞によって組織修復が進み，やがて炎症は治まる。生体に埋め込まれた医用材料は，白血球では分解・吸収できないので，炎症が持続することになる。その間に材料の周囲に肉芽組織が形成され，最終的に材料はコラーゲンを主成分とする薄い膜に覆われる。これは，生体にとって異物である材料を生体から隔離することになる。これをカプセル化という。カプセルを形成するコラーゲンは材料表面に生じた線維芽細胞によって作られる。例として，人工血管の血管への吻合を挙げる。人工血管の内側は，血管側から血液凝固によって増殖してきた内膜によって覆われ，外側はコラーゲンからなるカプセル層によって覆われる。

　人工関節においては，摩擦による関節の摩耗が問題となる。摩耗粉が関節に蓄積されると，生体は摩耗粉を排除しようとして炎症が起こる。しかし，摩耗粉は高分子やセラミックスからできているため，白血球では排除できず，炎症が持続する。そのため，骨を溶解する破骨細胞が活性化され，人工関節が緩んでしまう。

　生体は歯や骨など，リン酸カルシウムを主成分とする組織を多数有している。体内では，骨

や歯を作るため，リン酸イオンやカルシウムイオンが常にある量存在しており，状況によっては，これらのイオン種がリン酸カルシウムとして沈着する。これを石灰化という。血中リン酸濃度が高い場合には，石灰化が進行しやすい。人工心臓弁，人工心臓の血液接触面，人工血管などにおいて，石灰化がしばしばおこる。小児は血中リン酸濃度が高いため，人工心臓弁は使用できない。

14.1.6 偽内膜形成と抗凝固薬

　人工血管は血液にとっては異物なので，血液凝固を引き起こす。人工血管の内壁は徐々に血液が凝固して形成された内膜に覆われる。これを偽内膜形成という（図14.5）。一旦内壁が偽内膜に覆われると，そこで血液の凝固は停止する。カプセル化と同様に，異物である人工血管が生体から隔離されたことになる。ステントにおいても，偽内膜が形成されることにより，血液凝固が停止する。ただし，ステントの挿入による組織障害が引き金となり，内膜増殖が起こることがある。これを再狭窄という。再狭窄を防ぐため，炎症を抑制する免疫抑制剤や細胞増殖を抑制する抗がん剤をコートした薬剤溶出性ステントが開発されている。

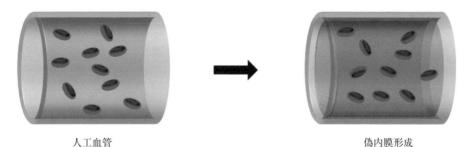

人工血管　　　　　　　　　　　　　　　　　偽内膜形成

図 14.5　人工血管での偽内膜形成の模式図

　人工血管のみならず，人工心臓弁においても，血液凝固は重大な問題となる。血栓の生成を防止するため，血液凝固を阻害する抗凝固薬が開発されている。主な抗凝固薬として，ヘパリン，メシル酸ナファモスタット，ワルファリンが知られている。

　ヘパリン，低分子量ヘパリン，メシル酸ナファモスタットは，血液透析や人工心肺による開心手術に多用される。ヘパリンは，フィブリンの生成を触媒するトロンビンの活性を阻害する。それによって抗凝固作用を発揮するが，血小板凝集作用などの副作用を示す。ヘパリンの低分子量成分を取り出した低分子量ヘパリンは，血液凝固因子の不活性化により血液凝固を阻害するので，安全性が高く，血小板凝集作用などの副作用も少ない。メシル酸ナファモスタットは，プロテアーゼ阻害作用があり，プロテアーゼからなる血液凝固因子全般を不活性化するので，強い抗凝固作用を示す。その代わり，体内で分解されやすい。そのため，出血傾向の強い患者の透析にも使用される。

　ワルファリンはトロンビンの前駆体の生成を阻害する。人工血管やステントを使用する患者に投与される経口薬である。

　血液凝固にはカルシウムイオンが必要である。エチレンジアミン4酢酸はカルシウムイオン

に配位するので，血液凝固を阻害する。毒性があるため，採血した検査用血液の凝固防止に使用される。

人工肺に用いられるガス交換膜や血液回路では表面にヘパリンをコートすることにより抗凝固処理が行われる。フィブリン分解酵素のウロキナーゼをコートすることもある。

14.2　主な医用材料とその特徴

医用材料として実用的に用いられているものを大別すると，金属材料，非金属無機材料，合成高分子材料，生体由来材料が挙げられる。前述したように，通常の工業材料とは異なり，生体適合性が重要となる。

14.2.1　金属材料

金属材料は適度な機械的強度を有し，加工性にも優れている。その一方で腐食しやすいという欠点がある。生体は電解質と水を多く含み，金属が腐食されやすい環境にある。異なった金属からなる材料においては，電気化学的腐食も問題となるので注意が必要である。

ステンレス鋼は機械的強度，耐腐食性に優れ，医用材料としてしばしば使用されている。特に，クロムとニッケルを含むオーステナイト系ステンレスは海水中でも腐食されないので，血液透析など，塩化ナトリウム水溶液に接触する部品に使用されている。

コバルトクロム合金は歯科材料として使用されている。コバルト60%，クロム30%，および，数%のモリブデンを主成分とする合金はバイタリウムという商品名で市販されており，差し歯，入れ歯，インレーに使用されている。通常のコバルトクロム合金は，金属イオンが溶出し，金属アレルギーを引き起こす可能性があるので，医用材料としての使用は限定的である。

チタン合金は機械的強度に優れ，軽量である。そのうえ，表面が酸化物で覆われ，不働態化するので，腐食されにくい。歯科材料のインプラントや人工関節に使用される。生体適合性をさらに高めるため，表面にヒドロキシアパタイトをコーティングしたものが市販されている。

ニッケルチタン合金のなかには形状記憶性を示すものがあり形状記憶合金と呼ばれている。変形しても，所定の温度に昇温すると元の形状に回復する。この性質を利用して，ステントなどに利用されている。形状記憶合金を用いたステントは折りたたんで体内に挿入し，体温によって昇温されると，元の形状に回復する。それによって，血管を広げることができる。

歯科材料のクラウンには，金−銀−銅からなる合金が使用される。純金は柔らかすぎるため，使用できない。金−銀−パラジウム合金も健康保険適用の銀歯として広範に使用されている。

14.2.2　非金属無機材料

生体に使用できる金属以外の固体材料をバイオセラミックスと総称している。

アルミナやジルコニアのようなセラミックスは，耐熱性に優れ，化学的に安定で腐食されない。機械的な強度にも優れ，クラウンやブリッジなどの歯科材料として使用されている。ジルコニアセラミックスは人工関節の骨頭にも使用され始めている。

　ヒドロキシアパタイトはリン酸カルシウムからなる物質であり，骨など生体との親和性が極めて高く，骨の形成促進，歯科材料，細胞培養などに使用されている。骨欠損治療においては，欠損部にヒドロキシアパタイトの多孔質球体を注入することにより，骨再生が促進される。ネオボーンという名称で商品化されている。インプラントなどに使用されるチタン合金の骨への親和性を向上させるため，材料表面にヒドロキシアパタイトがコーティングされている。

　パイロライトカーボンは熱硬化性樹脂を高温で炭化させることによって得られる。軽量で機械的強度も強く，抗血栓性にも優れているため，人工心臓弁に使用されている。

14.2.3　高分子材料

　第二次世界大戦後の石油化学の発展により，様々な高分子材料が汎用工業材料として普及し，一部が医用材料に転用された。1960年代以降は，生体適合性に優れる医療用途の高分子が新たに開発され，広範に普及している。主な高分子材料の分子構造と名称を**図14.6**に示す。

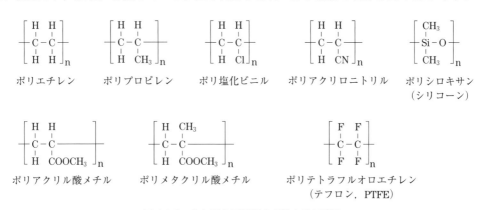

図14.6　主な高分子材料の名称と分子構造

　ポリビニル化合物は，二重結合を有するモノマーを付加重合によって高分子化したものである。ポリエチレン・ポリプロピレン，ポリ塩化ビニル，ポリアクリル酸エステル・ポリメタクリル酸エステルなどが挙げられる。石油から得られるエチレンやプロピレンが出発原料となる。

　ポリ塩化ビニルは可塑剤を加えることにより柔軟なチューブやフィルムに加工することができるので，輸血・体外循環用のチューブや輸血バッグなどに使用されている。ポリエチレン，ポリプロピレンは，安価で耐薬品性・水蒸気遮断性に優れ，生化学的にも不活性なので，ディスポーザルシリンジやカテーテルに使用されている。ポリアクリロニトリルは人工腎臓の膜素材として用いられている。

　ポリメタクリル酸エステル，ポリアクリル酸エステルは，加工性に優れ高強度であるため，飛行機の窓や容器，さらには水族館の水槽にも使用されている。医療用途としては，人工腎臓の中空糸膜，眼内レンズ，コンタクトレンズに使用されている。メタクリル酸メチルモノマーは常温でも光などによって重合し固化させることができる。この性質を利用して歯科用接着剤や骨欠損の治療や人工股関節の固定に使用する骨セメントに用いられている。

　ポリテトラフルオロエチレンはテフロンとも呼ばれるフッ素系高分子である。第2次世界大

戦中のマンハッタン計画（原爆製造計画）において，極めて腐食性が強い六フッ化ウランを取り扱うための材料として開発された。強酸や強塩基にも侵されず，有機溶媒にも水にも溶けず，化学的に極めて安定した材料である。表面エネルギーが低いため，疎水的であり，たんぱく質も吸着しにくい。そのため，テフロン針，テフロンカテーテルは血球成分が付着しない。ゴアテックスと称される多孔質テフロン材料も開発されており，小口径の人工血管に使用されている。

ポリジメチルシロキサン（シリコーン）はケイ素-酸素結合からなる高分子材料であり，分子量の低いものはオイル状，分子量が高いものはゲル状になる。架橋するとゴム弾性を示し，シリコーンゴムとして使用されている。液状，ゲル状のものは潤滑剤，豊胸剤として，ゴム状のものはチューブに使用される。

以上は，通常の工業材料を医用材料に転用した例である。近年は，医療用途を想定し，生体適合性や材料に対する生体反応を考慮して開発された材料も市販されるようになった（図14.7）。

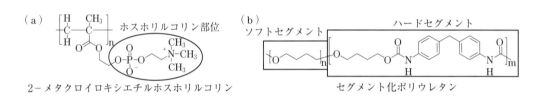

図 14.7 医用用途にデザインされた高分子材料。
（a）ホスホリルコリン部位を導入した高生体適合性高分子。
（b）ソフトセグメントとハードセグメントからなるセグメント化ポリウレタン。
（c）ポリエチレンテレフタラートの分子構造とダクロン製人工血管での偽内膜形成の模式図。

ポリメタクリル酸エステルの生体適合性を高めるため，側鎖に生体膜の極性基であるホスホリルコリン基を導入した高分子材料（2-メタクロイロキシエチルホスホリルコリン：MPC）が実用化されている。生体膜と同じ成分が側鎖に導入されているので，毒性はなく，生体適合性にも優れる。コンタクトレンズや人工臓器のコーティング剤などに使用されている。吸湿性・保湿性にも優れるので，化粧品にも用いられる。

セグメント化ポリウレタンは，ポリウレタンのハードセグメントとポリエーテルのソフトセグメントからなる，ブロック共重合体である。セグメント化ポリウレタンは耐摩耗性・耐疲労性に優れ，抗血栓性も良好である。成形も容易であり，チューブ類，人工心臓のダイヤフラムなどに使用されている。

ポリエチレンテレフタラートは，エチレングリコールとテレフタル酸を重縮合することによ

り合成され，ペットボトルや繊維に用いられている。医用材料としては，大口径の人工血管に使用されている。動脈瘤の治療では，瘤部を切除して人工血管に置き換える手術がしばしば行われる。人工血管はポリエチレンテレフタラート繊維を筒状に編んだものが使用される。Du Pont 社が開発したダクロンが代表的な材料である。ポリエチレンテレフタラートは組織反応が少なく生体内での耐久性に優れる。また，使用中にフィブリンの偽内膜に覆われ，網目の隙間が埋められるために，抗血栓性はないが，血管から血液が漏れることはない。

14.2.4　生体由来材料

　天然高分子は生物由来の物質なので人工的な工業材料に比べて生体適合性に優れていることが多い。コラーゲン・ゼラチンのようなたんぱく質，セルロース，キチン・キトサン，ヒアルロン酸のような多糖類が利用されている。図 14.8 に代表的な生体由来高分子の分子構造を示す。

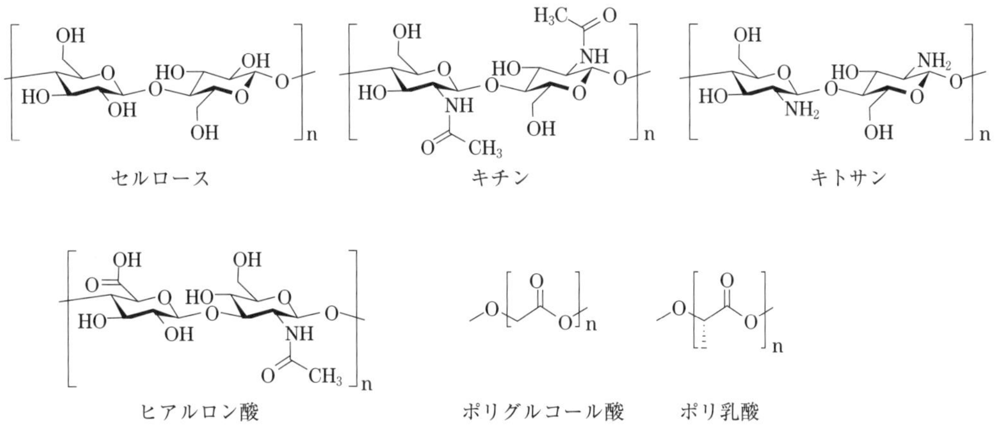

図 14.8　代表的な天然由来高分子の分子構造

　コラーゲンは結合組織を構成するたんぱく質である。コラーゲンそのものを投与すると，抗体−抗原反応を引き起こすので，酵素処理して無毒化したアテロコラーゲンが重度の皮膚組織欠損創の修復用被覆材に使用される。後述するように，皮膚再生の足場として使用されるので，欠損創を保護すると同時に，適度な速度で分解・吸収される必要がある。グルタールアルデヒドで架橋することにより分解速度を制御することができる。

　ゼラチンはコラーゲンの水溶性の変性体であり，同じくたんぱく質である。40℃ 以下ではゲル状に，それ以上の高温では溶解しゾル化するので，薬剤のカプセルとして使用されている。

　セルロースは植物由来の多糖類で，β-グルコースの重合体である。分子間の水素結合のため，ナノクリスタルを形成する。水酸基を化学処理することにより，様々な性質をもった誘導体を合成できる。医療用途としては，ガーゼ，包帯，脱脂綿として活用されている。水酸基をアセチル化したセルロースアセテートは人工腎臓の中空糸膜として使用されている。

　キチンは甲殻類や昆虫の甲皮を構成する多糖類であり，セルロースの水酸基の一つをアセトアミドに置換した構造を有している。アセトアミド部位を加水分解してアミドにしたものが，

キトサンである。キチンは体内で代謝されてN-アセチルグルコサミンに変換される。この物質は創傷治療を促進するので，キチンを不織布やスポンジ状に成型したものが創傷被覆保護剤として使用されている。ヒアルロン酸は鶏のとさかなどに含まれるムコ多糖類であり，結合組織を構成している。水分を保持できるので，関節の潤滑や皮膚の柔軟性を保つ役割を果たしている。変形性関節症治療のための注入剤や白内障手術補助剤として使用されている。

環境中で微生物によって分解される生分解性高分子は，環境負荷が小さい材料として注目されている。医療用途においては，体内に存在する酵素で分解されるポリグルコール酸やポリ乳酸が縫合糸などに使用されている。従来の縫合糸は体内で分化されないので，縫合の後，傷口が修復されたころに抜糸するため，複数回の手術・切開が必要であった。ポリグルコール酸やポリ乳酸からなる縫合糸は，体内の酵素によってエステル結合が加水分解されるので，傷口が修復される頃には，縫合糸はグルコール酸に加水分解されて消失し，体内で吸収される。そのため，抜糸のための切開が不要となり，患者への負担が大幅に改善された。キチンも体内で代謝・吸収されるので，縫合糸に使用される。

14.3 ティッシュエンジニアリング

患者本人，あるいは，他人の組織から細胞を取り出し，生体外で増殖，活性化を行なったのち，再度生体に戻すことにより疾患を治療する医療技術を再生医療という。そのような医療の基盤となる科学分野を再生医学（regenerative medicine），あるいは組織工学（tissue engineering）という。

生体は再生能力を有しているが，その能力を超えるような損傷を受けた場合，医用材料を駆使して再生の促進・補助を行う必要がある。あるいは，欠損した臓器や組織の機能を代替する必要がある。以下に，医用材料の組織工学的応用の例を挙げる。

人工心臓弁の代表例はパイロライトカーボンを用いたものである。パイロライトカーボンは軽量で安定であり，機械的強度に優れ，数十年の耐久性がある。しかし，血液にとっては異物であるため，血液凝固は避けられず，ワルファリンなどの抗凝固薬を定常的に服用する必要がある。それに対して，動物組織を加工した生体弁は耐久性には劣るものの，抗血栓性に優れ，抗凝固薬を服用する必要はない。ミニブタから採取した大動脈弁や牛の心嚢膜をグルタールアルデヒドによって滅菌処理したものが用いられる。移植後，患者の心臓弁に置き換わる。元々の心臓弁と同じく三葉弁であるため，血行動態に優れている。

外傷により，骨が大きく欠損した場合は，自力では再生できないので，患者自身の骨や組織バンクに保存されている同種の骨を移植する。しかし，自家移植は患者への負担が大きく，組織バンクの骨は不足がちである。そこで，骨組織の欠損部にヒドロキシアパタイトを充填し，骨組織の機能の代替を果たしながら，骨再生の足場を提供するというアプローチが取られている（図 14.9（a））。軟骨が欠損した場合には，ヒアルロン酸やグルコサミン誘導体を欠損部に注入する。

熱傷などにより大面積の皮膚損傷を負った場合は，患者自身の皮膚を移植する自家移植を行

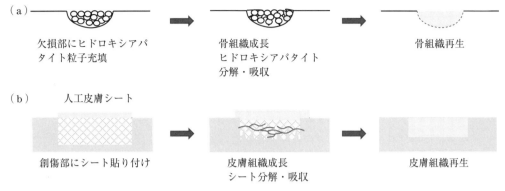

（a）欠損部にヒドロキシアパタイト粒子充填　　骨組織成長ヒドロキシアパタイト分解・吸収　　骨組織再生

（b）人工皮膚シート　創傷部にシート貼り付け　　皮膚組織成長シート分解・吸収　　皮膚組織再生

図 14.9　組織工学的治療の例。（a）骨欠損部の治療。（b）人工皮膚シートによる治療

う。損傷面積が大きく，自家移植で間に合わない場合は，人工皮膚を使用することになる。現段階では，皮膚の機能を永続的に果たす人工皮膚は開発されていない。あくまでも，一時的に損傷部を被覆し，皮膚の再生を促進する創傷被覆材である。コラーゲンやキチンの不織布がしばしば使用される。再生中の細菌感染の防止，浸出液の吸収と抑制，および，皮膚組織再生の促進が主な役割である（図 14.9（b））。

　角膜の疾患においては，ドナーから提供された角膜の培養が行われている。健康な角膜輪部から数 mm 程度を採取し，培養皿において培養増殖させ，細胞シートを形成させる。これを低温下で切り出し，患者の眼球に移植する。

　21 世紀にはいって，分化前の幹細胞を所定の組織や臓器に誘導する研究が進んでいる。しかし，人間由来の培養組織であっても，他人の幹細胞由来であれば，体内に移植するとあくまでも異物であり，免疫反応による拒否反応は避けられない。また，人間の受精卵を使用する場合には，倫理上大きな問題となる。

　それに対して，山中伸弥らは分化した細胞をリセットして脱分化させる iPS 細胞という技術を開発し，2012 年ノーベル医学生理学賞を受賞した。この技術を活用すれば，自分自身から採取した細胞をリセットして脱分化させ，所定の組織に誘導することになるので，移植しても拒否反応が起こらない。現在，臨床応用も含め，様々な研究が展開されている。

14 章　章末問題

14.1

（1）　生体を外部から侵入した異物から防御するシステムについて説明せよ。

（2）　酵素の例を挙げ，その働きを説明せよ。

（3）　生体に医用材料を埋め込んだ際に生体に起こる反応を複数挙げ，説明せよ。

（4）　人工関節や人工歯根など，骨に金属材料を埋め込む際に，金属材料の生体適合性を高める方法を説明せよ。

（5）　人工血管を用いる際に生じる生体反応を説明せよ。

14.2

（1）　人工心臓弁に使用される材料を複数挙げ，特徴を説明せよ。

（2）　生体適合性に配慮した医用材料のデザインについて，例を挙げて説明せよ。

14.3

　大面積の火傷の治療に使用する人工皮膚シートの成分と役割について説明せよ。

索　引

【編者紹介】（50 音順）

石 井 知 彦（いしい ともひこ）

1996 年　東京工業大学大学院理工学研究科化学専攻 博士後期課程修了
現　在　香川大学創造工学部創造工学科 先端マテリアル科学コース 教授
　　　　博士（理学）

楠 瀬 尚 史（くすのせ たかふみ）

1998 年　大阪大学大学院工学研究科物質化学専攻 博士課程修了
現　在　香川大学創造工学部創造工学科 先端マテリアル科学コース 教授
　　　　博士（工学）

鶴 町 徳 昭（つるまち のりあき）

1998 年　筑波大学大学院工学研究科物理工学専攻 博士課程修了
現　在　香川大学創造工学部創造工学科 先端マテリアル科学コース 教授
　　　　博士（工学）

舟 橋 正 浩（ふなはし まさひろ）

1993 年　東京大学大学院理学系研究科化学専攻 修士課程修了
1999 年　論文博士（東京工業大学）
現　在　香川大学創造工学部創造工学科 先端マテリアル科学コース 教授
　　　　博士（工学）

松 本 洋 明（まつもと ひろあき）

2006 年　東北大学大学院工学研究科 博士課程修了
現　在　香川大学創造工学部創造工学科 先端マテリアル科学コース 教授
　　　　博士（工学）

宮 川 勇 人（みやがわ はやと）

2002 年　東京大学大学院工学系研究科金属工学専攻 博士課程修了
現　在　香川大学創造工学部創造工学科 先端マテリアル科学コース 准教授
　　　　博士（工学）

機能性材料科学入門
(*Introduction to Functional Materials Science*)

2021 年 10 月 31 日　初版第 1 刷発行
2023 年 3 月 1 日　初版第 2 刷発行

編　者　石井知彦　楠瀬尚史
　　　　鶴町徳昭　舟橋正浩　ⓒ2021
　　　　松本洋明　宮川勇人

発行者　南條光章

発行所　**共立出版株式会社**
　　　　〒 112-0006
　　　　東京都文京区小日向 4-6-19
　　　　電話　03-3947-2511（代表）
　　　　振替口座　00110-2-57035
　　　　URL　www.kyoritsu-pub.co.jp/

印　刷　新日本印刷
製　本　協栄製本

検印廃止

NDC 501.4

ISBN 978-4-320-07199-5

一般社団法人
自然科学書協会
会員

Printed in Japan